Ai

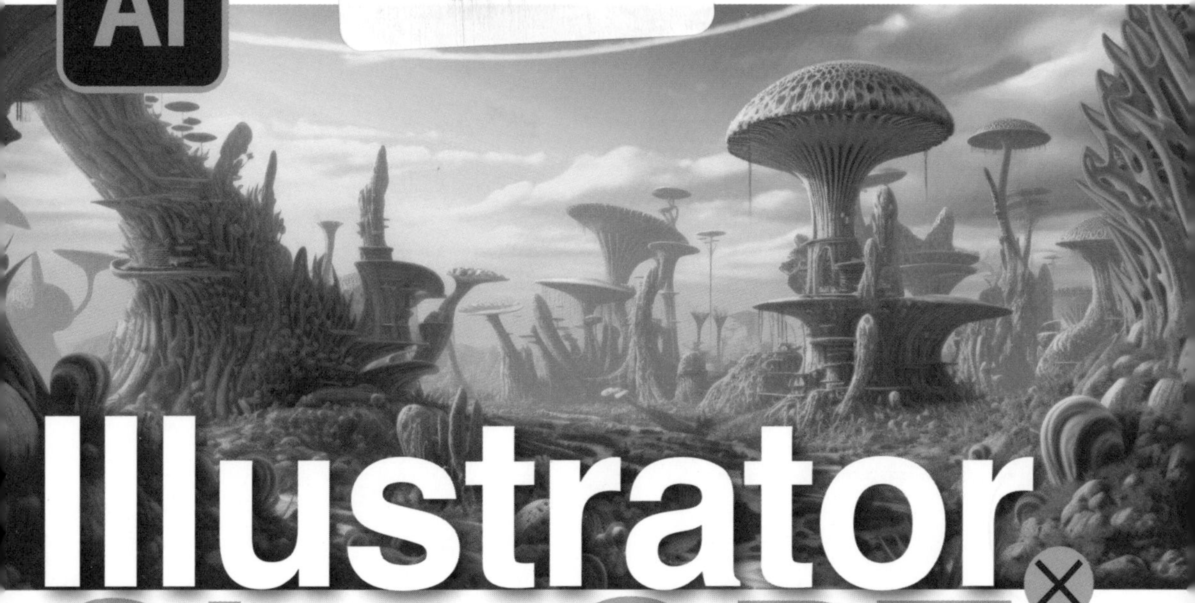

Illustrator × ChatGPT 向量圖形設計

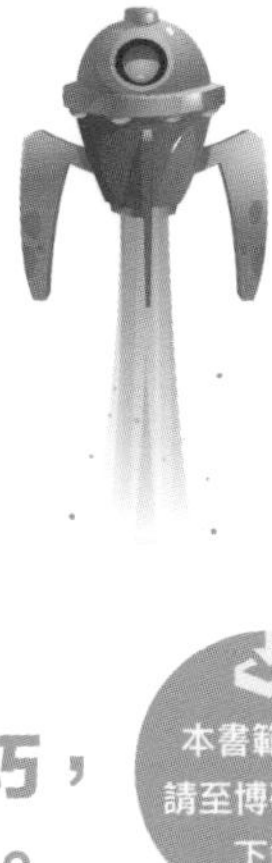

鄭苑鳳 著・ZCT 策劃

暢銷回饋版

以入門者的角度，介紹 Illustrator 常用的功能和技巧，
並教導如何運用 ChatGPT 掌握 AI 繪圖的相關知識。

適合初學者	範例練習	ChatGPT	AI繪圖平台
循序漸進輕鬆 學會繪圖技巧	圖文詳細解說 簡單快速上手	透過ChatGPT 學習繪製各種圖形	教你快速生成 高畫質的繪圖作品

本書如有破損或裝訂錯誤，請寄回本公司更換

作　　者：鄭苑鳳 著 · ZCT 策劃
責任編輯：黃俊傑、魏聲圩

董 事 長：曾梓翔
總 編 輯：陳錦輝

出　　版：博碩文化股份有限公司
地　　址：221 新北市汐止區新台五路一段 112 號 10 樓 A 棟
電話 (02) 2696-2869　傳真 (02) 2696-2867

發　　行：博碩文化股份有限公司
郵撥帳號：17484299　戶名：博碩文化股份有限公司
博碩網站：http://www.drmaster.com.tw
讀者服務信箱：dr26962869@gmail.com
訂購服務專線：(02) 2696-2869 分機 238、519
（週一至週五 09:30 ～ 12:00；13:30 ～ 17:00）

版　　次：2024 年 12 月二版一刷

建議零售價：新台幣 650 元
I S B N：978-626-414-078-2
律師顧問：鳴權法律事務所 陳曉鳴律師

國家圖書館出版品預行編目資料

Illustrator x ChatGPT 向量圖形設計 / 鄭苑鳳 著 . -- 二版 . -- 新北市 : 博碩文化股份有限公司 , 2024.12
面； 公分

ISBN 978-626-414-078-2 (平裝)

1.CST: Illustrator (電腦程式) 2.CST: 人工智慧

312.49I38　　113019018

Printed in Taiwan

博碩粉絲團

歡迎團體訂購，另有優惠，請洽服務專線
(02) 2696-2869 分機 238、519

序言

Illustrator 在以往就是向量式繪圖軟體的先驅。經過多年來的演進，並與 Adobe 家族整合在一起，使得功能也越來越強，不但可以輕鬆繪製各種造型圖案，就連影像圖片的特效處理、3D 效果的製作也能輕鬆做到。這對專業的美術設計師來説，不但可以盡情發揮靈感，也能讓創意有無限的發展空間。

本書的編寫主要針對入門者的角度進行思考，希望能夠為更多的初學者提供一個無痛苦的學習環境。因此在內容的介紹上，也採取循序漸進的方式，將 Illustrator 常用的功能或好用的技巧作有系統的介紹，讓初學者可以在短時間內吸收到軟體的精華。

本書除了對於各項功能指令做系統的介紹外，還規劃了實作應用，讓學習者可以將學習到的技巧進行完整的演練，不但方便教師課堂上的教學，也可以啟發自學者的想像空間。另外，課後習題部分也儘可能以實作題為主，讓學習者完成章節的學習後，也可以檢驗自己的學習成果，若在練習的過程中有不知所措的地方，可參閱習題之後的「提示」。

本書特別加入了 Illustrator 向量圖形設計的線上指導員——ChatGPT，讓你輕鬆掌握繪圖的基礎知識。透過 ChatGPT 的引導，你將學習在 Illustrator 中繪製各種圖形的技巧。此外，我們還介紹了一些令人驚豔的生成式 AI 繪圖平台與工具，包括 DALL·E 2、Midjourney、Playground 和 Bing Image Creator 等。這些工具將幫助你創造出更酷炫的圖形作品。無論你是初學者還是有經驗的設計師，本書將為你打開創意的大門，讓你在向量圖形設計領域中展現無限的可能性。

本書製作的範例精美，主題豐富，範例實作包括了標誌的設計、吉祥物的繪製、禮盒包裝、折疊式 DM、創意月曆設計等，保證讓學習本書的人都可以學以致用。期望本書的精心安排，能帶給各位一個愉快的學習經驗。

CHAPTER 01

數位影像的基礎概論

CHAPTER 02

認識 Illustrator 2020

CHAPTER 03

Illustrator 的基礎操作

CHAPTER 04

造形繪製和組合變形

CHAPTER 05

實作應用 – 標誌設計

CHAPTER 06

線條的建立與編修

CHAPTER 07

實作應用 – 吉祥物繪製

CHAPTER 08

色彩的應用

CHAPTER 09

實作應用 – 禮盒包裝

CHAPTER 10

文字的樣式設定

CHAPTER 11

實作應用 – 折疊式 DM

CHAPTER 12

創意符號 / 3D / 特效

CHAPTER 13

實作應用 – 創意月曆設計

CHAPTER 14

圖表的設計製作

CHAPTER 15

必學的列印與輸出技巧

CHAPTER 16

Illustrator 向量圖形設計的線上指導員——ChatGPT

CHAPTER 17

酷炫的生成式 AI 繪圖平台與工具

APPENDIX A

繪圖物件的去背處理

CHAPTER

01

數位影像的基礎概論

Illustrator

想要學習繪圖設計，對於點陣圖、向量圖、色彩模式、解析度、影像常用格式等知識都必須要了解，這些名詞會在影像編輯時陸陸續續出現，了解它所代表的意義才能作最佳的選擇。

1-1 點陣圖與向量圖

數位式的圖像基本上可區分為兩大類型：一是「點陣圖」，另一是「向量圖」。

1-1-1 點陣圖

點陣圖是由一格一格的小方塊組合而成的，通稱為「像素（pixel）」。由於每個像素都是「位元」資料，因此它的檔案量會比較大。通常數位相機所拍攝到的影像，或是用掃描器所掃描進來的影像都屬於點陣圖，它會因為解析度的不同而影響到畫面的品質或列印的效果。如果解析度不夠，就無法將影像的色彩很自然地表現出來。如下圖所示，放大門口上方的招牌時就會看到一格一格的像素。

原圖

放大門口招牌會看到一格一格的像素

當解析度高時，影像在單位長度中所記錄的像素數目就比較多，對於銳利的線條或文字的表現能產生較好的效果。如果原先拍攝的影像尺寸並不大時，卻要增加影像的解析度，那麼繪圖軟體會在影像中以「內插補點」的方式來加入原本不存在的像素，因此影像的清晰度會降低，畫面品質變得更差。

一般在設計文宣或廣告之前，一定會先根據需求（網頁或印刷用途）來決定解析度、文件尺寸或像素尺寸，因為文件尺寸與解析度會影響到影像處理的結果，尤其置入的影像圖片，在加入「效果」功能表中的 Photoshop 效果時，不同解析度的圖片在套用相同的設定值時，所呈現出來的畫面也不盡相同。

1-1-2 向量圖

向量圖是以數學運算為基礎，透過點、線、面的連結和堆疊而造成圖形。它的特點是檔案量小，而且圖形經過多次縮放也不會有失真或變模糊的情形發生。它的缺點是無法表現精緻度較高的插圖，適合用來設計卡通、漫畫或標誌…等圖案。

原圖

圖形放大後仍維持平順的線條，不會有鋸齒狀發生

就 Illustrator 軟體來說，它主要提供向量式的繪圖工具，諸如：鋼筆、線段區域、螺旋、矩形格線、矩形、圓角矩形、橢圓形、橢圓形、星形…等圖形工具，由於 Illustrator 也可以置入點陣圖像，因此在設計各種的文宣、海報或插畫時，各位都可以如魚得水一般地盡情發揮創意。

1-2 RGB 與 CMYK 模式

色彩模式主要是指電腦影像上的色彩構成方式，也可以用來顯示和列印影像的色彩。在 Illustrator 軟體中，主要用到的兩種模式為「RGB」與「CMYK」。

1-2-1 RGB 色彩模式

RGB 色彩模式是由紅（Red）、綠（Green）、藍（Blue）三個顏色所組合而成的，依其明度不同各劃分成 256 個灰階，而以 0 表示純黑，255 表示白色。由於三原色混合後顏色越趨近明亮，因此又稱為「加法混色」。善用 RGB 色彩模式，可讓設計者調配出一千六百萬種以上的色彩，對於表現全彩的畫面來說，已經相當足夠。

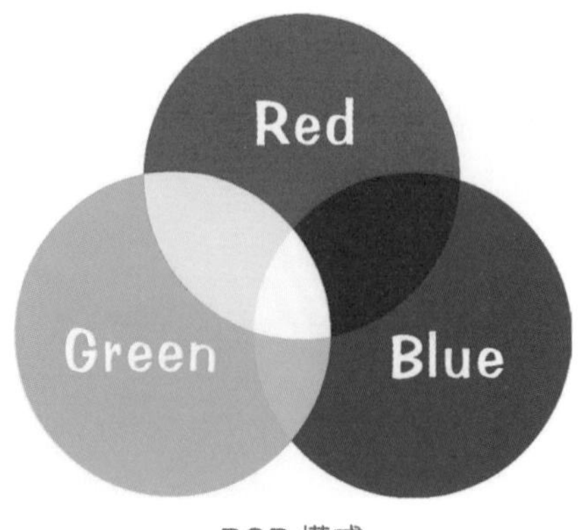

RGB 模式

1-2-2 CMYK 色彩模式

CMYK 色彩主要由青（Cyan）、洋紅（Magenta）、黃（Yellow）、黑（Black）四種色料所組成。通常印刷廠或印表機所印製的全彩圖像，就是由此四種顏色，依其油墨的百分比所調配而成，由於色料在混合後會越渾濁，因此又稱「減法混色」。

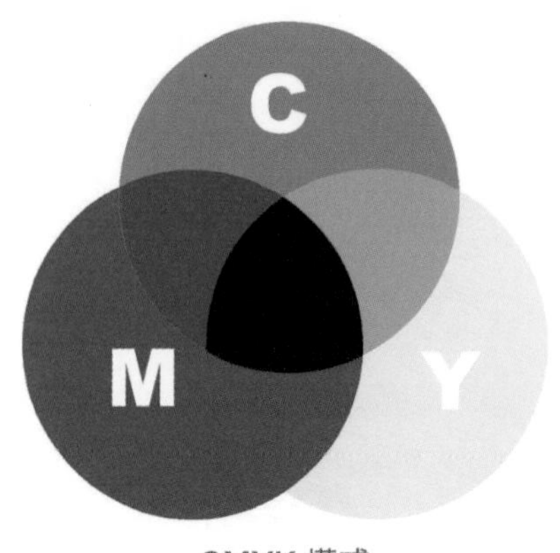

CMYK 模式

由於 CMYK 是印刷油墨，所以是用油墨濃度來表示，最濃是 100%，最淡則是 0%，一般的彩色噴墨印表機也是這四種墨水顏色。CMYK 模式所能呈現的顏色數量比 RGB 的色彩模式少。特別注意的是，在 RGB 模式中，色光三原色越混合越明亮，而 CMYK 模式的色料三原色越混合越混濁，這是兩者間的主要差別。

1-3 影像尺寸與解析度

通常影響畫面品質的主要因素有兩個，一個是「影像大小」，另一個是「解析度高低」。「影像大小」是指影像畫面的寬度與高度，「解析度」則是決定點陣圖影像品質與密度的重要因素，每一英吋內的像素粒子的密度越高，表示解析度越高，所以影像會越細緻，二者之間有著密不可分的關係。

在啟動 Illustrator 程式後，各位可直接在「快速開始新檔案」的區塊中選擇檔案類型，裡面提供 A4、明信片、一般、iPhone、HDV/HDTV 等常用規格。如下圖示：

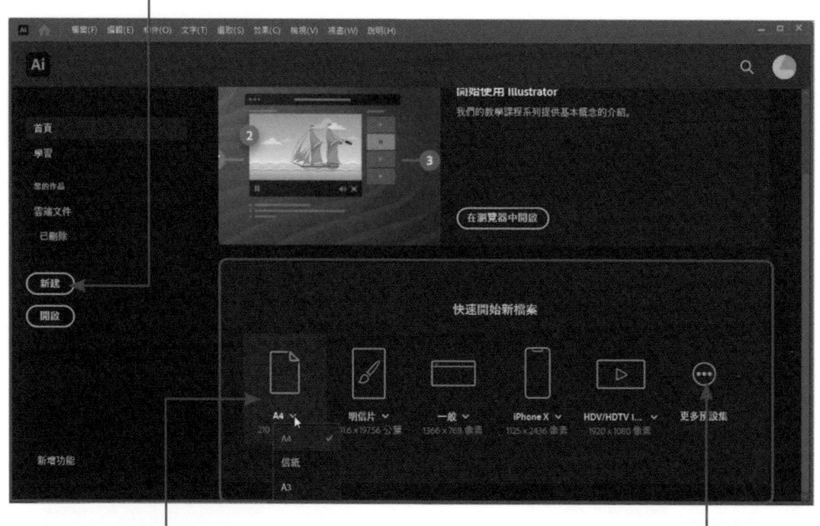

另外，於視窗左側按下「新建」鈕，或是執行「檔案 / 新增」指令，也能在如下視窗中選擇建立行動裝置、網頁、列印、影片和視訊、線條圖和插圖等類型文件，選擇文件類型後，Illustrator 會自動幫各位設定好色彩模式和解析度。

列印：CMYK 模式；300 ppi

如上圖所示，「列印」文件的預設色彩模式為「CMYK 色彩」，點陣特效為「300 ppi」；若選擇其他類型的文件時，則會自動設定在 RGB 的色彩模式，點陣特效則為「螢幕（72 ppi）」，如下圖所示：

網頁：RGB 模式；72ppi

1-4 常用的圖檔格式

在使用或儲存圖檔時，為了保存編輯資料或是因為不同的需求，通常都會使用不同的檔案格式來儲存。這裡介紹一些常用的影像格式供各位參考：

AI 格式

Ai 為 Illustrator 軟體所專屬的向量格式，由 Adobe 公司所開發。在 Illustrator 軟體中將文件檔案儲存為 Ai 格式時，可以記錄所有工作區內的文件和圖層，對於利用軟體功能所繪製的造型圖案，在下回開啟檔案時還可以繼續利用該功能來編輯或修改。

PSD 格式

Psd 是 Photoshop 特有的檔案格式，能將 Photoshop 軟體中所有的相關資訊的保存下來，包含圖層、特別色、Alpha 色版、備註、校樣設定、或 ICC 描述檔等資訊。通常使用 Photoshop 軟體編輯合成影像時，都要儲存成該格式，以利將來圖檔的編修。在 Illustrator 軟體裡可直接利用「檔案 / 置入」指令來置入 Psd 格式，而 Illustrator 中所編輯的檔案則可利用「檔案 / 轉存」指令轉存成 Psd 格式，不同格式之間的互用與轉存，這對設計師來說相當方便。

JPEG 格式

JPEG（Joint Photographic Experts Group）是由全球各地的影像處理專家所建立的靜態影像壓縮標準，可以將百萬色彩（24-bit color）壓縮成更有效率的影像圖檔，副檔名為 .jpg，由於是屬於破壞性壓縮的全彩影像格式，採用犧牲影像的品質來換得更大的壓縮空間，所以檔案容量比一般的圖檔格式來的小，也因為 jpg 有全彩顏色和檔案容量小的優點，所以非常適用於網頁以及在螢幕上呈現的多媒體。

含有較多漸層色調的影像，適合選用 JPEG 格式

在儲存 jpg 格式時，使用者可以根據需求來設定品質的高低。以 Illustrator 為例，執行「檔案 / 轉存」指令中的任一選項，即可選用「JPEG」的存檔類型，而檔案量的大小會因為所設定的品質高低而差距甚大。

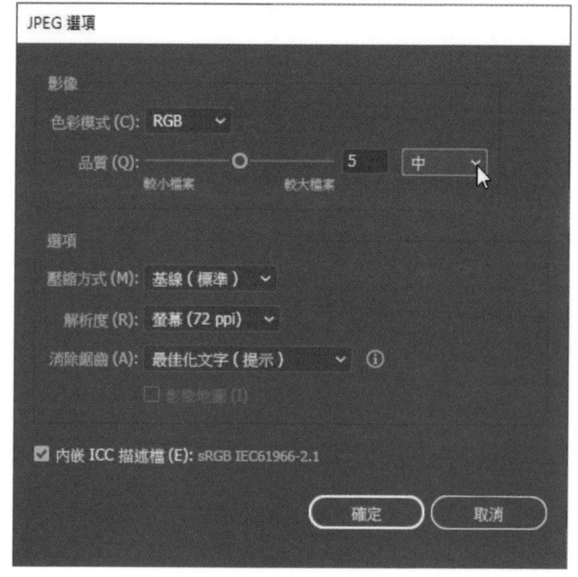

PNG 格式

PNG 格式是較晚開發的一種網頁影像格式，屬於一種非破壞性的影像壓縮格式，壓縮後的檔案量會比 JPG 來的大，但它具有全彩顏色的特點，能支援交錯圖的效果，又可製作透明背景的特性，且很多影像繪圖軟體和網頁設計軟體都支援，被使用率已相當的高。

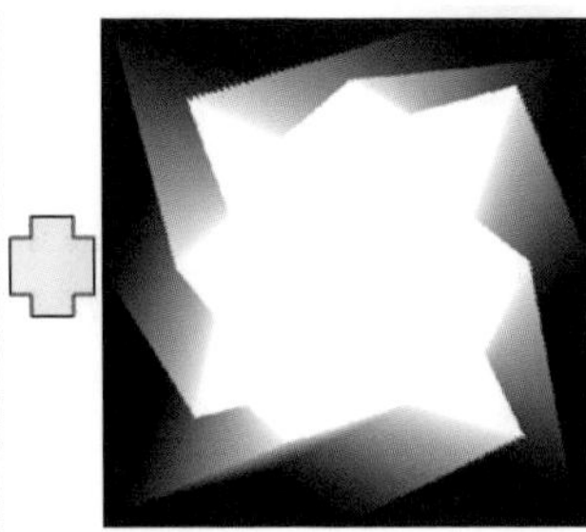

PNG 格式可以儲存具半透明效果的圖形

BMP 格式

BMP 格式是 Windows 系統之下的點陣圖格式，屬於非壓縮的影像類型，所以不會有失真的現象，大部份的影像繪圖軟體都支援此種格式。由於 PC 電腦和麥金塔電腦都支援此格式，所以早期從事多媒體製作時，幾乎都選用此種格式較多。

色彩模式有 RGB、灰階、點陣圖三種

TIFF 格式

副檔名為 .tif，為非破壞性壓縮模式，其檔案量較大，用來作為不同軟體與平台交換傳輸圖片，或是作為文件排版的專用格式。

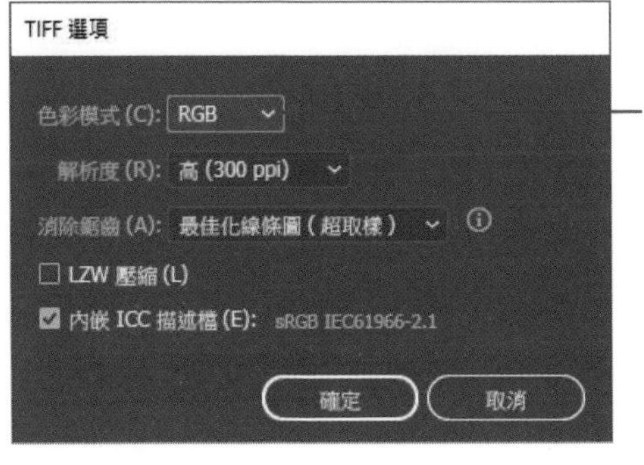

色彩模式有 RGB、CMYK、灰階三種

課後習題

【是非題】

1. (　) 點陣圖的圖形在放大後，仍維持平順的線條，不會有鋸齒狀。
2. (　) 點陣圖由一格一格的小方塊所組合而成的，通稱為「像素」。
3. (　) Illustrator 是屬於點陣圖的影像編輯程式，沒有向量繪圖工具。
4. (　) 每一英吋內的像素的密度越高，表示解析度越高，所以影像會越細緻。
5. (　) 向量圖以數學運算為基礎，所以它的檔案量小，圖形經過多次縮放也不會有失真或變模糊的情形發生。
6. (　) 製作的文件若要做列印用途，必須選用 CMYK 的色彩模式。
7. (　) 設計線條圖或插圖時，點陣特效可設為螢幕 72ppi，也可以選用 300ppi。

【選擇題】

1. (　) 下列何者是向量式的繪圖軟體？

   A. Illustrator　　B. PhotoImpact
   C. PaintShop Pro　　D. Photoshop

2. (　) Illustrator 特有的物件檔案格式為：

   A. UFO　　B. PSD　　C. JPG　　D. AI

3. (　) 對於點陣圖的說明，下列何者有誤？

   A. 掃描器所掃描的影像，都屬於點陣圖
   B. 數位相機拍攝的影像為點陣圖
   C. 點陣圖放大後，可看到平滑的線條
   D. 點陣圖的解析度會影響畫面品質

4. (　) 下列何種格式是屬於破壞性的壓縮格式？

   A. PSD　　B. PNG　　C. BMP　　D. JPEG

【實作題】

1. 請簡要說明 RGB 與 CMYK 色彩模式的差異性。

認識 Illustrator 2020

2-1 視窗環境介紹

2-2 面板操作技巧

2-3 工具的使用

2-4 設計小幫手

Adobe Creative Cloud 是一套跨媒體設計的套裝軟體，透過軟體之間的緊密整合工具，讓設計者可以針對平面設計、版面編排、網頁設計、互動式動畫或視訊，進行豐富的內容設計，不但提供直覺式的使用者介面，只要學會其中一套軟體，其他軟體就很容易上手。

本書主要針對 Illustrator 2020 作介紹，由於它是透過數學公式的運算來顯示點線面，繪製的造型不管放多大的比例，都不會有失真或鋸齒狀的情況發生，而且檔案量也很小，因此成為美術設計師所必備的向量式繪圖軟體。軟體提供簡捷的工作方式，讓使用者可以針對個人工作的重點，選擇列印和校樣、印刷樣式、描圖、版面、網頁、繪圖…等工作環境，不但大大提升設計者的生產力，而且允許設計者以全新的方式表現創意。因此不管是插畫設計師、美術設計師，或是網頁設計師，都可以用更直覺的方式來編輯或設計版面。

本章將針對 Illustrator 的視窗環境作介紹，另外包含面板的操作、工具、設計小幫手等功能作説明，讓各位新手在以後的學習過程更輕鬆上手。

2-1 視窗環境介紹

首先執行「Adobe Illustrator 2020」程式，Illustrator 進入程式後請在「首頁」視窗中按左下角的「開啟」鈕，在如下視窗中先開啟現有的 Ai 檔。

按「開啟」鈕開啟舊有檔案

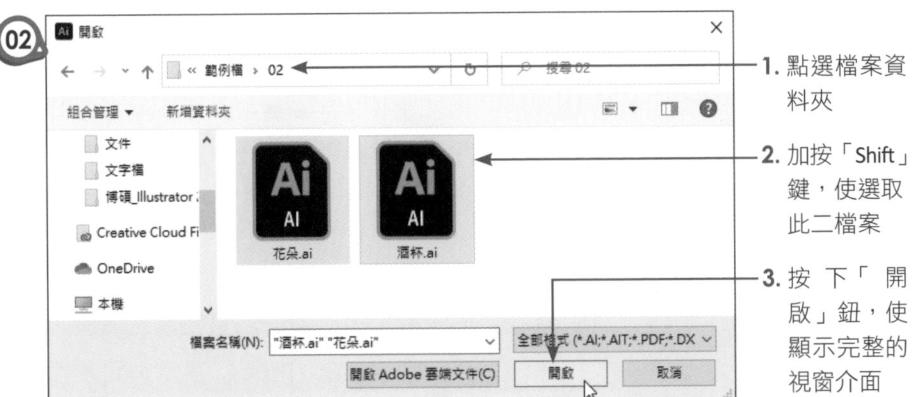

接下來會看到如下的視窗環境，這裡先為各位作說明。

這裡先依序為各位介紹 Illustrator 的視窗環境。

2-1-1 功能表列

功能表列是將 Illustrator 中的各項功能指令分門別類的存放在檔案、編輯、物件、文字、選取、效果、檢視、視窗、說明等九大類中，方便使用者選用。

檔案(F) 編輯(E) 物件(O) 文字(T) 選取(S) 效果(C) 檢視(V) 視窗(W) 說明(H)

2-1-2 排列文件

當視窗中有多個文件同時被開啟時，可以透過 [icon] 鈕下拉可選擇文件的排列方式，如此一來可同時看到多個文件。若要將某個文件中的插圖複製到編輯的視窗中，只要利用拖曳的方式就可辦到。

目前設為 2 欄式的文件排列方式

2-1-3 文件視窗

文件視窗用來顯示文件編輯的區域範圍，位在視窗中央的白色區域就是原先所設定的文件尺寸，而外圍的灰色區域則稱為「畫布」，可作為物件暫存或編輯的區域。視窗的左上方稱為「索引標籤」，用來顯示檔名、檔案格式、顯示比例、色彩模式、檢視模式、及關閉文件視窗鈕。視窗下方則包含檢視比例、工作區域導覽列、以及狀態列的顯示。

狀態列在預設狀態是顯示目前的工具，不過各位可以透過右側▶的控制，來顯示成「工作區域名稱」、「日期與時間」、或「還原次數」。

2-1-4 工具與控制面板

工具位在視窗左側，提供多達八十多種的工具按鈕，對於同類型的工具鈕會放在同一個位置上，透過按鈕右下角的三角形，即可作切換。如下圖所示，按下「文字工具」鈕可看到同類型的文字工具。

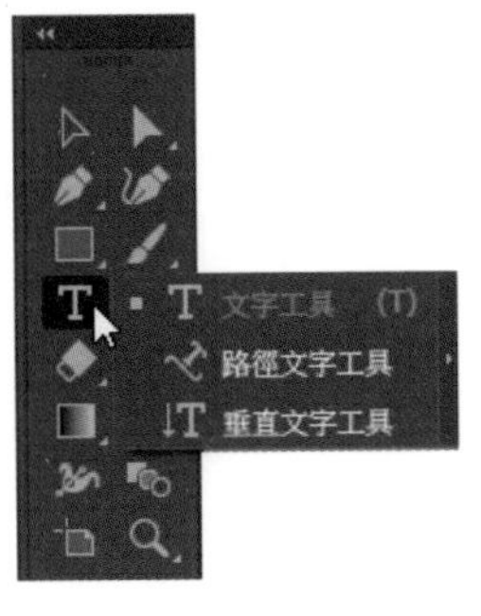

「控制」面板位在功能表列的下方，將常用的填色、筆畫、不透明度、文件設定、樣式…等功能按鈕列在面板中，方便使用者快速選用。它會依選用工具的不同而略有差異，如果沒有看到控制面板，或是不小心把控制面板給關閉了，可從「視窗 / 控制」指令再次叫出。

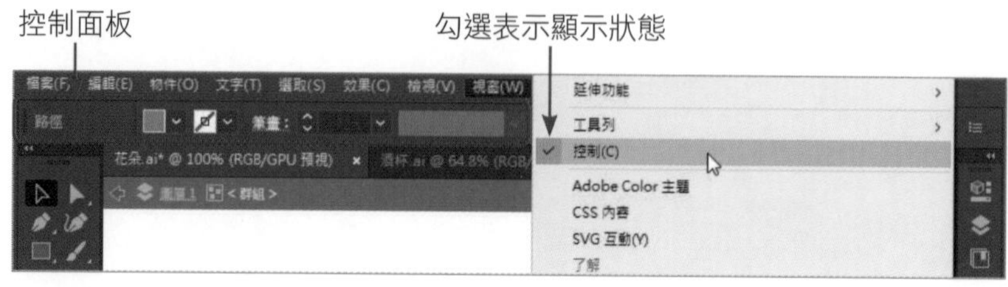

2-1-5 面板群組

Illustrator 是功能非常強的向量繪圖軟體，它將各種功能指令分門別類，以面板的方式群組在一起，目前現有的面板就多達三十多種。常用的面板可以將它依附在視窗右側，透過標籤名稱讓使用者快速切換，較不常用的面板則可隱藏起來，要使用時再透過「視窗」功能表作勾選就可以了。如圖示：

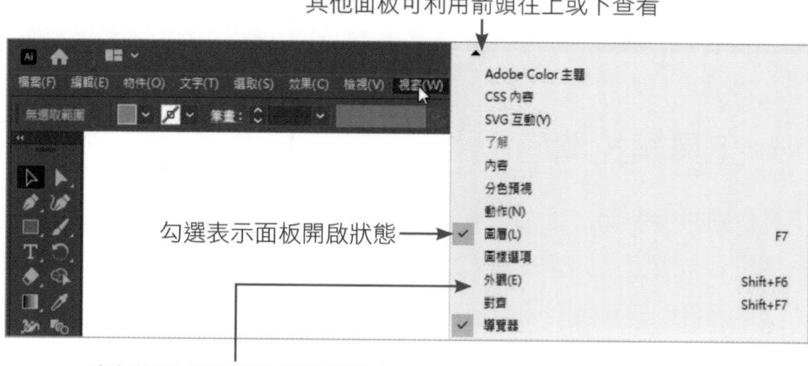

2-1-6 工作區域切換

使用者可以針對個人的工作需求，選擇最適切的工作區域。因為不同的工作者所使用的功能與面板皆不相同，在 Illustrator 中已預設了傳統基本功能、列印和校樣、印刷樣式、基本功能、描圖、版面、網頁、繪圖、自動等工作區域，各位可直接下拉作選擇。

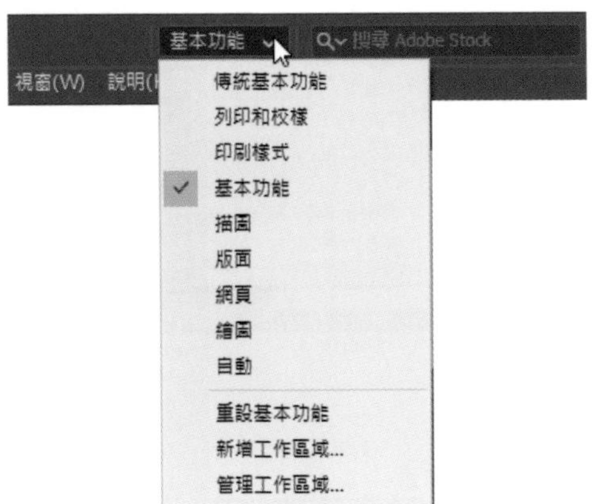

新增工作區域

雖然 Illustrator 提供了這麼多的工作區域，如果你還有其他特別的需求，也可以利用選單中的「新增工作區域」來新增。設定方式如下：

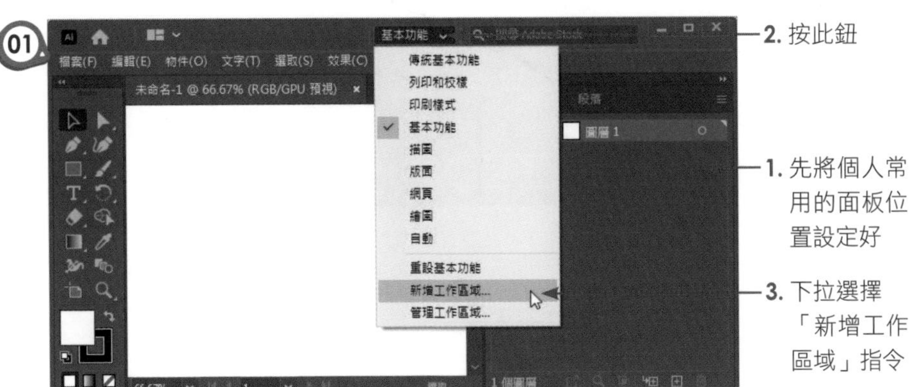

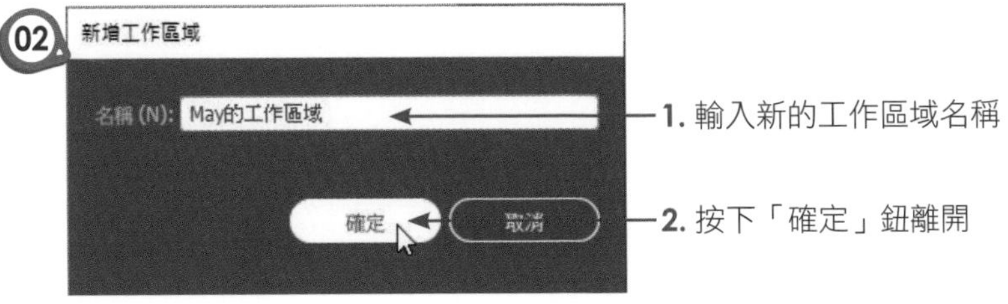

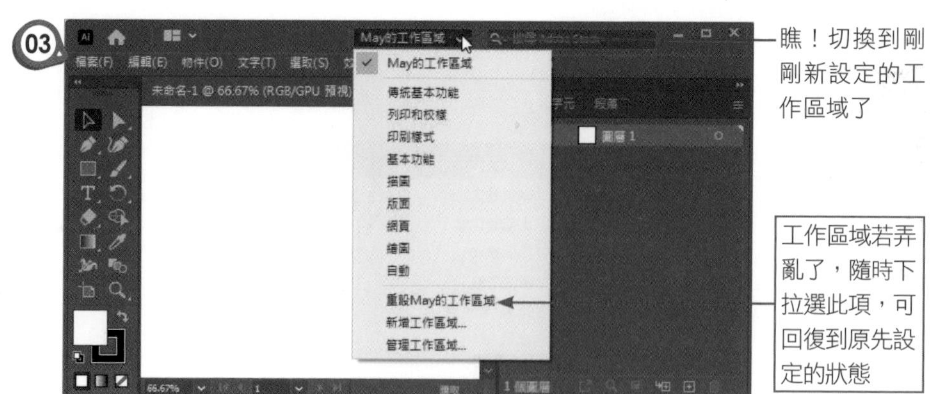

刪除工作區域

如要刪除自訂的工作區域，可下拉選擇「管理工作區」指令，再到如下視窗中作刪除。

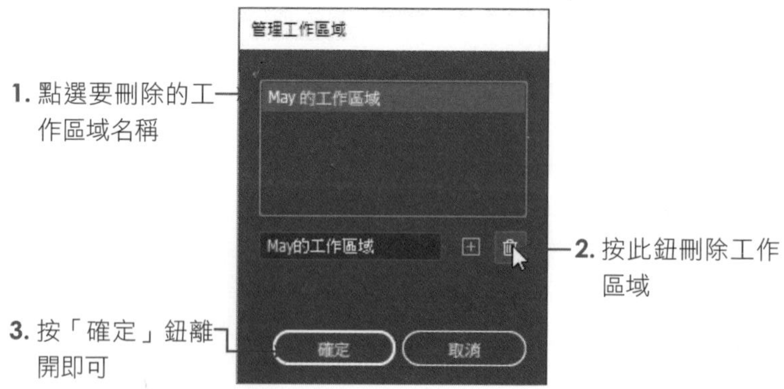

2-2 面板操作技巧

剛剛提到，Illustrator 所提供的面板多達三十多種，那麼該如何善用這些面板，又不會占據太多的視窗版面而影響到文件的編輯，這裡就告訴各位一些小技巧。

2-2-1 將面板收合為圖示鈕

按滑鼠兩下在面板上方的灰色處，可以控制面板的展開或收合成只顯示圖示鈕的狀態。

按此處兩下，可收合成圖示鈕或展開成面板

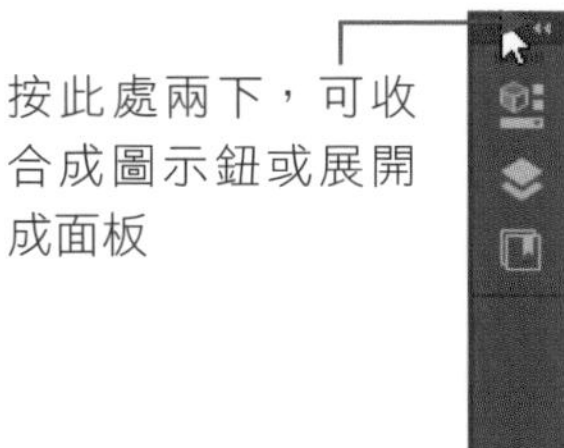

展開面板

2-2-2 將面板顯示為圖示鈕 + 名稱

如果各位記不住各圖示鈕所代表的含意，可以拖曳圖示鈕左側的邊框，它會出現面板的名稱，這樣也不會占用太多的視窗範圍。

拖曳左邊界，可以顯示成圖示鈕 + 面板名稱

2-2-3 切換與顯示面板功能

當各位需要使用某項面板功能，只要利用滑鼠點選，即可展開面板。

01

按下面板名稱

02

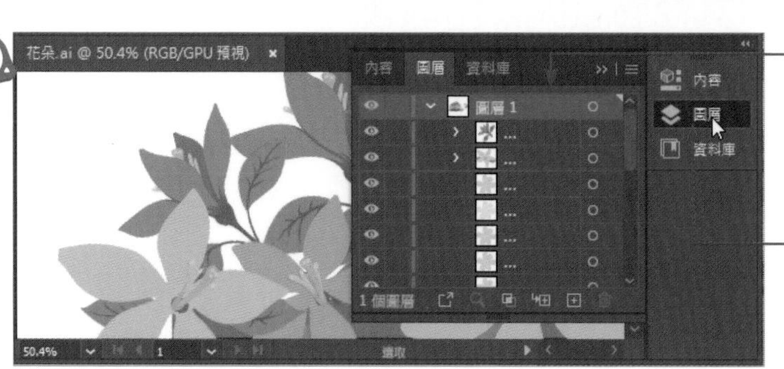

1. 瞧！在編輯的文件之上顯示面板的所有內容
2. 設定完成後，再按名稱一下，又可收合起來

如果原先的面板就是呈現展開的狀態，那麼點選面板名稱即可切換並展開面板。

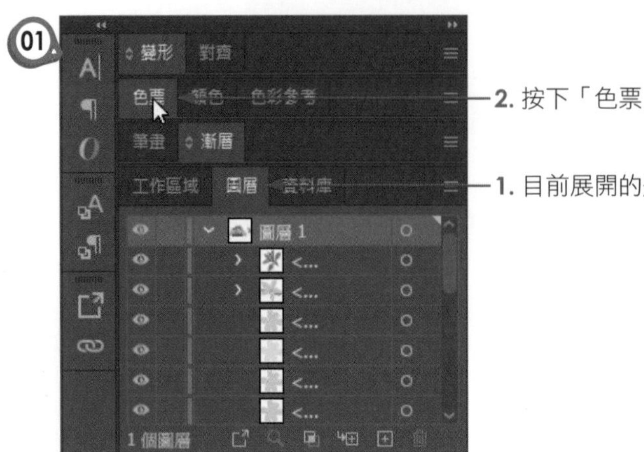

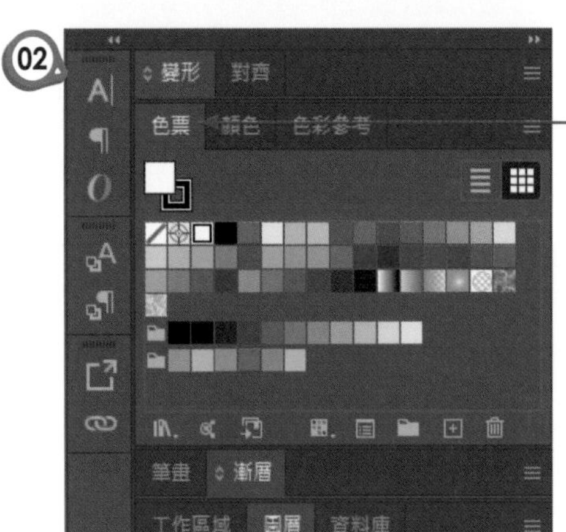

2-2-4 開啟其他面板與群組面板

萬一右側的面板中沒有各位要使用的面板，那麼就從「視窗」功能表中勾選要使用的面板名稱就行了。若要將開啟的面板與右側的面板群組在一起，只要利用滑鼠作拖曳就可辦到。

執行「視窗/透明度」指令開啟此面板，拖曳「透明度」的標籤名稱到右側的「色彩參考」標籤旁邊

瞧!「透明度」面板嵌入面板群組中了

2-3 工具的使用

前面我們提過，左側的「工具」提供多達八十多種的工具按鈕，若要一一介紹各工具的使用技巧並不容易，所以此處僅針對共通性的部份作說明，各工具鈕的使用技巧則留到各章節中再仔細作說明。

2-3-1 色彩的設定與選用

在工具的下方，各位會看到如下的色彩設定，在此說明如下：

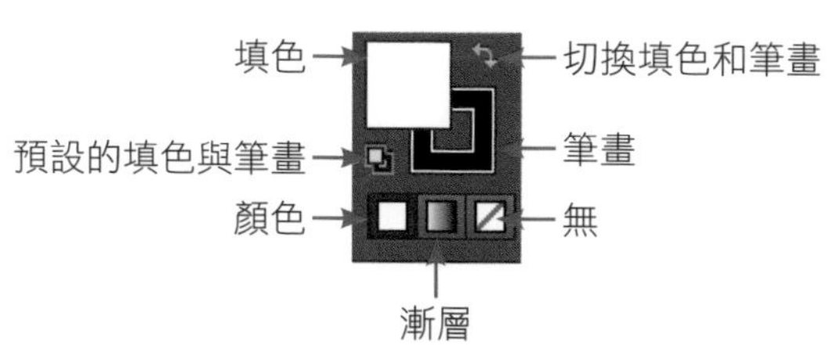

設定顏色

在 Illustrator 中，預設的填色為白色，筆畫為黑色，所以當各位按下工具中的鈕，它會呈現如上的白色色塊和黑色框線。若要設定填滿的顏色，請按滑鼠兩下於「填色」的色塊上，就可以進入檢色器中作色彩的設定。

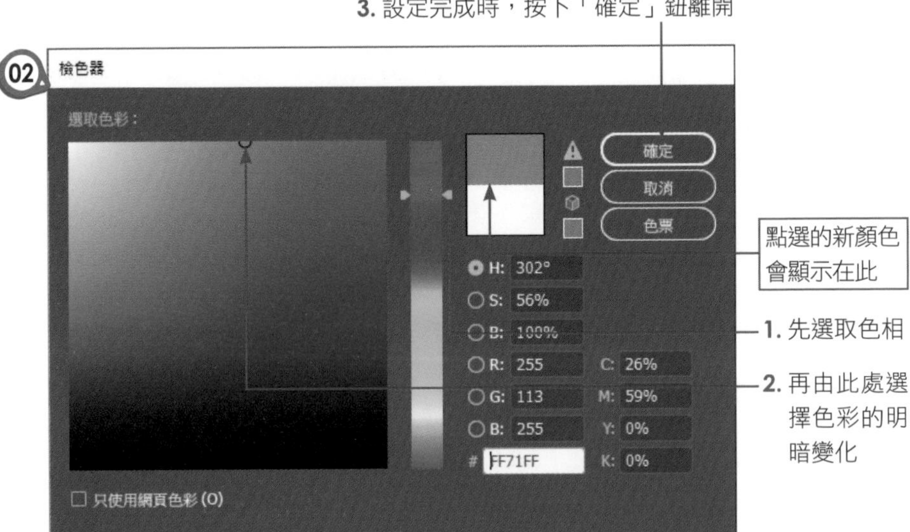

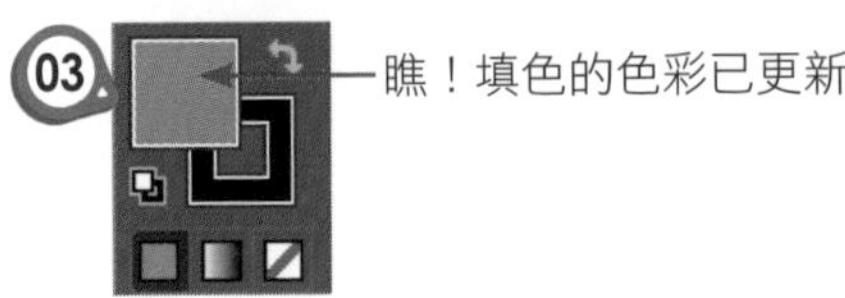

設定顏色時，「檢色器」的視窗中若出現符號，表示該顏色無法以列表機列印出來，而符號表示該色彩並非式網頁安全色。所以當各位所作的文件是要用在網頁上或是印刷出版時，請先按一下該圖示，軟體會自動找到最相近的顏色。

如果要設定筆畫的色彩，請利用滑鼠按一下「筆畫」，它會將框線顯示在填色的色塊之上，同樣按兩下即可進入「檢色器」中設定框線的色彩。

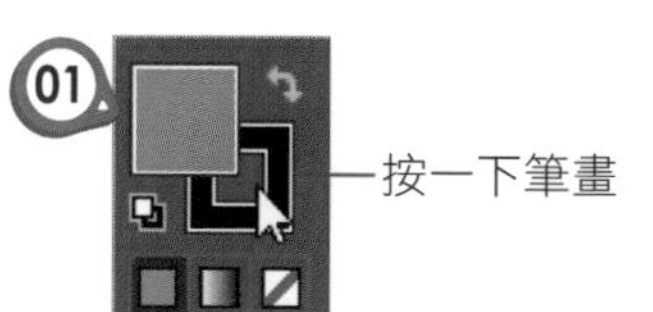

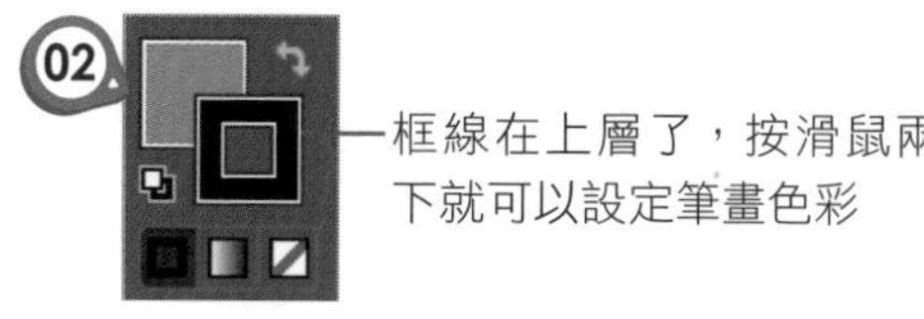

設定漸層色

除了設定單一顏色外，透過工具也可以選用漸層的填色或筆畫。

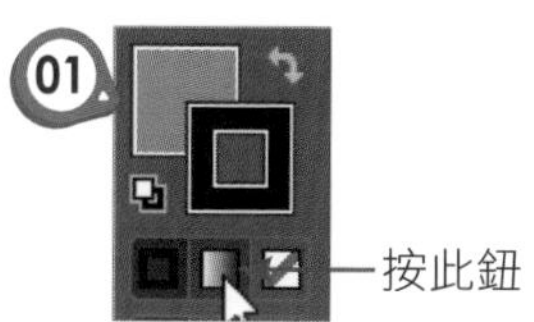

設定色彩為無

不管是想要將「填色」或「筆畫」設為「無」，只要按下 ▨ 鈕就行了。

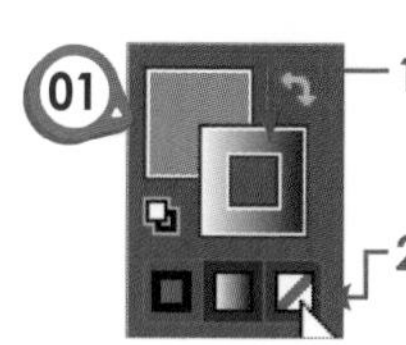

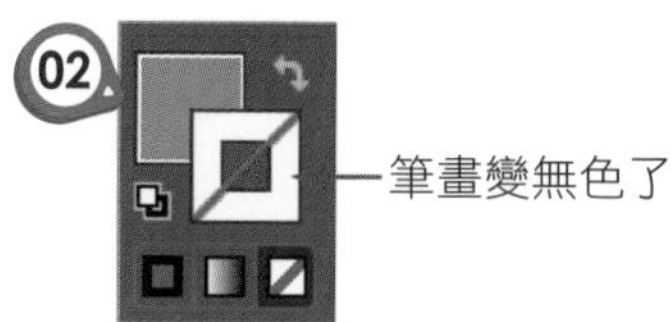

2-3-2 設定繪製模式

工具下方提供如下三種的繪製模式：

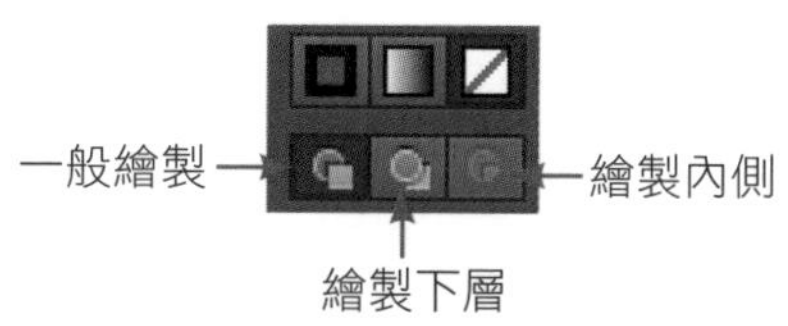

預設值是設定在「一般繪製」，也就是說後繪製的圖形物件會堆疊在前面繪製圖形的上層。如果選用「繪製下層」的繪製方式，那麼後繪製的圖形物件會自動放置在前面繪製圖形的下方。

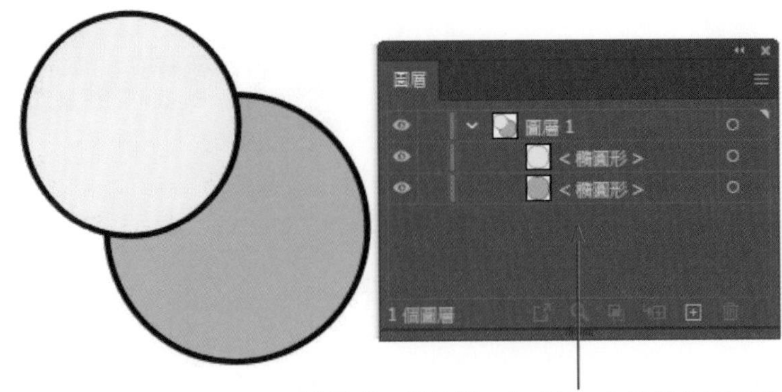

選用「一般繪製」方式時，先畫綠色圓再畫黃色圓，則黃色圓會顯示在綠色圓的上層

如果選用「繪製內側」的方式則不同於前兩者。如下圖所示，先以「一般繪製」方式繪製綠色，切換到「繪製內側」後再繪製黃色，它會形成剪裁路徑的效果。

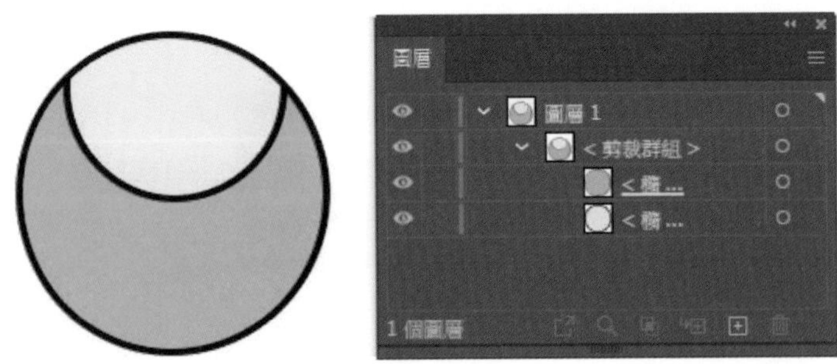

2-3-3 變更螢幕模式

在工具的最下方主要提供四種螢幕模式：

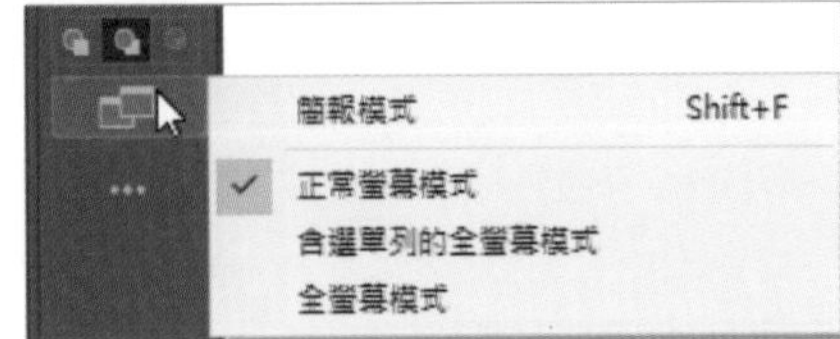

正常螢幕模式

為預設值模式，此模式中會顯示功能表列、工具面板、控制面板、面板群組、狀態列、工作區等內容，也就是各位平常所看到的視窗介面。

含選單列的全螢幕模式

它會提供較大的文件編輯區域，視窗會蓋住 Windows 桌面及工作列，而預設的面板則以浮動的方式呈現。

全螢幕模式

視窗上只會顯示狀態列、工作區、水平捲動軸、垂直捲動軸，當各位將滑鼠移到螢幕左 / 右側的邊界處，它會自動顯示工具面板或面板群組，而按「Esc」鍵則會跳回正常的螢幕模式。

簡報模式

以最大的比例將畫面完整顯示在螢幕上。

2-3-4 工具設定與工具選項設定

當各位選用工具鈕來繪製造形時，諸如：螺旋工具、矩形工具、圓角矩形工具、橢圓形工具、多邊形工具、星形工具、反射工具等，只要選定工具鈕後在文件上按一下左鍵，就會跳出視窗來讓使用者設定特定的寬高或半徑…等屬性。

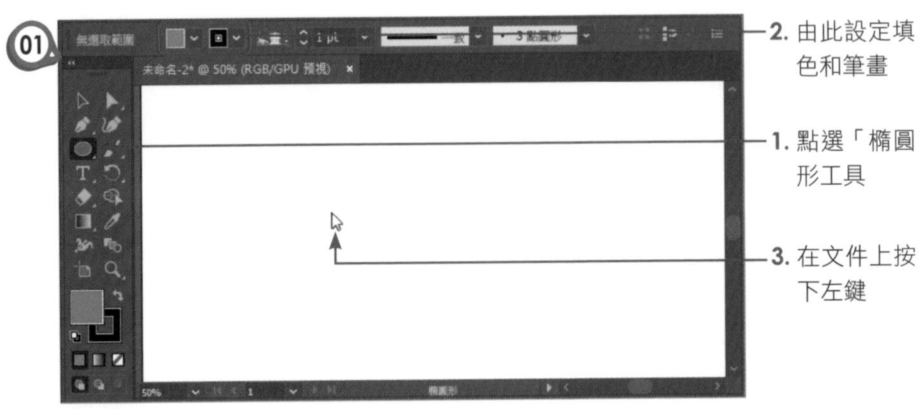

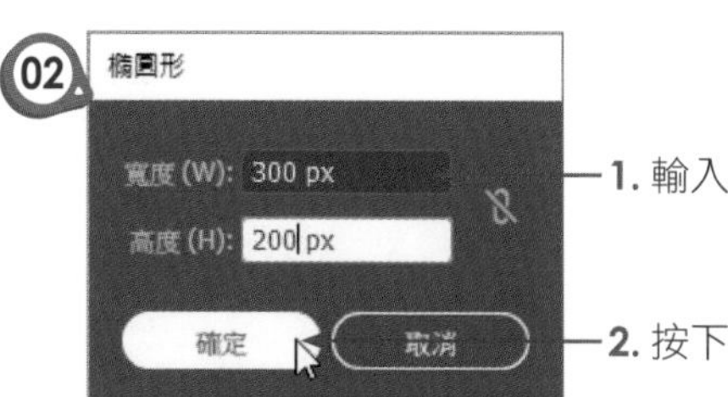

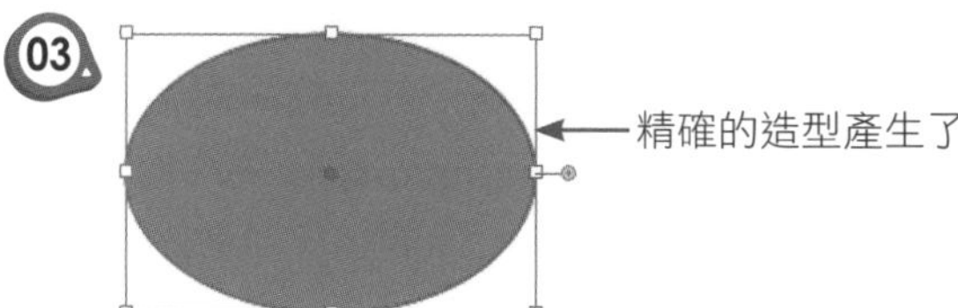

部分工具鈕則是按滑鼠兩下在工具鈕上，它會顯示工具選項視窗，諸如：線段區段工具、弧形工具、矩形格線工具、放射網路工具、繪圖筆刷工具、鉛筆工具、平滑工具、點滴筆刷工具、橡皮擦工具、旋轉工具、縮放工具、符號噴灑器工具、圖表工具等工具皆屬之。

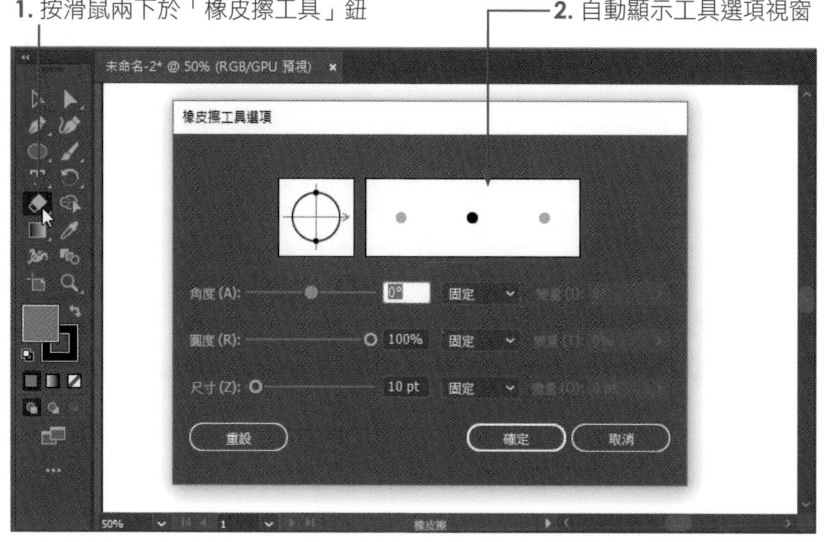

2-4 設計小幫手

設計文件時經常需要用到丈量的工具，以便設定精確的尺寸，或是需要做對齊的處理，那麼一些設計的小幫手就可以派上用場，諸如：尺標、參考線、格點等，這裡針對這幾項工具作說明。

2-4-1 尺標

尺標有「垂直尺標」和「水平尺標」兩種，在 Illustrator 中執行「檢視 / 尺標 / 顯示尺標」指令，就會在文件的上方看到水平尺標，而左側看到垂直尺標。

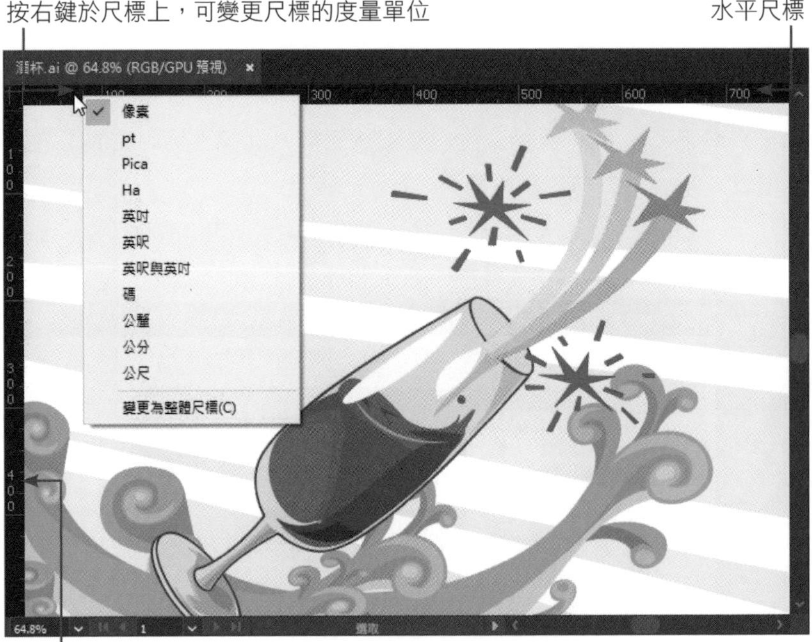

針對文件設計類型的不同，可按右鍵在尺標上選擇適當的丈量單位。以印刷文件為例，可以選擇「公釐」或「公分」作為單位，若是網頁用途，則可以選用「像素」作為單位。

尺標預設的原點（0,0）在左上角處，不過使用者可以根據需要來改變原點的位置。修正方式如下：

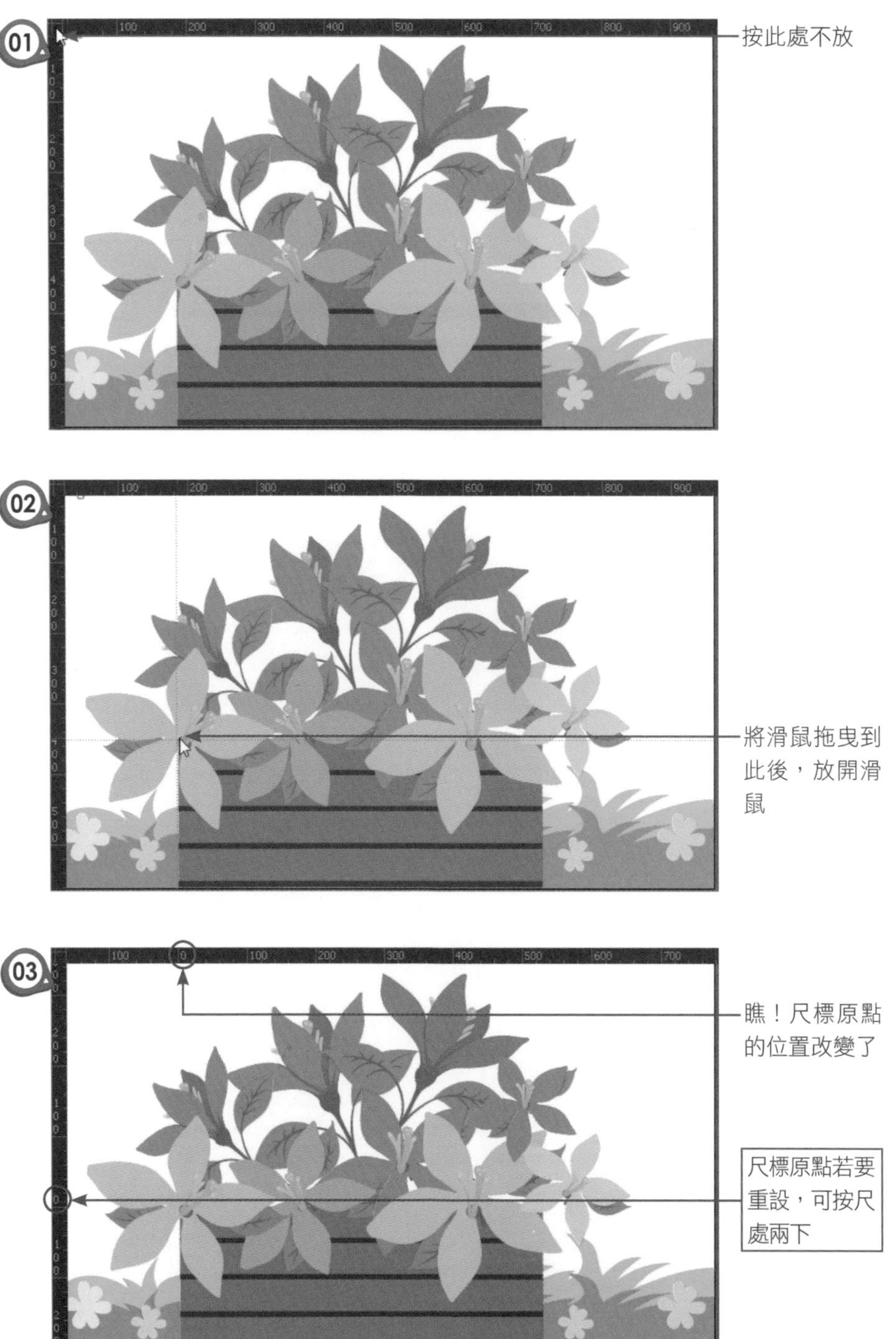

尺標若不需要使用時，可執行「檢視 / 尺標 / 隱藏尺標」指令將它關閉。

2-4-2 參考線

參考線就是作為參考的線條，方便作版面區塊的切割或作為物件對齊的基準。只要尺標已顯示的狀態下，由水平尺標往下拖曳，或由垂直尺標往右拖曳到文件上，就可以產生參考線。若要刪除多餘的參考線，利用「直接選取工具」 選取後再按「Delete」鍵就可以了。

如果預設的參考線與文件色彩相近，想要更換參考線的色彩，可執行「編輯 / 偏好設定 / 參考線及網格」指令。如圖示：

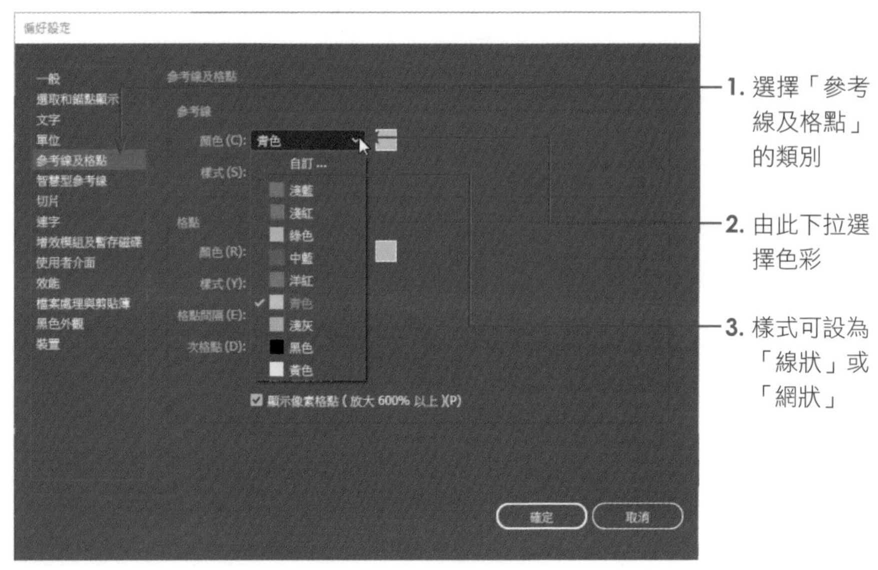

除了上述的參考線外，Illustrator 還有一種智慧型參考線，當各位有勾選「檢視 / 智慧型參考線」的功能，在移動物件或造型時，它會隨時顯示錨點、路徑、度量標示等相關資訊。若要設定智慧型參考線的相關選項，可透過「編輯 / 偏好設定 / 智慧型參考線」指令來設定。

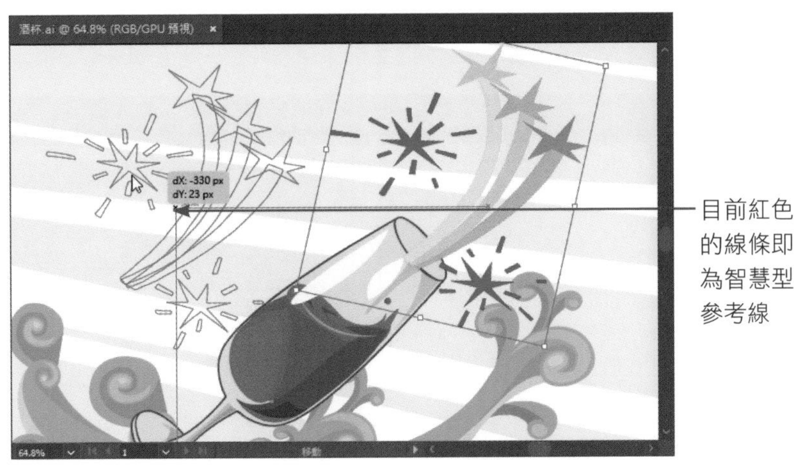

2-4-3 格點

格點的作用就像方格紙一樣，對於對稱式的圖形，透過格狀的線條可以快速做對齊。執行「檢視 / 顯示格點」指令可在文件上看到灰色交織而成的線條。在移動物件時，若要快速作圖形的對齊，可勾選「檢視 / 靠齊格點」指令。如果想要設定格點的顏色、樣示、間距、或次格點的數目，可利用「編輯 / 偏好設定 / 參考線及網格」指令做設定。

2-4-4 測量工具

「測量工具」位在左側的工具面板中，由該工具可以測量圖形或物件的寬、高、或座標位置，也可以測量角度。選用該工具後，透過拖曳的方式即可測量，而其結果會自動顯示在「資訊」面板中。

1. 由此點選「測量工具」

2. 按下滑鼠左鍵，由左側拖曳到花盆的右側

3. 自動顯示「資訊」面板，可在面板中看到寬高與角度等資訊

課後習題

【是非題】

1. (　) 狀態列上只會顯示目前選取的工具，無法顯示其他資訊。
2. (　) 螢幕模式中的「簡報模式」是以最大的顯示比例將文件完整顯示在螢幕上。
3. (　) 自己常用的功能面板，可以將它們儲存成個人常用的工作區域。
4. (　) 工作區域新增之後若要刪除，必須透過「管理工作區域」指令來處理。
5. (　)「控制」面板位在視窗正上方，只提供繪圖工具的控制。
6. (　) 面板群組可以收合成只顯示圖示鈕。
7. (　) 在 Illustrator 繪製圖案時，一般繪製時會將後繪製的圖形物件堆疊在前面繪製圖形的上層。
8. (　) 在工具面板上可以設定螢幕的顯示方式。

【選擇題】

1. (　) 下列何者不是設計時會用到的輔助工具？
   A. 尺標　　B. 測量工具
   C. 格點　　D. 方格紙
2. (　) 下列何者不是文件視窗所包含的內容？
   A. 狀態列　　B. 文件編輯區域
   C. 導覽視窗　　D. 畫布
3. (　) 對於面板群組的說明，下列何者不正確？
   A. Illustrator 現有的面板有三十多種
   B. 面板通常依附在視窗右側
   C. 隱藏起來的面板可利用「檢視」功能表開啟
   D. 透過標籤名稱可快速切換面板

4. (　) 對於工具下方的色彩設定，下列何者說明不正確？
   A. 可設定填滿單色　B. 可設定筆畫的漸層色
   C. 可設定為無填色　D. 可設定筆畫的寬度

5. (　) 檢色器中若出現 ⚠ 符號，此符號表示什麼？
   A. 該顏色無法以列表機列印出來　B. 該色彩非式網頁安全色
   C. 該顏色會褪色　D. 該顏色要送印刷廠才可印出

【實作題】

1. 請將工作區域設定為繪圖設計師常用的工作區域。
2. 請在 Illustrator 軟體中開啟尺標，並將度量單位設為「公釐」。

Illustrator 的基礎操作

3-1 建立新文件

3-2 儲存文件

3-3 從範本新增

3-4 開啟舊有文件

3-5 工作區域的變更

3-6 物件的選取

3-7 物件的編輯

3-8 檢視物件

3-9 圖層的編輯與使用

Illustrator

前面的章節中各位已經熟悉 Illustrator 的視窗環境、工具、面板的基本操作，接下來的章節要實際進入文件的設定與編輯，包括如何新增文件、文件的開啟、工作區域的增減、物件的選取 / 編輯、圖層的使用、以及檔案的儲存等。有了良好的操作概念，才能奠定成功的基礎。

3-1 建立新文件

要從無到有設計出作品，首先就是開啟新的文件。各位可別小看這個動作，因為必須針對文件的用途來設定文件的尺寸、方向、解析度、數量、甚至是出血值。一般來說，以 Illustrator 設計的文件有可能用在以下兩種用途：一個是印刷出版，另一個則是以螢幕呈現。

印刷出版

假如設計的文件是要送到印刷廠印刷出版，通常要選用 CMYK 的色彩模式，而且解析度也要設在 300 像素 / 英寸才行，這樣才能透過青（Cyan）、洋紅（Magenta）、黃（Yellow）、黑（Bkack）四種油墨色料來調配出各種的色彩。如果印刷品的背景並非白色，為了避免裁切紙張時，因為裁刀位置的不夠精確而留下原紙張的白色，因此通常都要在設計尺寸之外加大填滿底色的區域範圍，這就是所謂的「出血」設定，出血值一般設定為 3mm 或 5mm。

螢幕呈現

除了印刷用途之外，如果完成的文件是要以網頁的方式呈現，或是作為視訊的影片之用，或是要放置在 iPad、iPhone 等裝置上，那麼都可算是以螢幕的方式來呈現。由於螢幕的解析度最高只能顯示 72 ppi，即便畫面的品質高於 72 ppi 也無法顯示出來，因此以螢幕呈現的文件只要設定為 72 ppi 就可以了。

對於文件的用途有所了解後，現在試著新增一份包含 4 頁、A4 大小的印刷文件。

按「新建」鈕使進入下圖視窗

1. 切換到「列印」標籤　**2.** 由此選擇「A4」尺寸　**3.** 工作區域數量設為「4」

4. 設定紙張方向　**5.** 設定出血值為 3　**6.** 按「建立」鈕建立

這裡自動顯示色彩模式和解析度

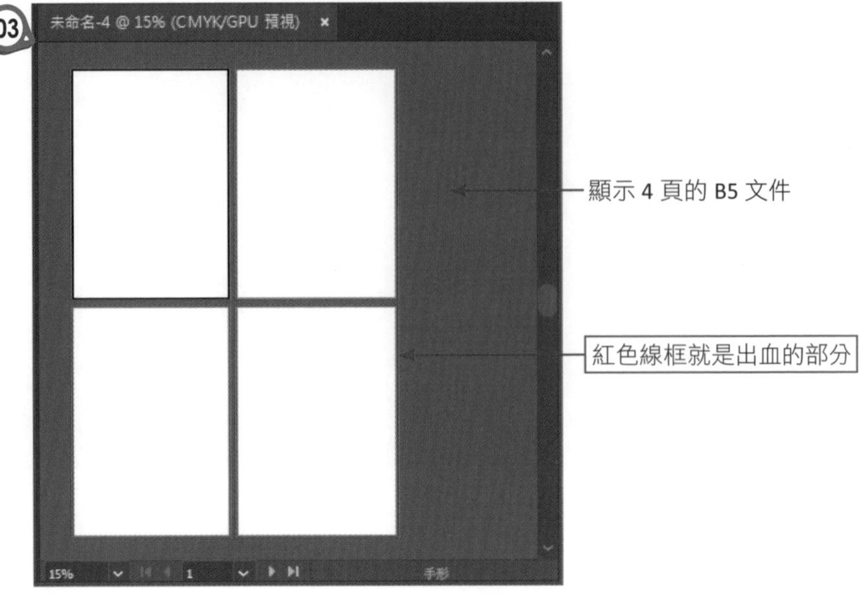

3-2 儲存文件

建立空白文件後我們先將文件儲存起來。對於尚未儲存過的文件，請執行「檔案 / 儲存」指令會進入下圖視窗，你可以選擇將檔案儲存到雲端文件，或是儲存到您的電腦。

選擇儲存到 Adobe 雲端會幫你記下版本紀錄，無論是否有安裝 Illustrator，都可以在雲端進行文件處理。如果選擇「儲存在您的電腦」鈕，那麼設定儲存路徑、檔名，直接按下「存檔」鈕儲存檔案即可。

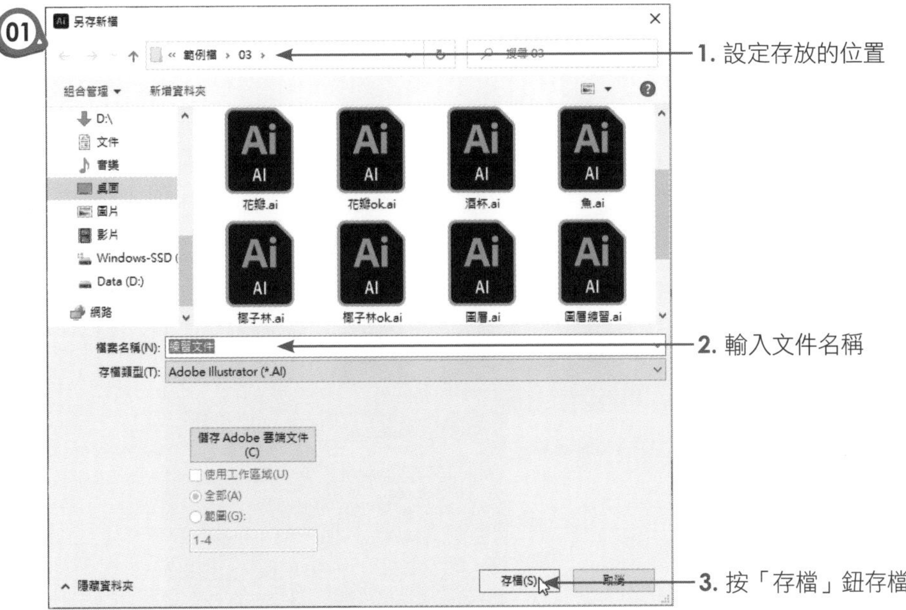

02

如果希望檔案可以在較早的 Illustrator 版本中開啟，可以由此選擇儲存的版本

如果需要將每個工作區域都各別儲存，可以勾選此項

按「確定」鈕完成儲存動作

雖然在儲存檔案時，可以由「存檔類型」中選擇 PDF、EPS、AIT、FXG、SVG、SVGZ 等格式，不過 AI 格式是 Illustrator 的特有檔案格式，可以保留 Illustrator 所有的檔案資料及工作區域，方便將來的編修，所以通常原始的 AI 格式一定要保留下來。

3-3 從範本新增

除了從無到有建立新文件外，Illustrator 也有提供空白範本可供選用，諸如：CD 外殼、T 恤、名片、信箋、標籤、促銷、橫幅和簡報…等，直接點選就可以快速在空白的文件上進行設計！

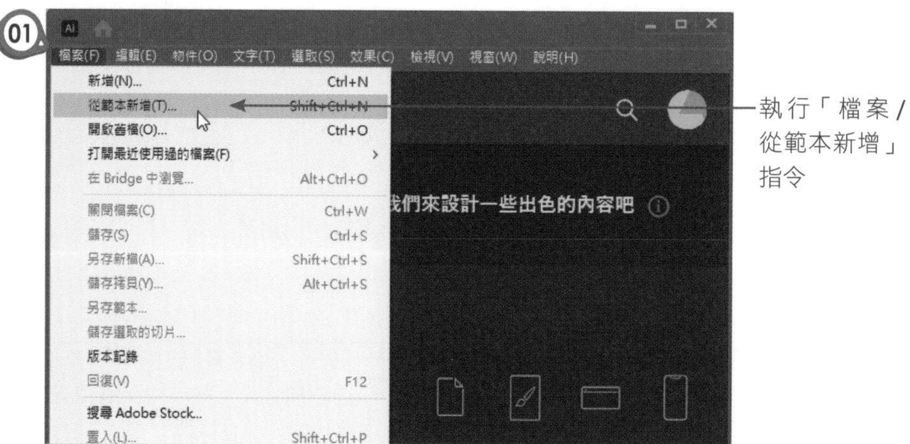

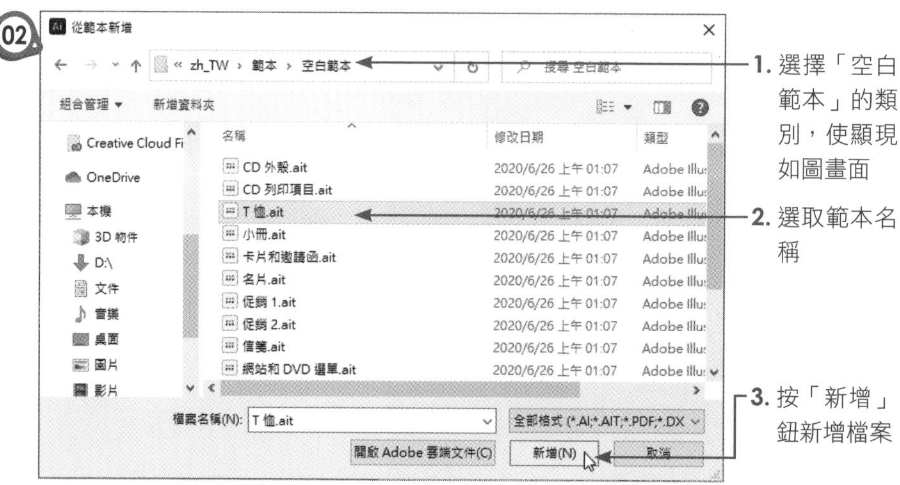

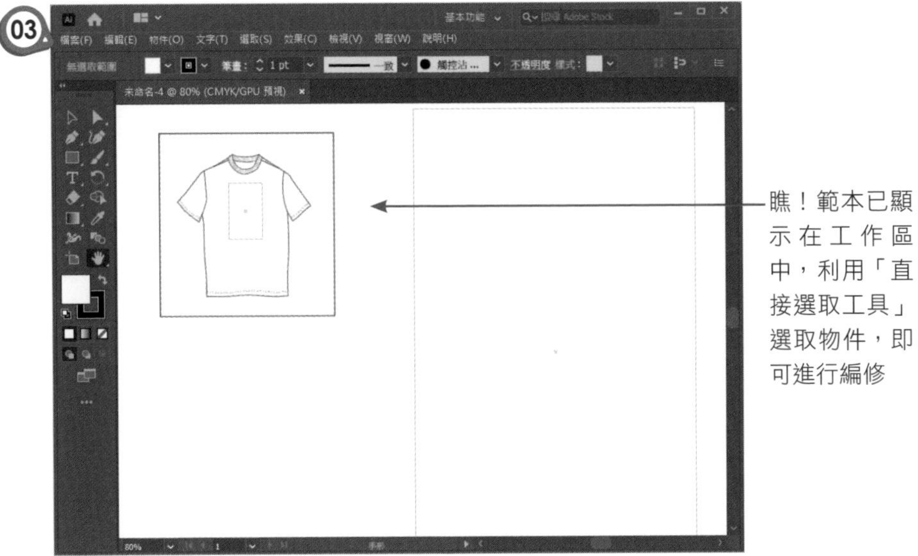

3-4 開啟舊有文件

對於曾經編輯過的 AI 文件或是各種檔案格式的影像插圖，都可以利用「檔案 / 開啟舊檔」指令來開啟。

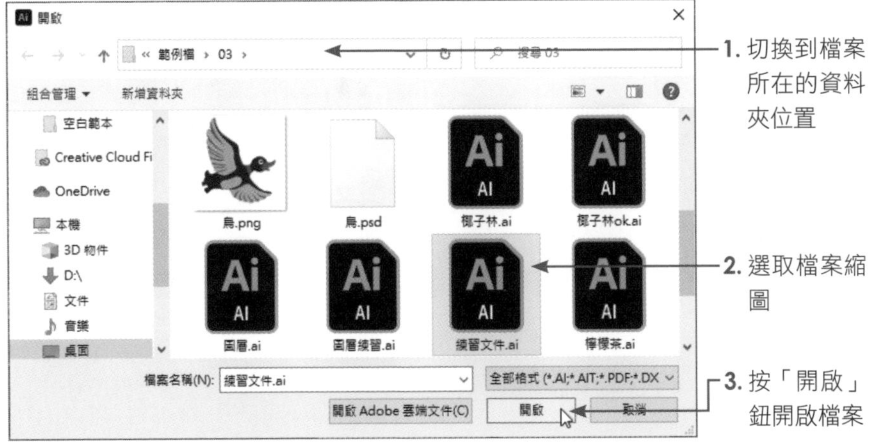

3-5 工作區域的變更

在前面的章節中我們新增了一個包含 4 個工作區域的文件，那麼到底要怎麼切換工作區域？如何增加或刪除多餘的工作區域？或是想要變更工作區域的方向或名稱，有關工作區域的相關問題，這裡將針對文件視窗的「工作區域導覽」、工作區域面板、工作區域工具等做說明。

3-5-1 工作區域導覽

想要切換到特定的工作區域，利用文件左下方的「工作區域導覽」即可快速切換。或是透過「上一個」或「下一個」鈕來作上下頁面的切換，也可以按下「第一個」或「最後一個」鈕來快速到達最前或最後的頁面。

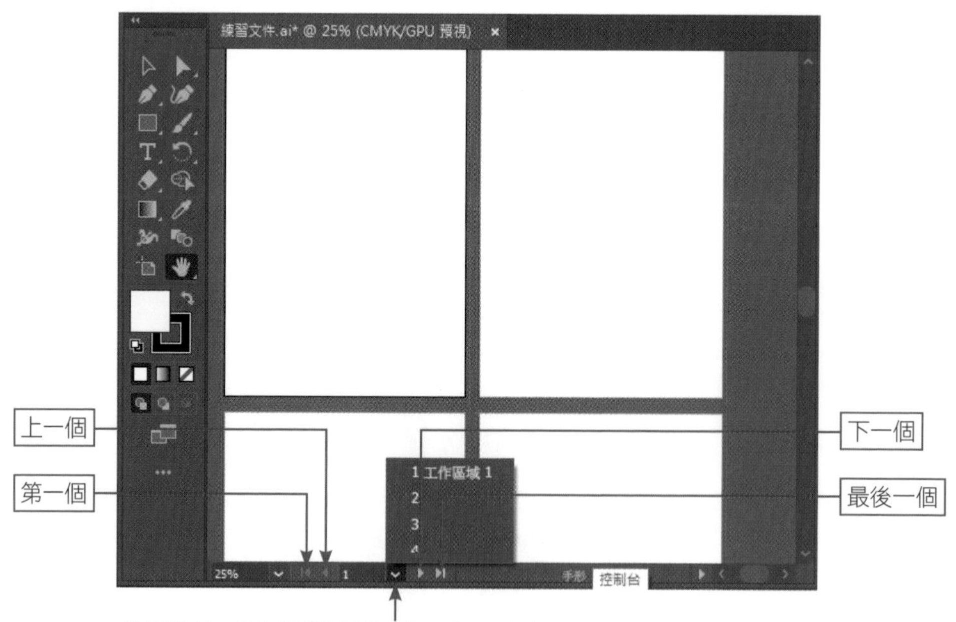

按下拉鈕，可以選擇要顯示的工作區域（頁面）

3-5-2 工作區域面板

除了在文件檔上切換工作區域外，如果想要重新調整工作區域的先後順序，或是要增加 / 刪除工作區域，都可以利用「工作區域」面板來設定。請執行「視窗 / 工作區域」指令，使顯現「工作區域」面板。

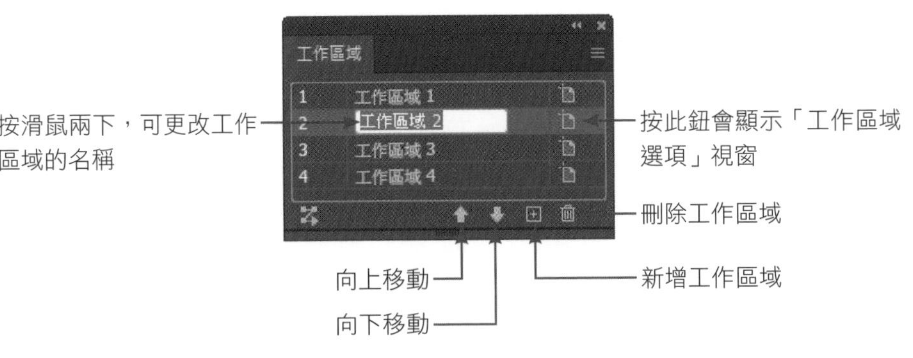

3-5-3 工作區域工具

如果在左側的工具中點選「工作區域工具」，那麼可以透過上方的「控制」面板來變更工作區域的尺寸、方向、名稱，或做工作區域的增刪，使用上比「工作區域導覽」和「工作區域面板」更便捷。

變更名稱和位置

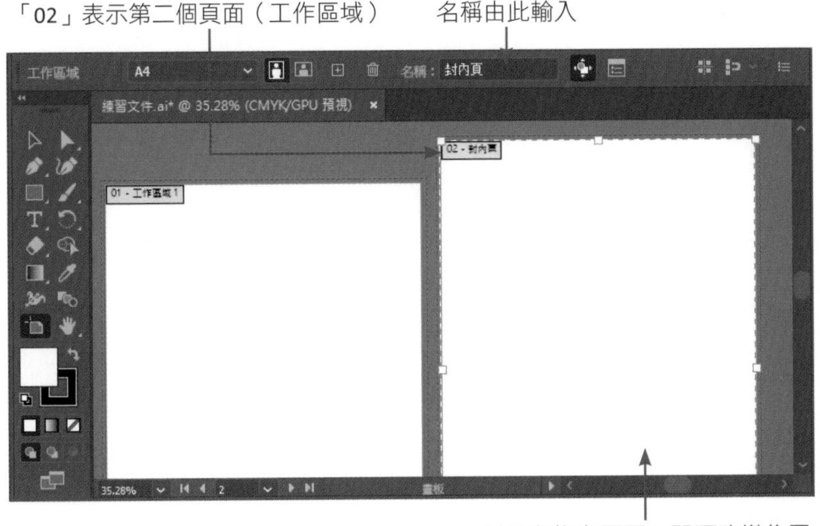

變更尺寸與方向

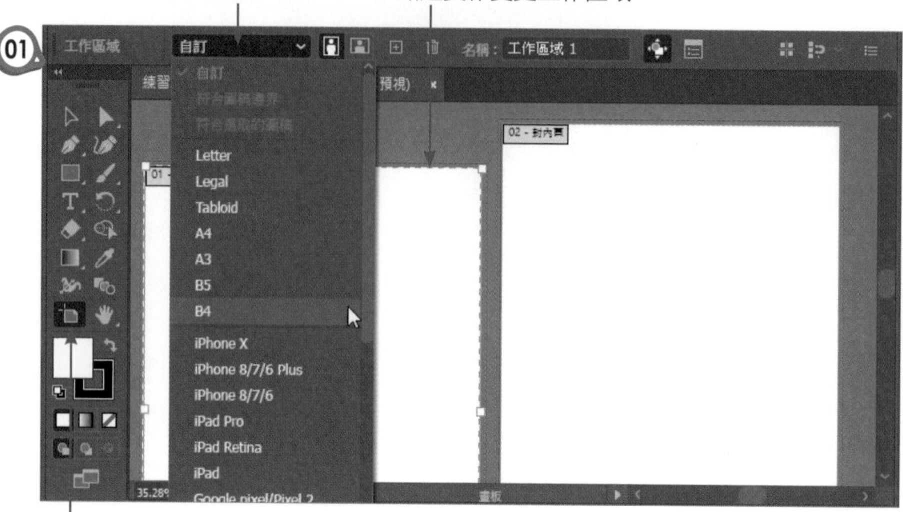
3. 由此下拉變更紙張大小
2. 點選要作變更工作區域
1. 點選「工作區域工具」
工作區域
自訂
名稱：工作區域 1
Letter
Legal
Tabloid
A4
A3
B5
B4
iPhone X
iPhone 8/7/6 Plus
iPhone 8/7/6
iPad Pro
iPad Retina
iPad

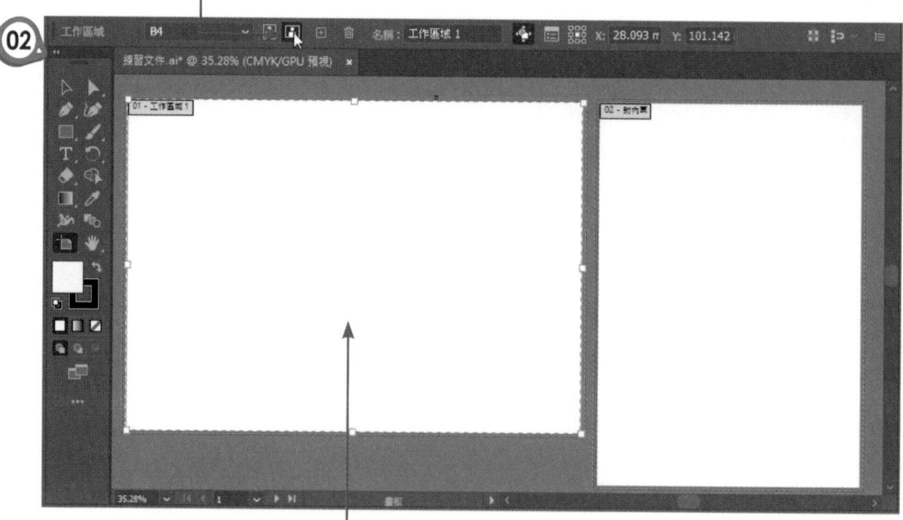
1. 按此鈕可以變更紙張的方向
2. 直接拖曳工作區域可以調整放置的位置
工作區域
B4
名稱：工作區域 1
X: 28.093
Y: 101.142

3-6 物件的選取

對於新增文件的方式與工作區域的變更有所了解後，接著我們要準備編輯物件。不過要讓電腦知道哪個物件要做處理，就得先利用選取工具來選取物件。Illustrator 軟體中所提供的選取工具包含了「選取工具」、「直接選取工具」、「群組選取工具」、「套索工具」、「魔術棒工具」五種，這裡先就這些工具作介紹。

3-6-1 選取工具

「選取工具」是最常使用的選取工具，因為它可以選取單一物件，加按「Shift」鍵可以選取多個物件，另外也可以將選取的物件選取起來。

選取群組的物件

選取單一物件

也可以利用拖曳框選的方式來選取物件，而已選取的物件若再點選一次，就會被取消選取。使用方式如下：

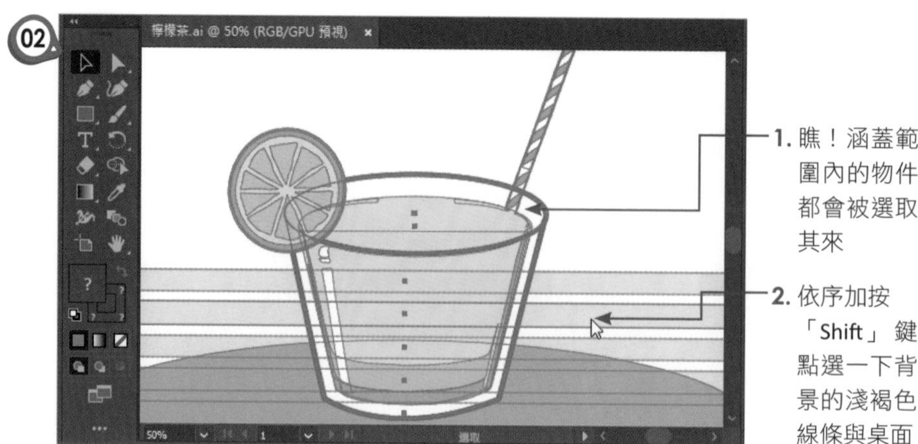

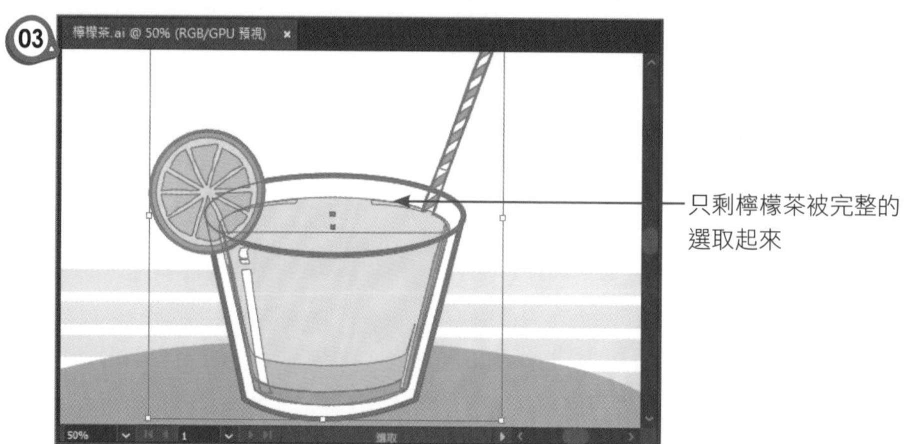

3-6-2 直接選取工具

「直接選取工具」▶ 能夠選取群組中的個別物件，同時針對該物件造型進行路徑和錨點的編修，而「控制」面板上也有提供錨點的轉換或刪除可多加利用。

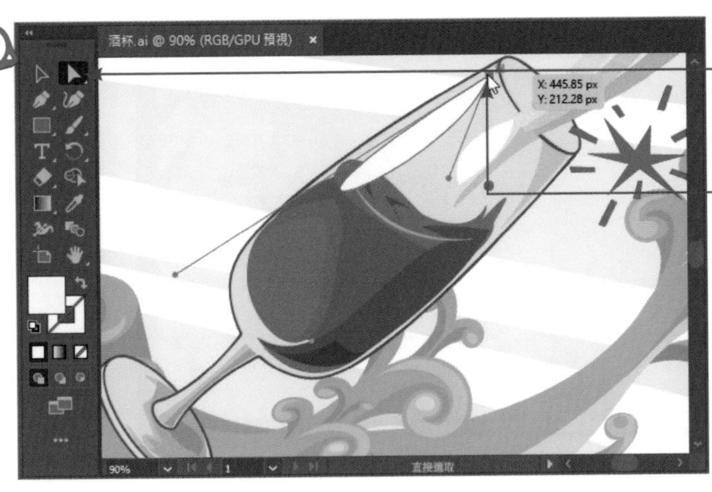

1. 由此選擇「直接選取工具」
2. 按一下圖形上的錨點，則錨點左右兩側的把手會顯現出來

調整把手的位置或角度，即可改變造型的弧度

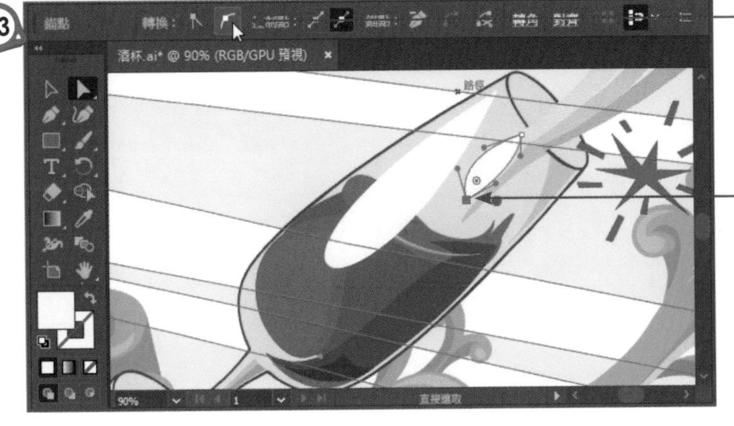

2. 按此鈕將錨點轉換為平滑

1. 點選此錨點，使變成實心狀態

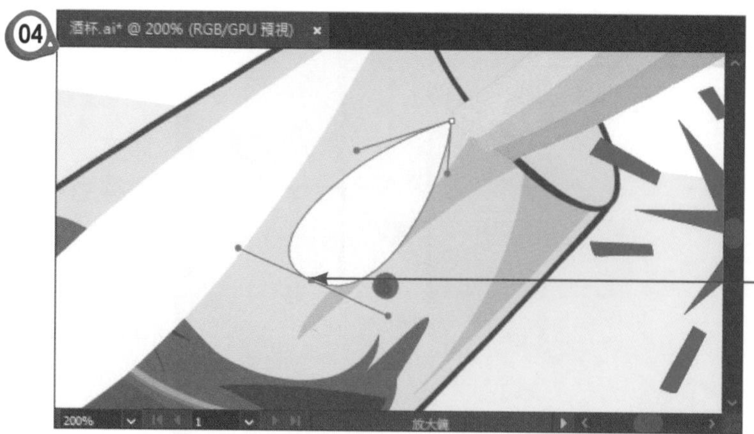

3-6-3 群組選取工具

「群組選取工具」是針對群組中的物件或多重群組物件作選取。因此每一次的選取，都會自動增加階層中的下一個群組的所有物件。如下圖所示，花盆部分是由褐色與深褐色的矩形群組而成，複製排列後再一起群組成花盆。若以「群組選取工具」選取深褐色時，它會選取該造型，再按一下左鍵會再加選到褐色的造型，再按一下左鍵就會選取整個花盆了。

3-6-4 套索工具

「套索工具」可以選取不規則範圍內的物件，只要在拖曳範圍內所涵蓋的造型，就會被選取起來。

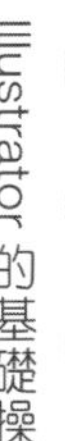

3-6-5 魔術棒工具

「魔術棒工具」 是依據填色顏色、筆畫顏色、筆畫寬度、不透明度等顏色的相近程度來選取物件，也能夠以相似色彩的漸變模式作為選取的依據。按滑鼠兩下於「魔術棒工具」 上，它會出現「魔術棒」面板，透過該面板即可設定應用的項目。

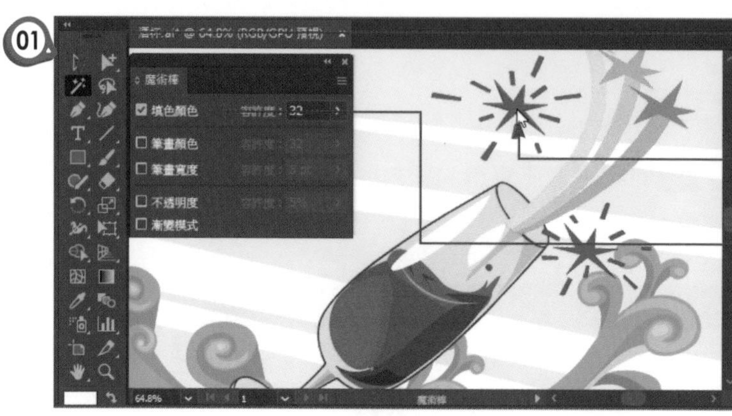

如果加大填色顏色的容許值為「55」，那麼連酒杯中的紅色液體也會一併被選取喔！

3-7 物件的編輯

物件或造型被選取後，接下來可以告訴程式您要執行的編輯動作，一般常使用的編輯動作包含了移動、拷貝、旋轉、鏡射、縮放、傾斜等。這裡就針對這些功能作說明。

3-7-1 移動造型物件

選取物件後最常做的動作就是「移動」，也就是把物件移到想要放置的地方。通常只要以滑鼠按住造型即可移動位置。你也可以利用鍵盤上的上 / 下 / 左 / 右鍵來微調距離，如果需要移動到特定的距離或角度，可以使用「物件 / 變形 / 移動」指令來處理。

01

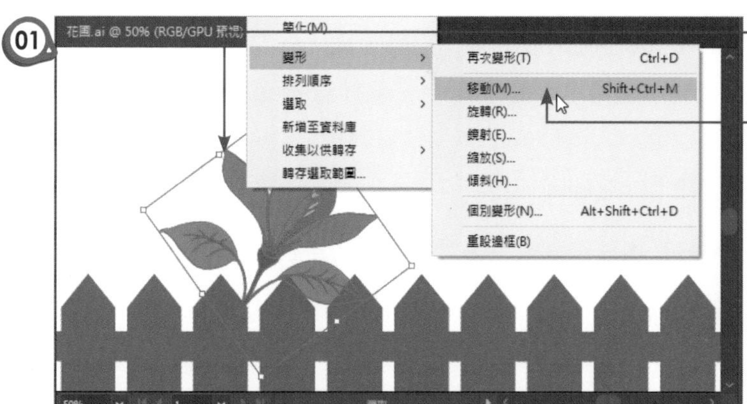

1. 選取要移動的造型
2. 執行「物件 / 變形 / 移動」指令，或按右鍵執行「變形 / 移動」指令

02

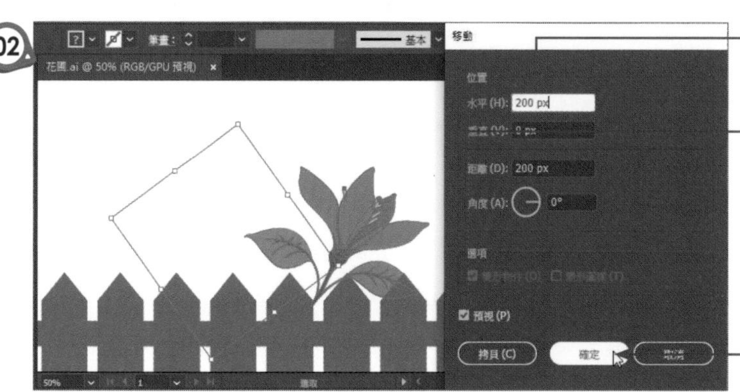

1. 將水平距離設為「200」
2. 勾選「預視」選項，可從視窗後方看到移動的距離
3. 按此鈕確定

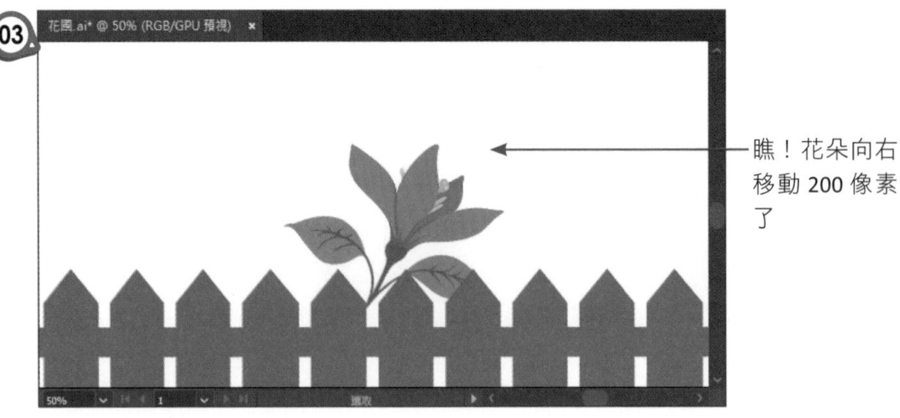

3-7-2 拷貝造型物件

要複製造形，「編輯」功能表中有提供「拷貝」和「貼上」指令，也可以利用大家所熟悉的快速鍵「Ctrl+C」鍵（複製）與「Ctrl+V」鍵（貼上）。而利用剛剛介紹的「物件 / 變形 / 移動」指令，可針對特定的移動距離來進行拷貝，拷貝後若要再次執行相同的變形指令，可執行「物件 / 變形 / 再次變形」指令，或是按快速鍵「Ctrl+D」。

這裡就以籬笆的基本形作介紹，告訴各位如何快速製作成等距離的籬笆。

1. 點選籬笆的基本形

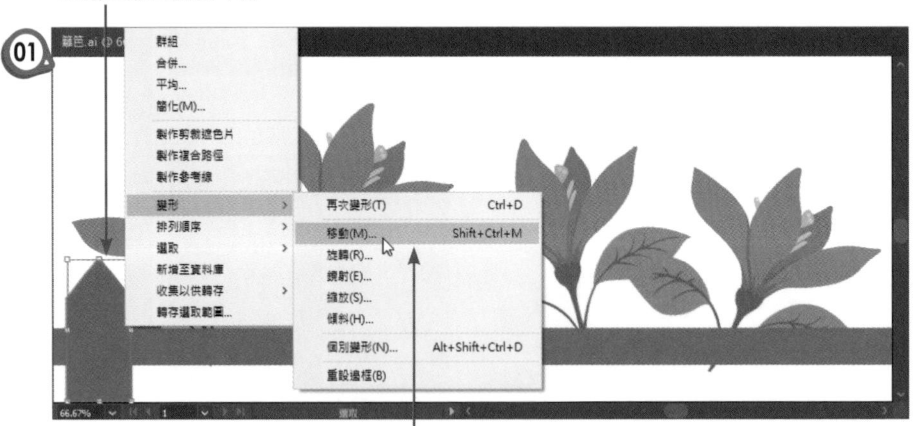

2. 按右鍵執行「變形 / 移動」指令

1. 輸入移動水平方向的距離為「100」
02
籬笆.ai @ 66.67% (RGB/GPU 預視)
移動
位置
水平 (H): 100 px
垂直 (V): 0 px
距離 (D): 100 px
角度 (A): 0°
選項
預視 (P)
拷貝 (C)
確定
取消
2. 勾選「預視」可看到前後兩個基本形的間距
3. 按下「拷貝」鈕離開

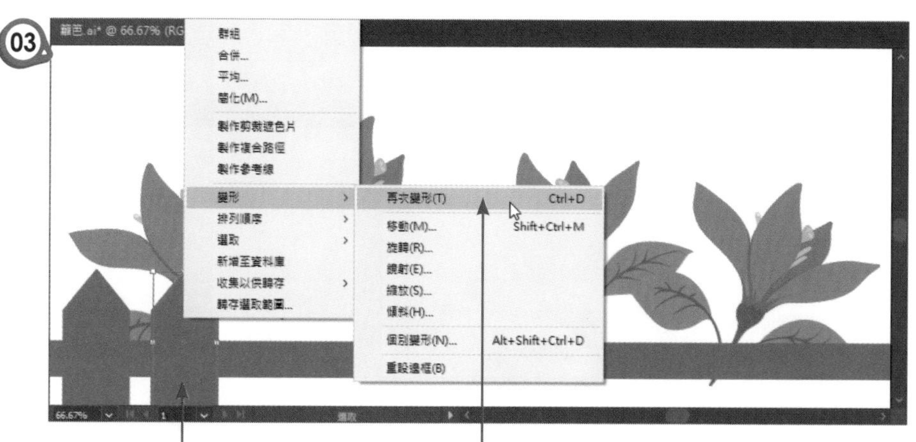

03
群組
合併...
平均...
簡化(M)...
製作剪裁遮色片
製作複合路徑
製作參考線
變形
排列順序
選取
新增至資料庫
收集以供轉存
轉存選取範圍...
再次變形(T) Ctrl+D
移動(M)... Shift+Ctrl+M
旋轉(R)...
鏡射(E)...
縮放(S)...
傾斜(H)...
個別變形(N)... Alt+Shift+Ctrl+D
重設邊框(B)
1. 按右鍵於已複製的造型上
2. 執行「變形 / 再次變形」指令，或按快速鍵「Ctrl+D」8 次

04
籬笆.ai* @ 66.67% (RGB/GPU 預視)
籬笆完成囉！

如果各位沒有要求特定的間距，也可以同時加按「Alt」鍵來拖曳物件，這樣就可以快速複製物件，配合「Ctrl+D」鍵作再次變形，籬笆即可快速完成。

1. 點選籬笆的基本形　　2. 加按「Alt」鍵拖曳基本形至此

依序按「Ctrl+D」鍵 6 次，完成籬笆的繪製

3-7-3 旋轉造型物件

要為物件造型旋轉方向，最簡單的方式就是利用「旋轉工具」，只要點選造形後在文件上作拖曳，就可以看到旋轉後的位置。

1. 點選「旋轉工具」

2. 按住滑鼠左鍵作拖曳，就可以看到圖形旋轉後的效果（外框線即為旋轉後的位置）

另外，控制中心點的位置可讓造型依照指定的中心點來旋轉喔！此處以花瓣的製作來做說明。

01

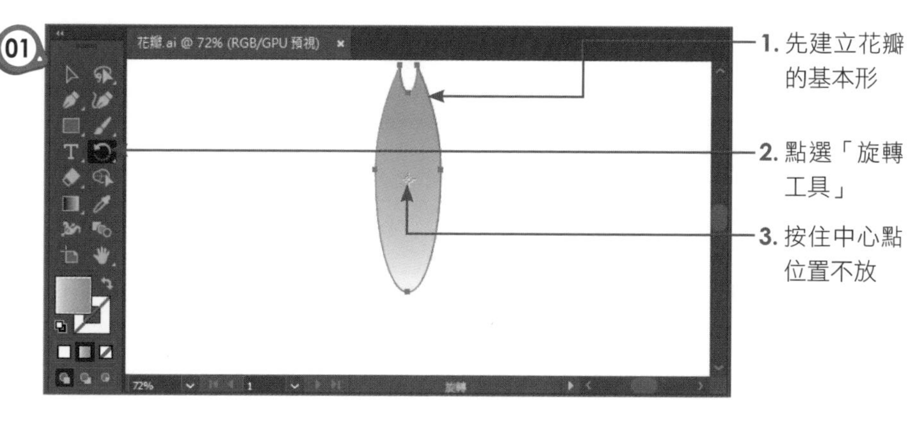

1. 先建立花瓣的基本形

2. 點選「旋轉工具」

3. 按住中心點位置不放

02

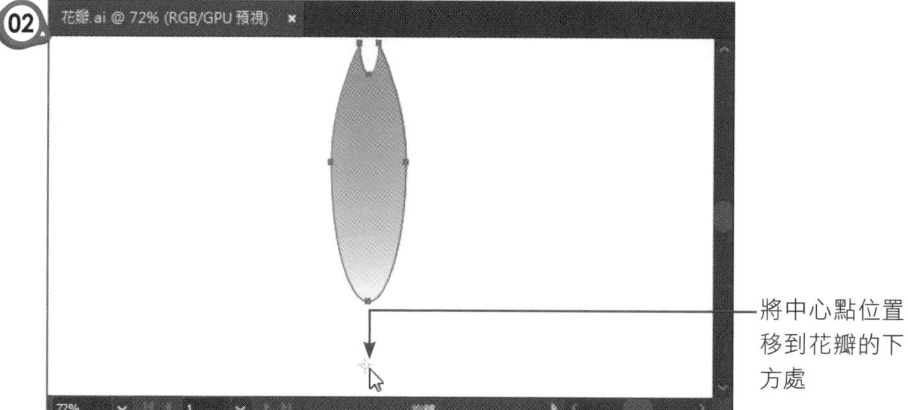

將中心點位置移到花瓣的下方處

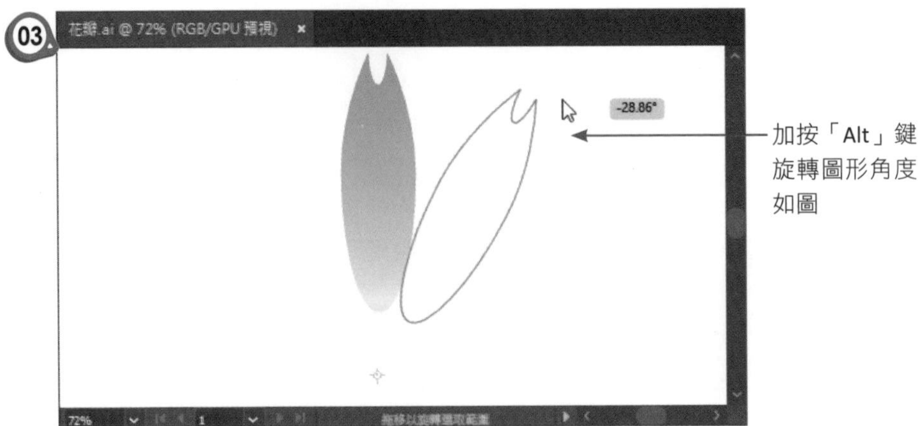

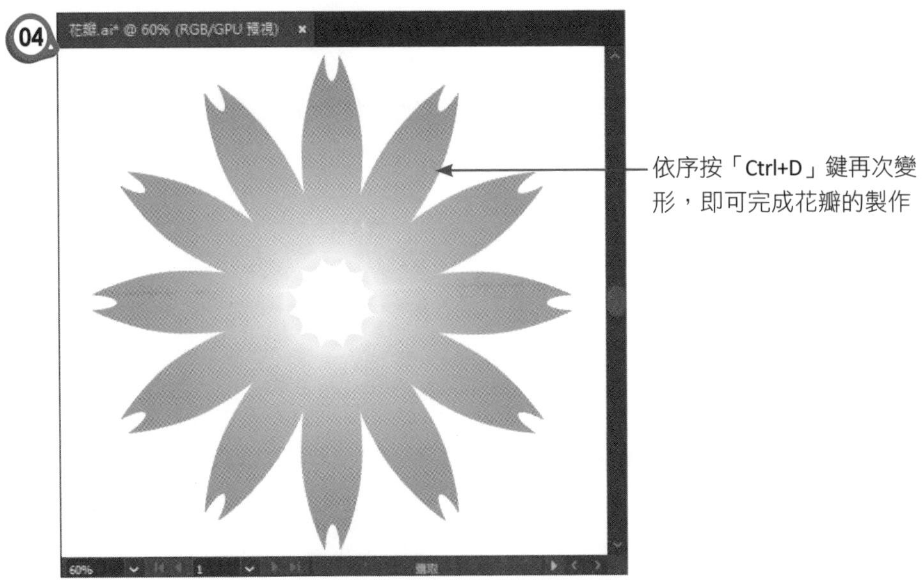

利用「物件 / 變形 / 旋轉」指令也可以旋轉造形，不過它的中心點會固定在中間的位置，無法自行設定位置。

3-7-4 鏡射造型物件

「鏡射工具」是一座標軸為基準，讓造型物件作水平方向或垂直方向的翻轉，使產生像鏡子一樣的反射效果。各位也可以配合前面所學到的「Alt」鍵及中心點的控制，以達到想要的變形效果。

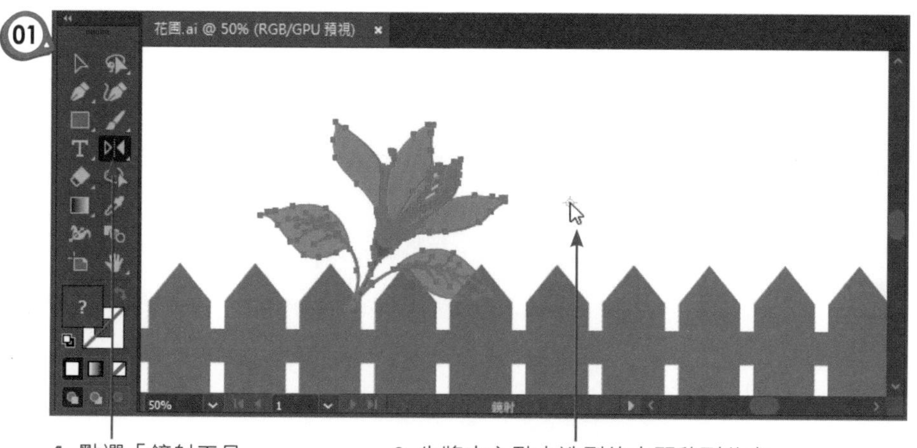

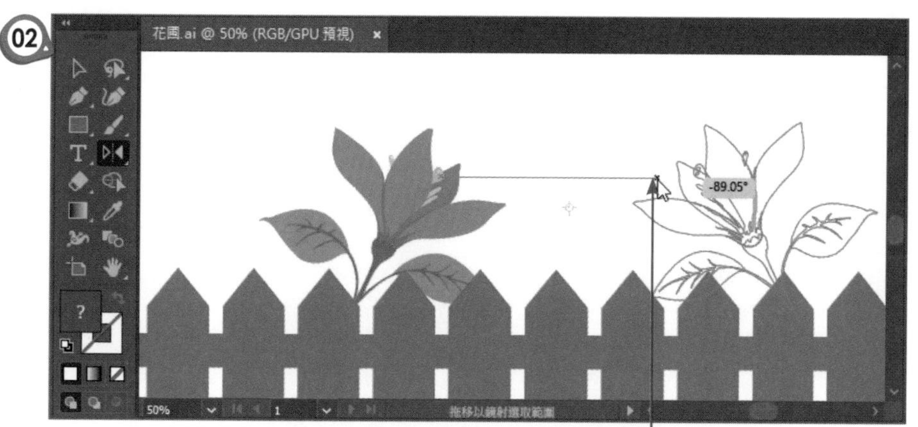

如果執行「物件 / 變形 / 鏡射」指令會顯示下圖視窗，可作精確的設定。

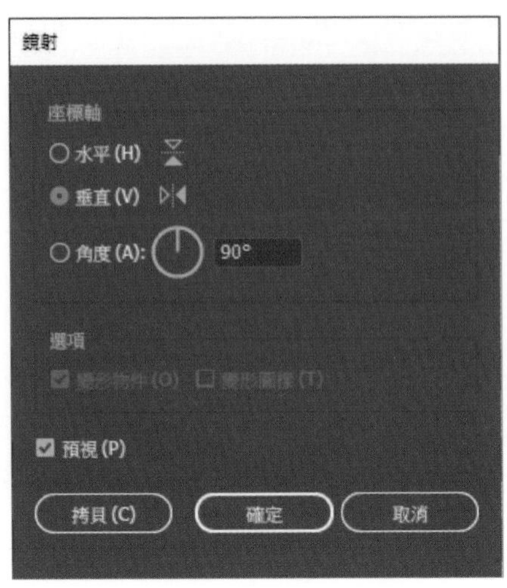

3-7-5 縮放造型物件

「縮放工具」 和「物件 / 變形 / 縮放」指令可讓物件作等比例或非等比例的縮放，使用技巧與操作方式同前面介紹的拷貝、旋轉、鏡射，請自行練習。

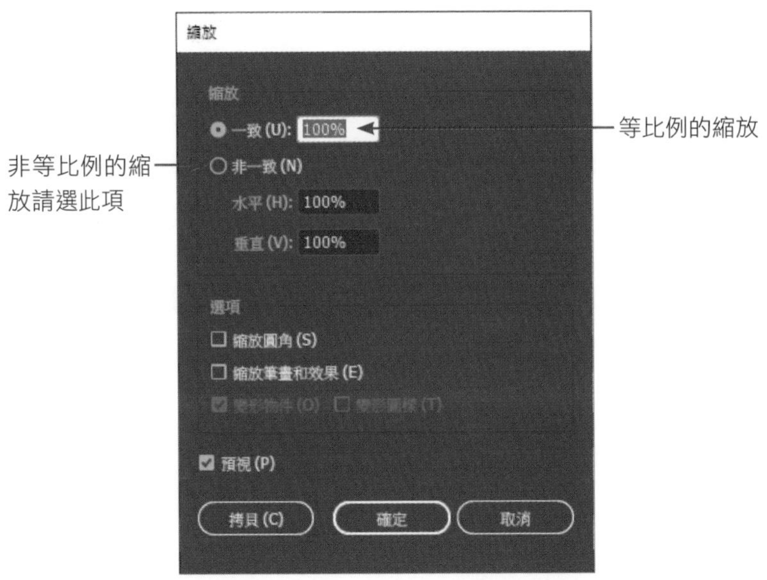

要注意的是，如果要縮放的造型或物件有包含筆畫線條，那麼可根據需求來選擇是否勾選「縮放筆畫和效果」的選項。如下圖所示，同一條魚在放大 300% 後，勾選與未勾選「縮放筆畫和效果」選項，其結果大不相同。

勾選「縮放筆畫和效果」

未勾選「縮放筆畫和效果」

3-7-6 傾斜造型物件

「傾斜工具」 與「物件 / 變形 / 傾斜」指令是讓物件做水平或垂直方向的傾斜角度。

01

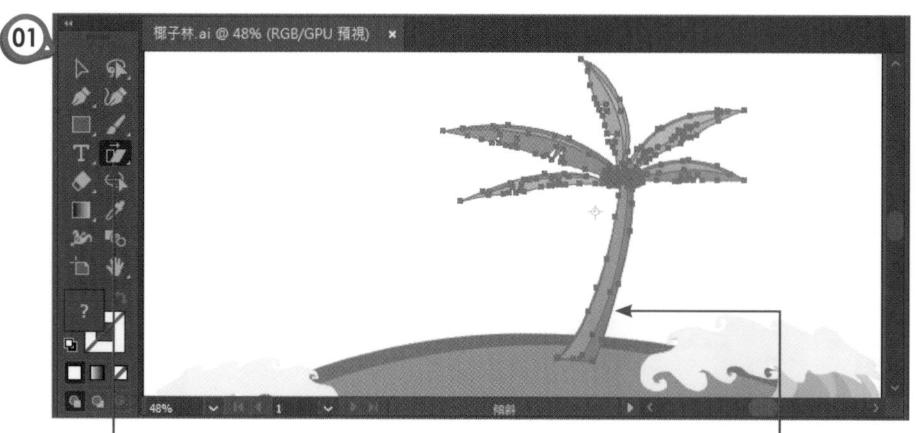

1. 選取椰子樹後，點選「傾斜工具」

2. 加按「Alt」鍵拖曳椰子樹

02

1. 自動出現此視窗，請設定傾斜角度

2. 按下「拷貝」鈕

03

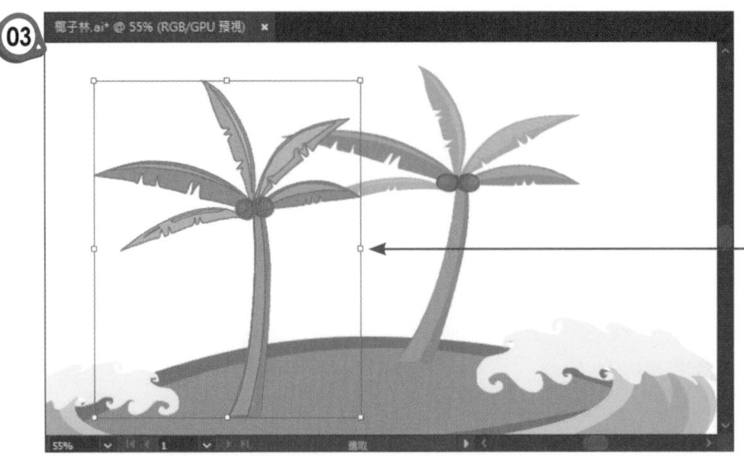

複製一棵椰子樹，但又有點不同的椰子樹

3-8 檢視物件

在編輯文件的過程中，有時要看整體畫面的效果，有時又得必須放大造形作細部的修整，雖然文件視窗的左下角處有提供「符合螢幕」及各種的顯示比例可以選擇，但是當放大到一定的比例後，還是得靠捲動軸或「手形工具」才能移到想要觀看的地方，因此如何有效率的檢視文件，在這裡跟各位做說明。

文件視窗左下角也有提供圖像顯示比例的控制

3-8-1 放大鏡工具

「放大鏡工具」🔍位在「工具」面板下方，選用該工具後將滑鼠移到文件上，放大鏡中會出現「+」的符號，此時按一下滑鼠即可放大該區域。若要縮小顯示比例，加按「Alt」鍵放大鏡中會出現「-」的符號，此時按一下滑鼠左鍵就會縮小顯示比例。另外，按住滑鼠不放也會自動放大或縮小畫面。設定方式如下：

1. 點選「放大鏡工具」

2. 按下滑鼠不放就可看到畫面放大了

3-8-2 手形工具

當文件放大後，由於造型物件無法在文件視窗中完全顯現，此時可利用「手形工具」✋來移動畫面，只要按住滑鼠拖曳，就可以改變顯示的區域範圍。

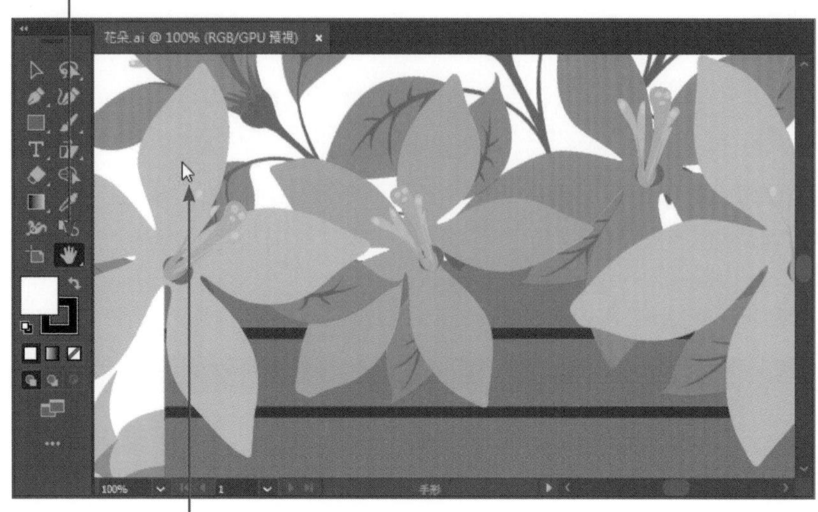

3-8-3 導覽器

如果執行「視窗 / 導覽器」指令可開啟「導覽器」面板，使用時只要移動下方的縮放顯示滑桿，就能縮放檢視比例，而預視窗裡的紅色框線是代表目前文件視窗所顯示的區域範圍，可拖曳紅框來改變檢視的區域。

3-9 圖層的編輯與使用

「圖層」是 Adobe 所創造出來的一種設計概念，它是將每個造型物件分別裝在不同的籃子裡，當設計者針對特定的籃子進行編輯時，它並不會影響到其他籃子裡的物件。運用這種概念所形成的圖層觀念，就能在進行創作設計時有更大的編輯空間，因為針對某一圖層可以隨時的選取起來再利用、再編輯，有必要時也可以加以群組分類，非常的方便。此節就針對「圖層」面板以及與圖層有關的操作技巧跟大家做說明。

3-9-1 認識圖層面板

執行「視窗 / 圖層」指令可開啟「圖層」面板，由於新增的文件中只會顯示一個圖層，因此這裡先請各位開啟「圖層 .ai」檔，我們先來瞧瞧它的結構。

執行「群組」功能的圖形會顯示「群組」

置入進來的插圖可選擇以連結或嵌入的方式　　路徑工具繪製的造形會顯示「路徑」

現在先針對「圖層」面板的圖示與按鈕做個簡要的說明。

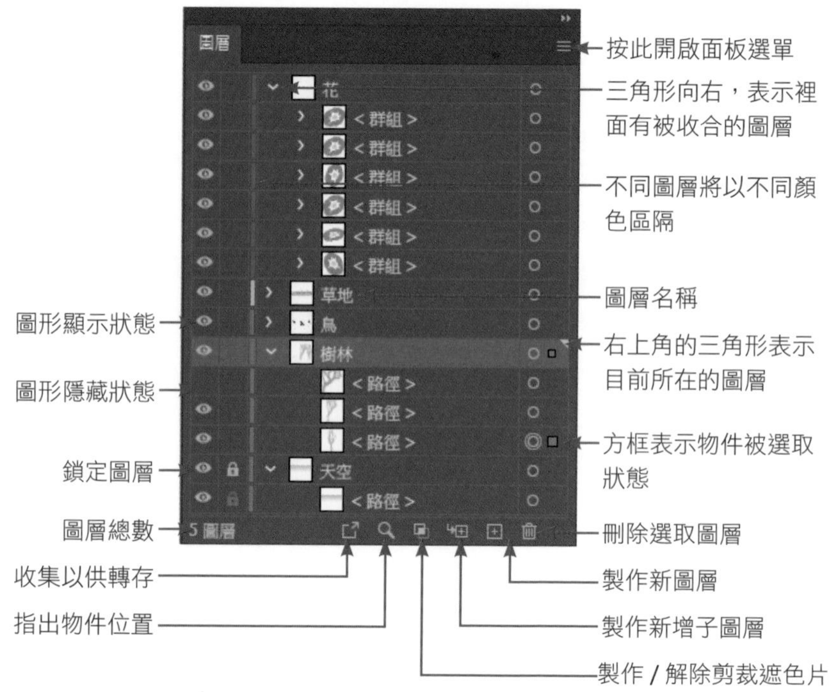

各位不要被這麼多的圖示按鈕給嚇著了，在這裡只要先記住以下兩點，其餘的按鈕功能或作用，我們會在後面一一為各位解說。

- 有眼睛 符號的表示看得到的圖層，按一下滑鼠左鍵眼睛會不見，表示該圖層被隱藏起來。當物件的位置相近時，下層的物件不易被選取時，可利用圖層面板將上層的物件先暫時隱藏起來。
- 由文件視窗點選造形或物件時，圖層面板上也會顯示對應的位置。圖層右上角有三角形表示目前所在的圖層，但是實際選取的物件則會以有顏色的方框表示。

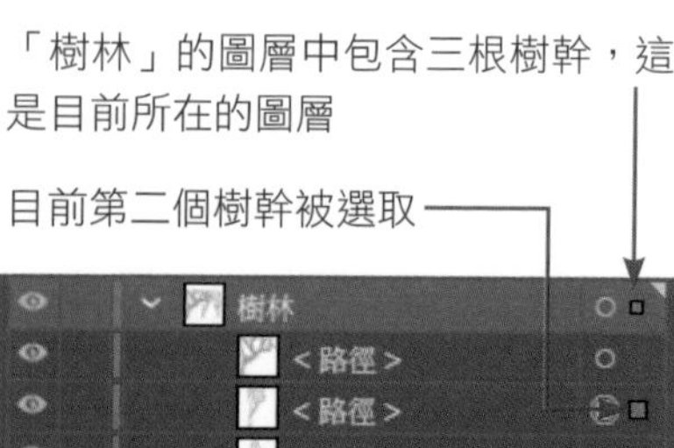

「樹林」的圖層中包含三根樹幹，這是目前所在的圖層

目前第二個樹幹被選取

3-9-2 圖層中的造型繪製

前面提過，新增的文件中只會顯示一個圖層，因此若未做任何的圖層設定時，都是在預設的「圖層 1」中繪製造型。

1. 開啟空白文件

4. 瞧！三個路徑都繪製在「圖層 1」之下

2. 點選「橢圓形工具」

3. 隨意繪製三個造型

3-9-3 圖層的命名

所繪製的圖層都會在預設的「圖層 1」當中，為了方便編排複雜的造型圖案，各位可以為圖層加以命名。

按滑鼠兩下於「圖層 1」的名稱上，使之呈現選取狀態

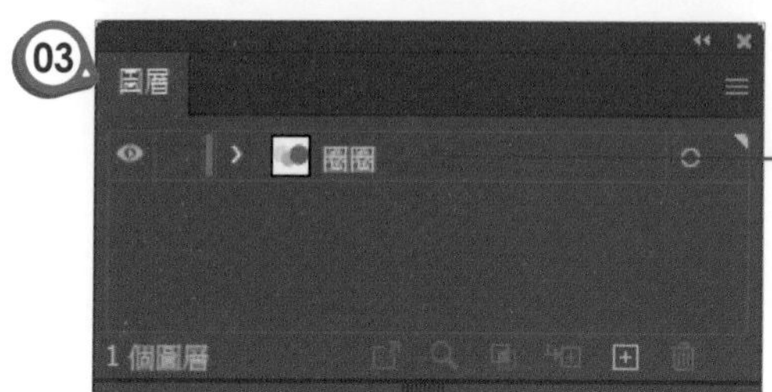

3-9-4 新增圖層

若要繪製其他的造型，各位可以從「圖層」面板來新增圖層，請由面板下方按下「製作新圖層」鈕，就會自動新增空白的圖層。

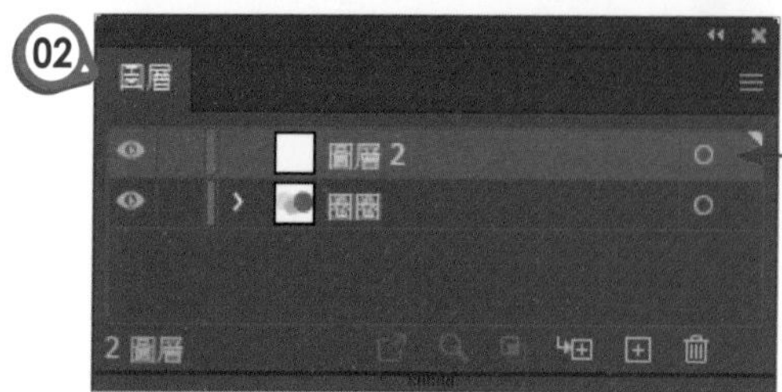

3-9-5 圖層中置入圖形

「圖層」除了會將繪製的路徑放置在點選的圖層中，也可以將其他程式所製作的影像插圖置入。執行「檔案 / 置入」指令可以「連結」或「嵌入」的方式將指定的檔案插入至點選的圖層裡。方式如下：

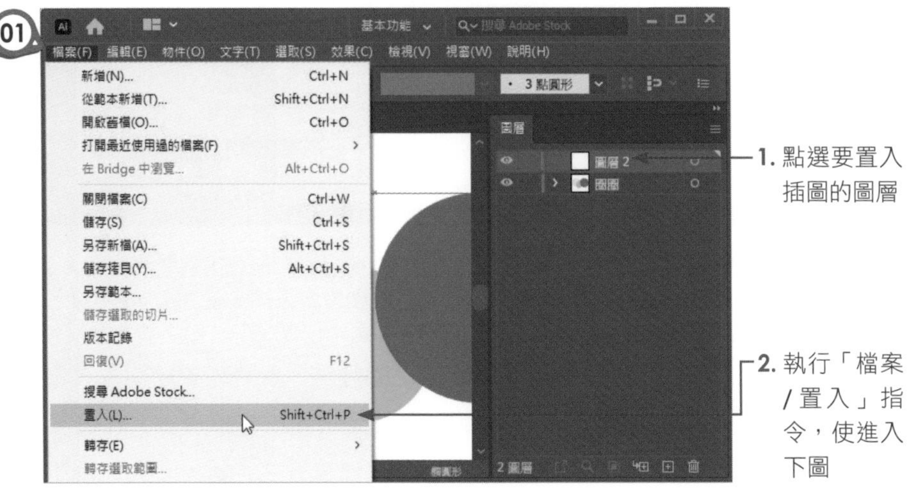

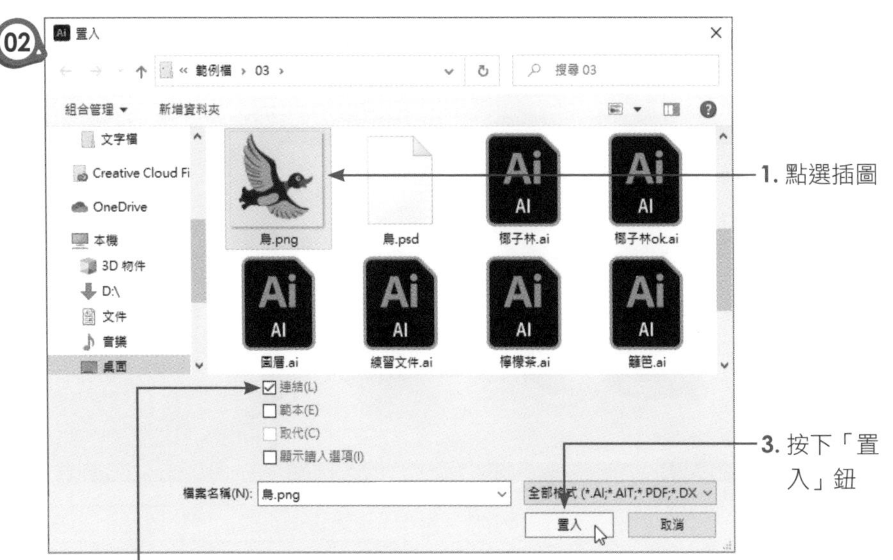

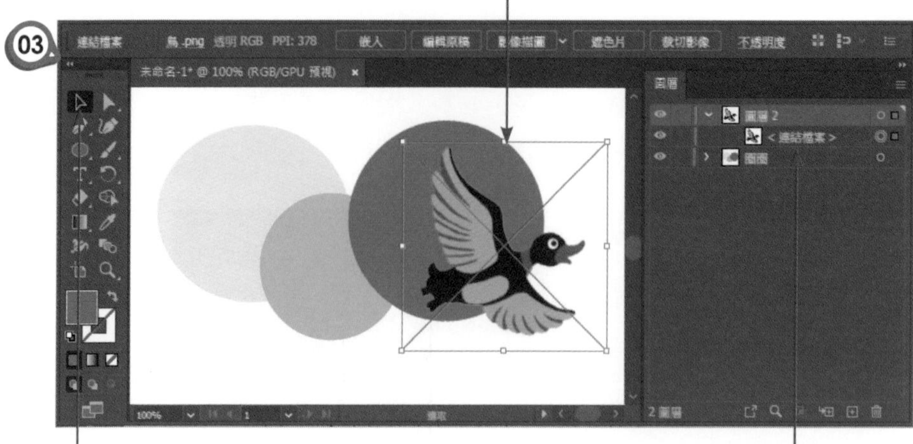

如果在「置入」的視窗中取消「連結」的勾選，或是在連結檔案後由「控制」面板上按下 嵌入 鈕，那麼插圖會直接鑲嵌在文件中，文件的檔案量會變大；反之以「連結」方式必須將插圖與文件放置在一起，否則「連結」面板上會顯示遺失的符號，列印時品質就會因檔案的遺失而受到影響。

3-9-6 調整圖層順序

不管是圖層或圖層中的子圖層，想要對調圖層之間的先後順序，都是利用滑鼠拖曳的方式就可以辦到。

調換圖層順序

01

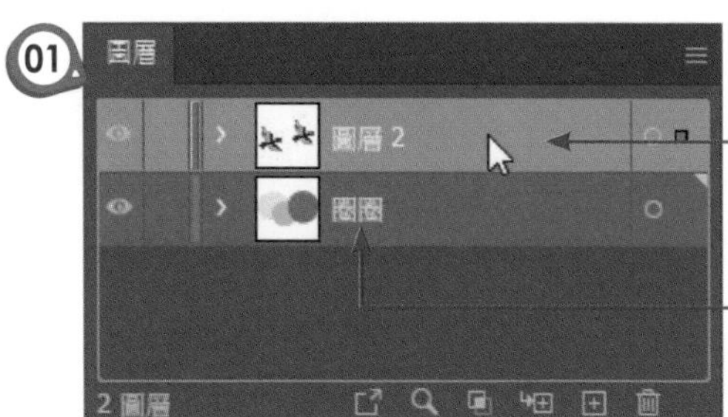

2. 將「圈圈」圖層拖曳到「鳥」圖層的上方

1. 點選「圈圈」圖層不放

02

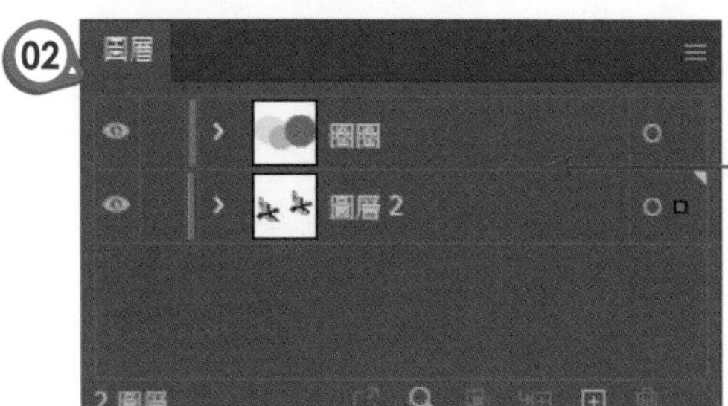

瞧！圖層順序改變了

調換至不同圖層

01

按此選取要編輯的圖層物件（文件中對應的物件會被選取起來）

將選取的圖層拖曳到藍色圓與綠色圓之間

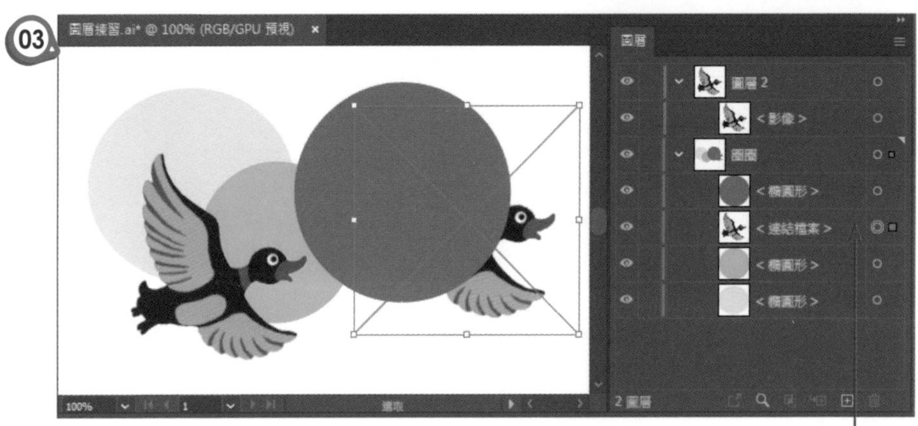

瞧！圖層改變後，畫面效果也會跟著變更

3-9-7 複製 / 刪除圖層

要複製圖層，可將圖層選取後拖曳到下方的「製作新圖層」⊞鈕中，它就會在原位置上複製一份相同的圖層物件。若是要刪除圖層，可在點選後按下 🗑 鈕就行了。

複製圖層

1. 按此選取要複製的圖層

2. 將圖層拖曳到此鈕中再放開滑鼠，即可完成複製圖層的工作

刪除圖層

1. 點選要刪除的圖層

2. 按下此鈕即可刪除圖層

課後習題

【實作題】

1. 請在 Illustrator 中新增一份具有 6 個工作區域的 A4 列印文件。
2. 請說明 Illustrator 在新增文件時，提供哪五種類型的文件用途？
3. 請利用「範本」功能新增一份「CD 外殼」的空白範本。
4. 要變更工作區域時，可利用哪三種工具或面板來做變更？
5. 請說明嵌入的插圖與連結的插圖有何不同點？

【實作題】

1. 請利用左下圖的基本形，應用「物件 / 變形 / 旋轉」指令，完成如右下圖的花朵造型。

   來源檔案：花瓣設計 .ai

   完成檔案：花瓣設計 ok.ai

基本形　　完成圖

提示：

(1) 選取基本造形後，執行「物件 / 變形 / 旋轉」指令，將旋轉角度設為「20」度，按下「拷貝」鈕離開。

(2) 按「Ctrl」+「D」鍵再次變形物件，即可形成花朵造型。

2. 請將海港上的建築物，利用「鏡射」功能完成如圖的建築物倒影效果。

來源檔案：海港 .ai

來源檔案：海港 ok.ai

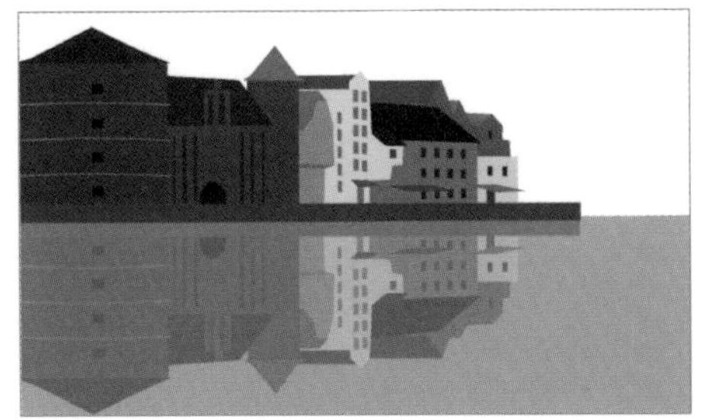

提示：

(1) 選取建築物後，執行「物件 / 變形 / 鏡射」指令，設定為「水平」，按下「拷貝」鈕。

(2) 將複製物移到海平面下，由「控制」面板將「不透明度」改為「50%」。

MEMO

CHAPTER 04

造形繪製和組合變形

Illustrator

Illustrator 是以向量繪圖為主的軟體，對於造型的繪製，當然功能比其他的影像繪圖軟體來得強。造形若要從無到有開始繪製，可以利用基本的幾何造型工具來組成，也可以利用鋼筆工具來畫出貝茲曲線，而這個章節主要探討幾何造型工具的繪製技巧與應用。各位可別小看這些幾何繪圖工具，透過這些基本造型的組合也可以變化出各種圖案，再加上形狀模式的聯集、差集、交集…等各種組合變化，就可以形成各種微妙微肖的造型。

利用基本的幾何造型工具，也可以組合出各種好看的造型

4-1 幾何造型工具

幾何造型工具主要包括矩形工具、圓角矩形工具、橢圓形工具、多邊形工具、星形工具五種，如下圖所示：

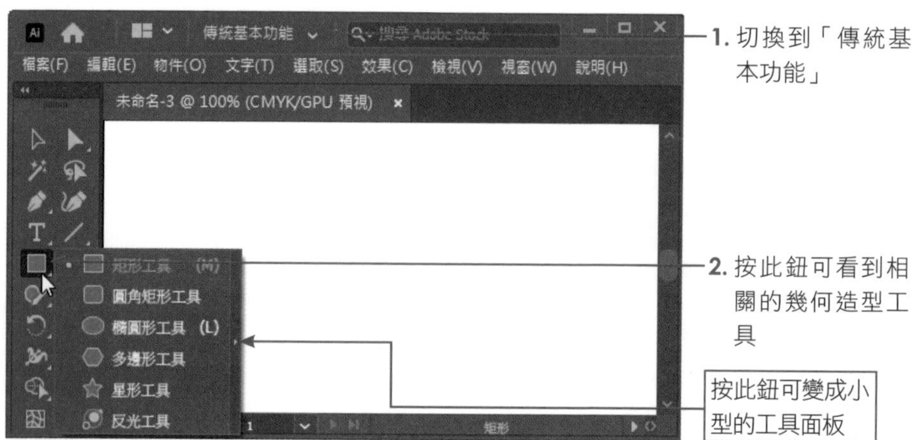

4-2 形狀繪製

接下來將利用這些繪圖工具來繪製各種的幾何造型。由於工具的使用技巧大致相同，因此各位可自行舉一反三，這裡僅對較特別的效果做說明。

4-2-1 繪製矩形 / 正方形

選取「矩形工具」鈕後，直接在文件上拖曳滑鼠，就會看到圖形的大小，確定所要的比例後放開滑鼠，矩形即可完成。要繪製正方形可加按「Shift」鍵再拖曳造型，若希望從圖形的中心點往外畫出造型則加按「Alt」鍵。

01

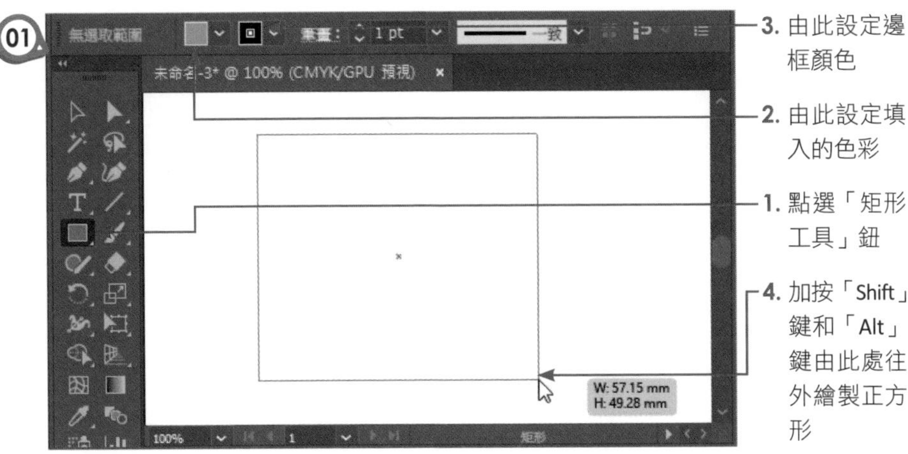

02

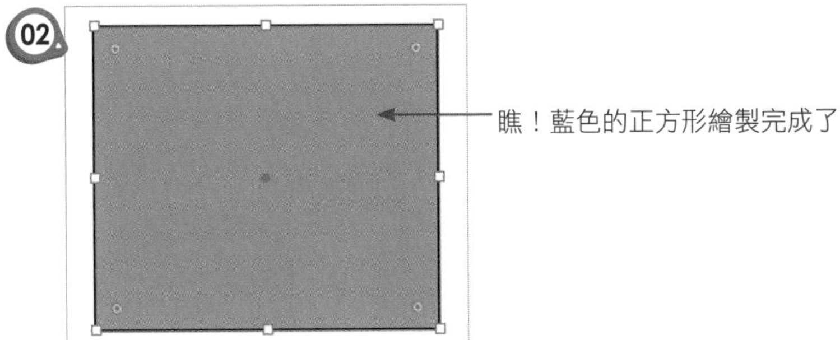

如果需要設定精準的矩形或正方形的尺寸，請先在文件上按下左鍵，出現如下視窗即可設定精確的寬度與高度。

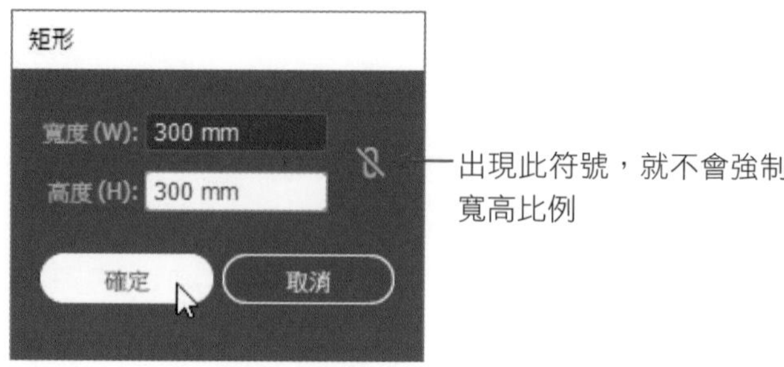

4-2-2 繪製圓角矩形 / 圓角正方形

圓角矩形是在矩形四角以圓形的弧度取代直角，因此在繪製時，可依設計者的需要來設定圓角半徑值，圓角半徑值越大則圓角的弧度越大。

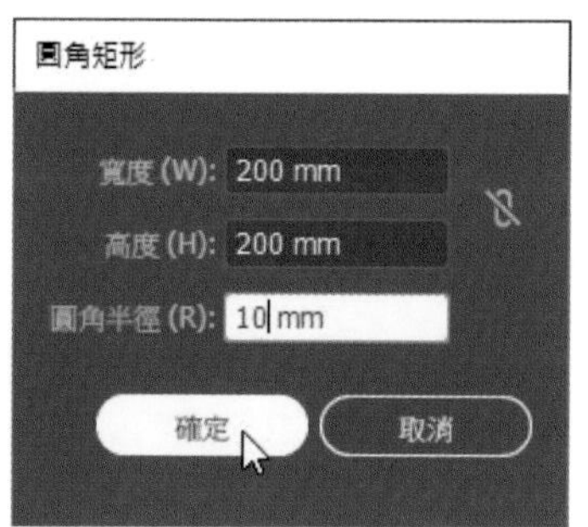

如下圖所示，寬 / 高皆設為 200 px，圓角半徑值設的不一樣，效果也完全不同。

圓角半徑：10 px

圓角半徑：50 px

圓角半徑：100px

4-2-3 繪製正圓形 / 橢圓形

「橢圓形工具」可繪製正圓形或橢圓形，繪製正圓形可加按「Shift」鍵再拖曳造型，加按「Alt」鍵則是從中心點往外畫出正圓或橢圓形。

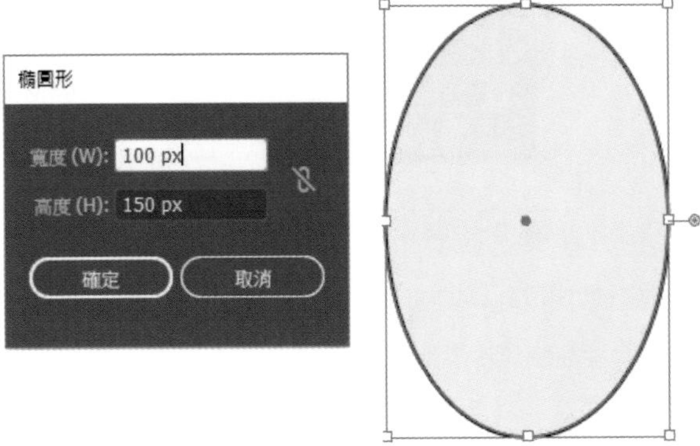

4-2-4 繪製多邊形

要繪製多邊形，請在文件上按下左鍵，即可在如下的視窗中設定多邊形的邊數。

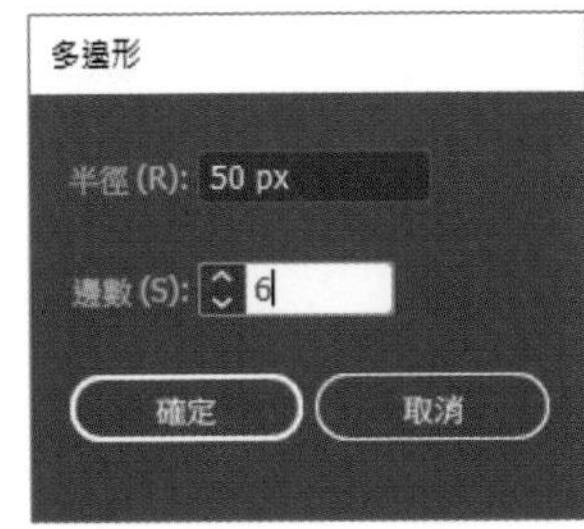

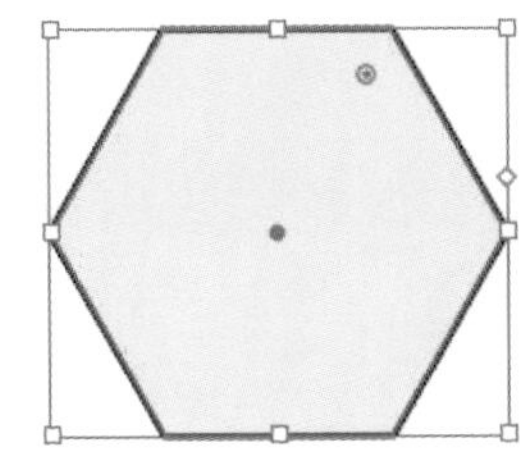

4-2-5 繪製星形 / 三角形

要繪製星形圖案，可在如下視窗中先設定兩個半徑值和星芒數。

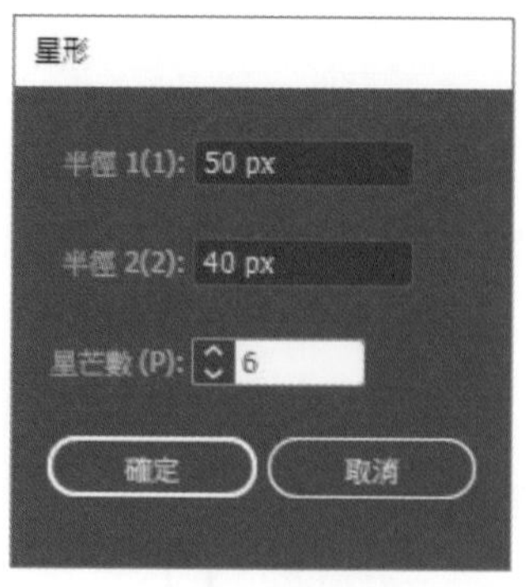

兩個半徑的比例會影響到星芒的銳利程度，如下圖所示，同樣半徑 1 設為「50」，另一個半徑分別設為「40」、「30」、「20」，所呈現的效果也不相同。

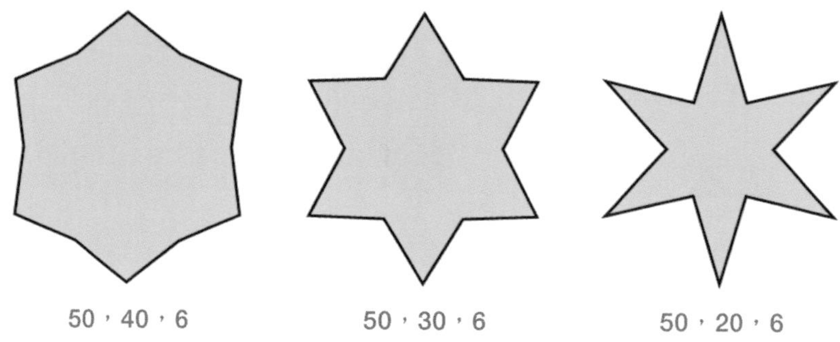

透過「星形工具」也可以畫出三角形及三角形的變形效果，如圖示：

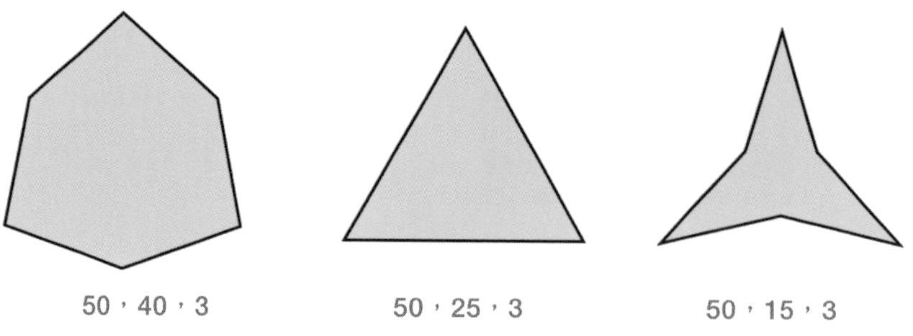

介紹這麼多的幾何造型工具，真得就可以畫出很多造型嗎？各位不用懷疑，像是本章一開始所放的鉛筆、建築物、玩具手機等造型圖案，不外乎就是利用橢圓形、圓角矩形、矩形、星形所組合而成。

鉛筆

藍色的筆身是由矩形和多個橢圓形所組合而成，筆尖則是利用兩個不同色彩的三角形所繪製而成，而三角形可利用「星形工具」或「多邊形工具」繪製出來。

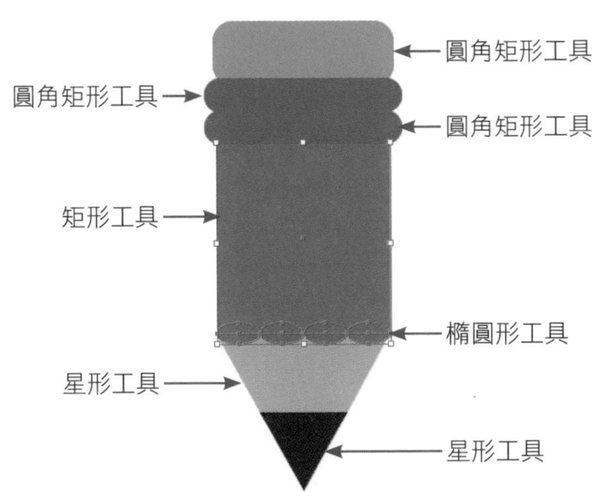

玩具手機

中間的紅色面板是利用圓形和圓角矩形所組合而成，手機的機身則是利用兩個不同色彩的圓角矩形堆疊而成。

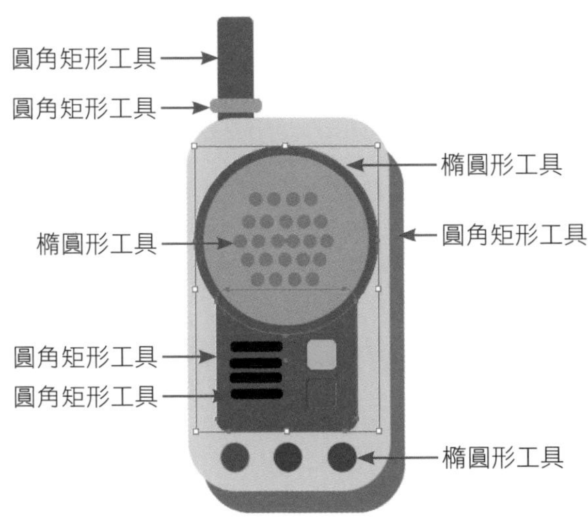

4-3 造形的組合變化

在沒有框線的情況下，利用堆疊或相同顏色的方式，可以把較特殊的造型給「變」出來，那麼如果需要線框出現的時候豈不是露了餡。關於這點各位不用擔心，對於較複雜的造形，可以利用「路徑面板」中的聯集、差集、交集、合併、分割…等各種功能來處理。另外還可以利用「直接選取工具」選取造型上的錨點，再透過「控制」面板作錨點的刪除或轉換，也可以讓幾何造形產生更多的變化。這一小節中，我們就針對「路徑面板」及「形狀建立程式工具」做介紹，讓各位輕鬆組合成想要的造型圖案。

4-3-1 認識路徑面板

請由「視窗」功能表中勾選「路徑管理員」的選項，使開啟「路徑管理員」面板。

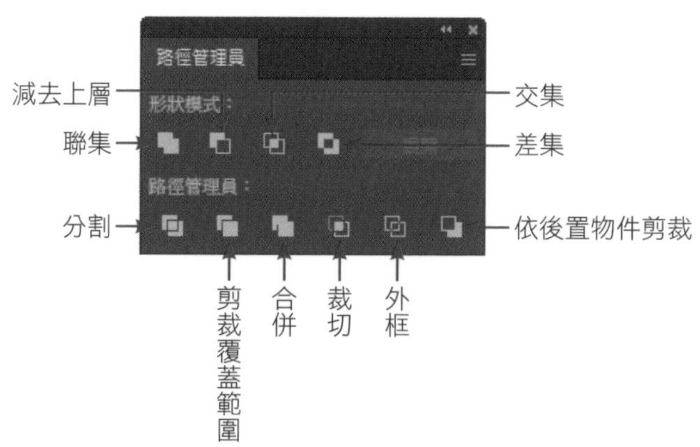

接下來依序針對形狀模式和路徑管理員所提供的功能按鈕作說明。

4-3-2 聯集

「聯集」可將選取的各種物件融合在一起，而變成一個單一的獨立物件。

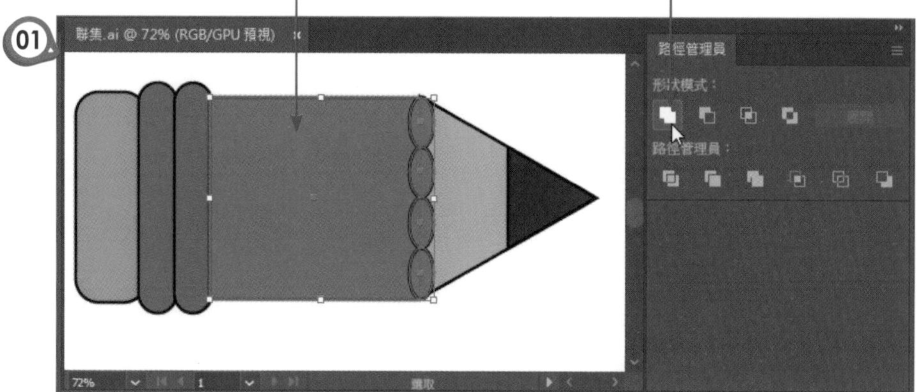

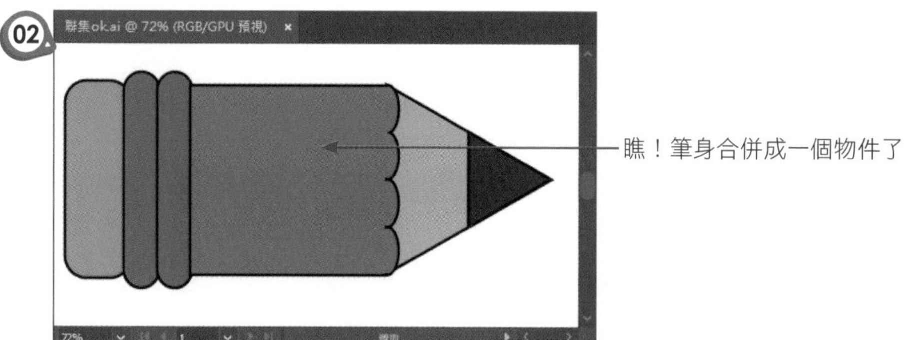

4-3-3 減去上層

「減去上層」■是將下層物件減掉上層的物件，而重疊的部分會形成鏤空的狀態。

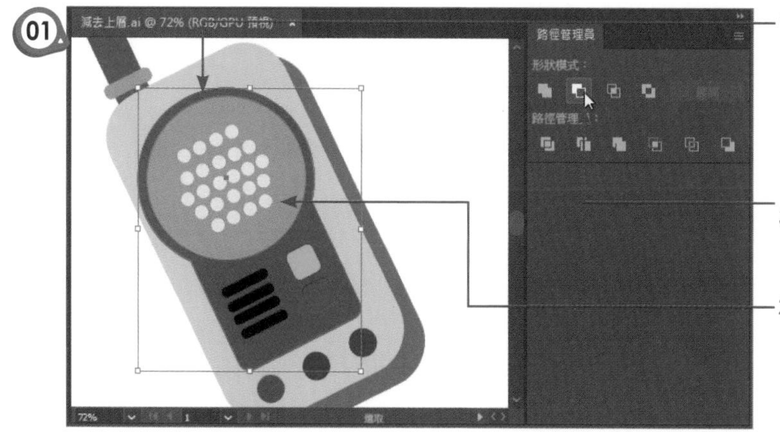

1. 先點選紅色的造型（此造形已合併成單一造形）

3. 按下「減去上層」鈕

2. 加按「Shift」鍵點選橘色的圓形部分

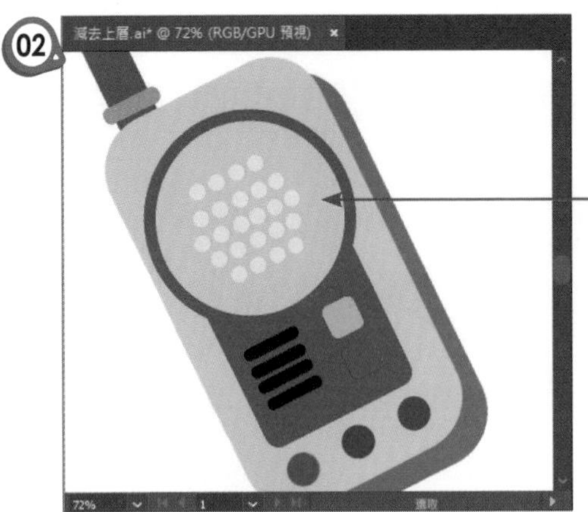

4-3-4 交集

「交集」只會保留兩選取物件的重疊部分。

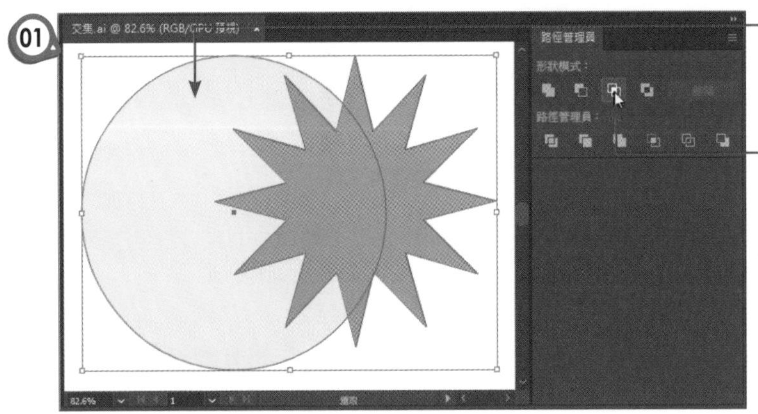

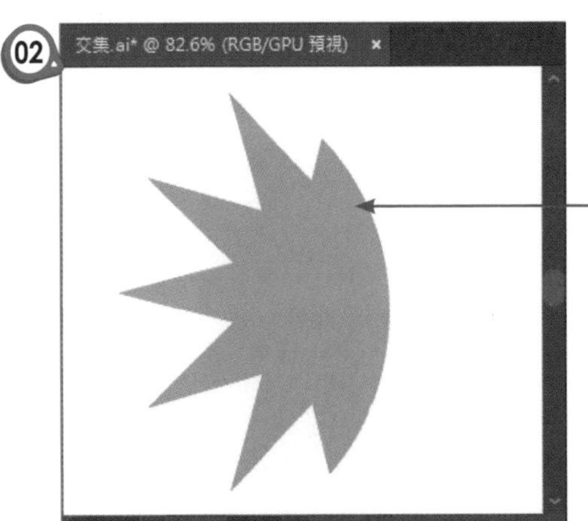

4-3-5 差集

「差集」會保留物件間未重疊的部分，並以最上層物件的顏色填入，而重疊的部分則會變成鏤空的狀態。

4-3-6 分割

「分割」會將物件重疊的部分切割成一塊塊的物件，不過分割後必須利用「群組選取工具」才可以調整分割後的物件。

01

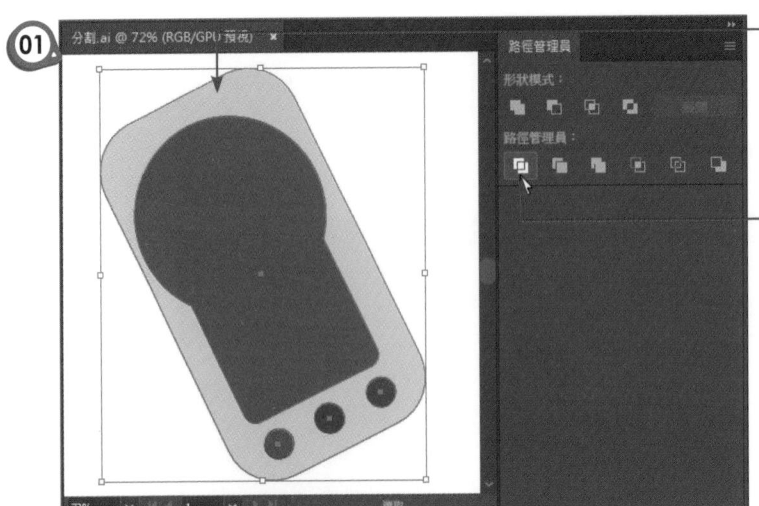
分割.ai @ 72% (RGB/GPU 預視)
路徑管理員
形狀模式：
路徑管理員：
72%
選取

1. 加按「Shift」鍵選取此五個物件
2. 按下「分割」鈕

02

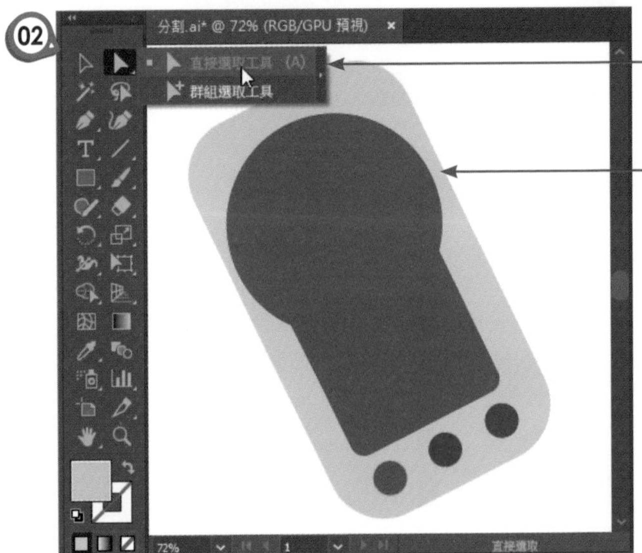
分割.ai* @ 72% (RGB/GPU 預視)
直接選取工具 (A)
群組選取工具
72%
直接選取
2. 由此改選「群組選取工具」
1. 先取消物件的選取狀態

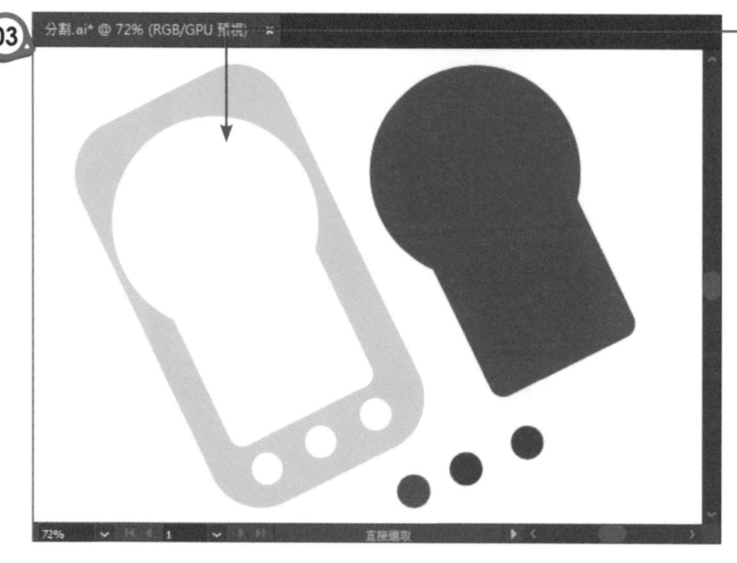

依序以滑鼠拖曳上層的造形，即可看到原先淡藍色的圓角矩形，已變成鏤空的效果

4-3-7 剪裁覆蓋範圍

「剪裁覆蓋範圍」 會將物件相重疊的地方消除，同時物件上若有加入框線，也會一併將框線去除。

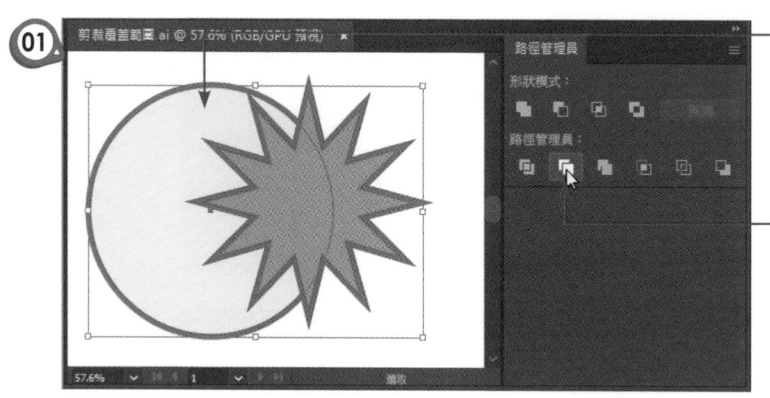

1. 選取此二圖形

2. 按下「剪裁覆蓋範圍」鈕

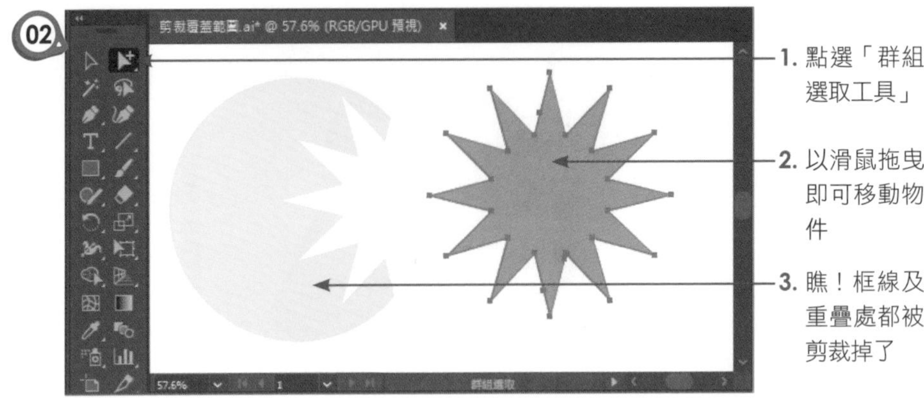

4-3-8 合併

「合併」的作用有部分與「剪裁覆蓋範圍」雷同，對於不同色彩的造型，都會將重疊的部分切除，然後移除筆畫框線，只留下填色。但是若合併的是相同色彩的造形，則會合併成一個物件。

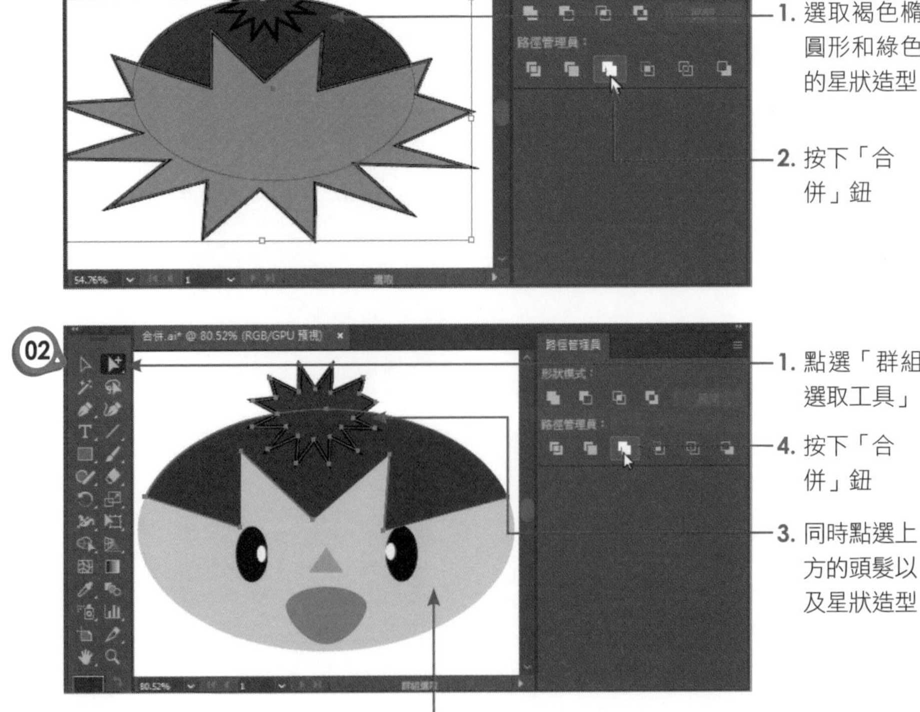

03

由於是相同色彩，所以合併成一個造型物件

4-3-9 裁切

「裁切」會將重疊的部分保留下來，而以下層的顏色顯示，如果原先有設定框線，則線框會被移除。

01

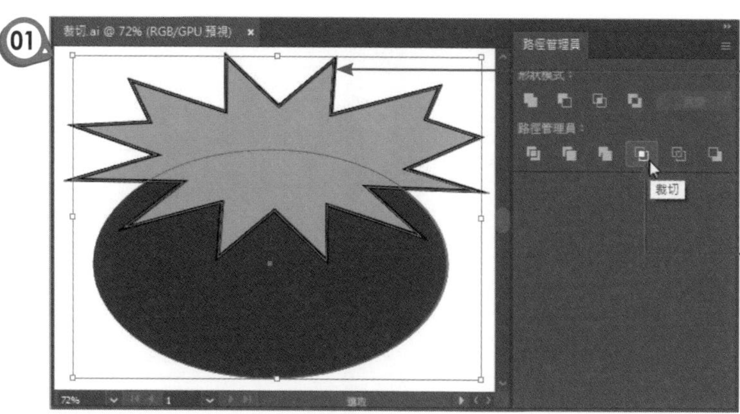

1. 同時點選藍色的星狀造形與褐色的橢圓形
2. 按下「裁切」鈕

02

瞧！裁切後變成頭髮造型了

4-3-10 外框

使用「外框」鈕會將物件裁切成個別的線段。如圖示：

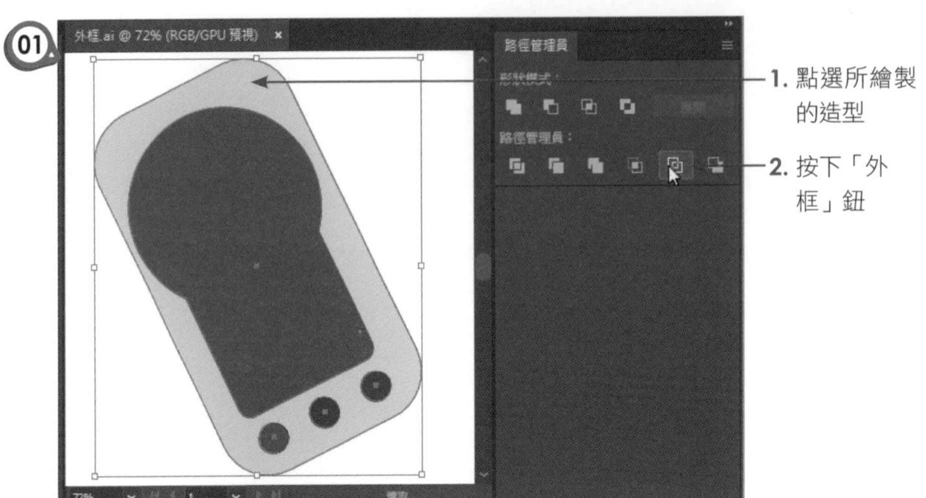

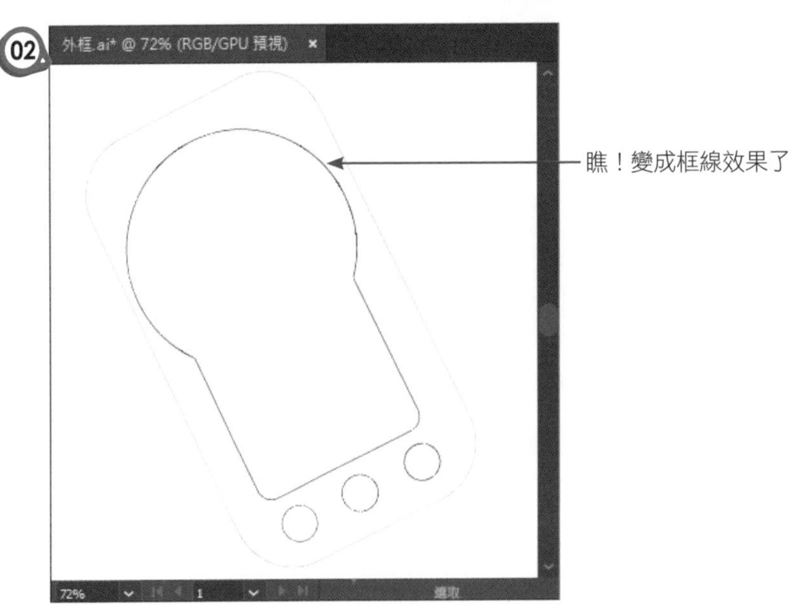

圖案變成線框後，只要利用「直接選取工具」就可以調整線段或錨點，若選用「選取工具」則可以為外框加入填色或筆畫寬度。如圖示：

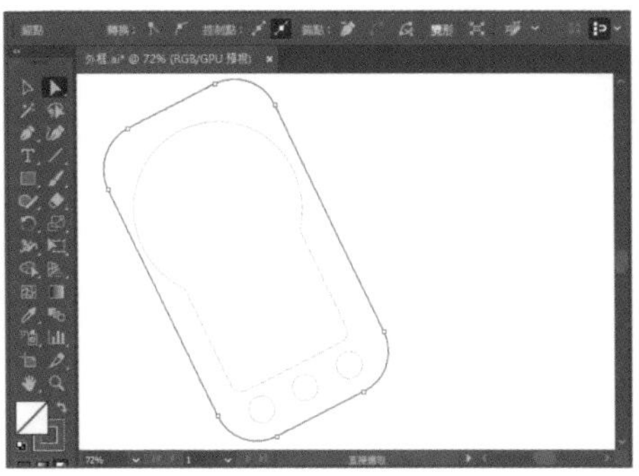

選用「直接選取工具」可由「控制」面板調整錨點

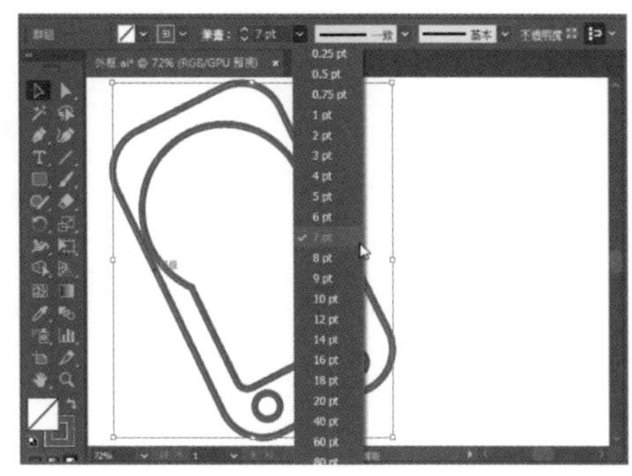

選用「選取工具」可由「控制」面板色定填色或筆畫

4-3-11 依後置物件剪裁

「依後置物件剪裁」會將上層的物件減去下層的物件。

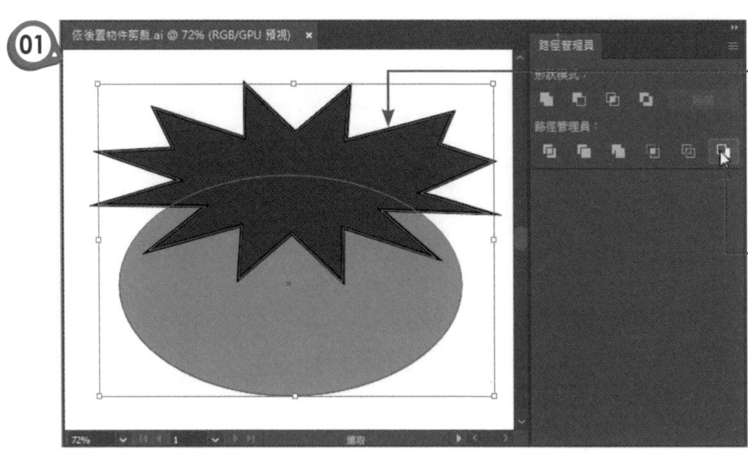

01
02
03
04
造形繪製和組合變形
05
06
07
08
09
10
11
12
13
14
15
16
17
A

4-3-12 形狀建立程式工具

「形狀建立程式工具」是另一個可以加快物件組合速度的工具，原則上若要合併物件，可以利用滑鼠拖曳出來的直線作圖形的合併，而加按「Alt」鍵則可以減去造型。使用方式說明如下：

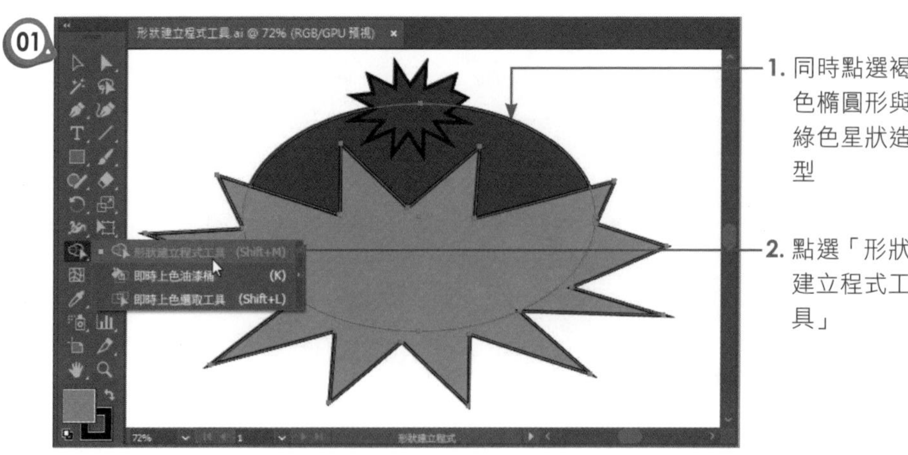

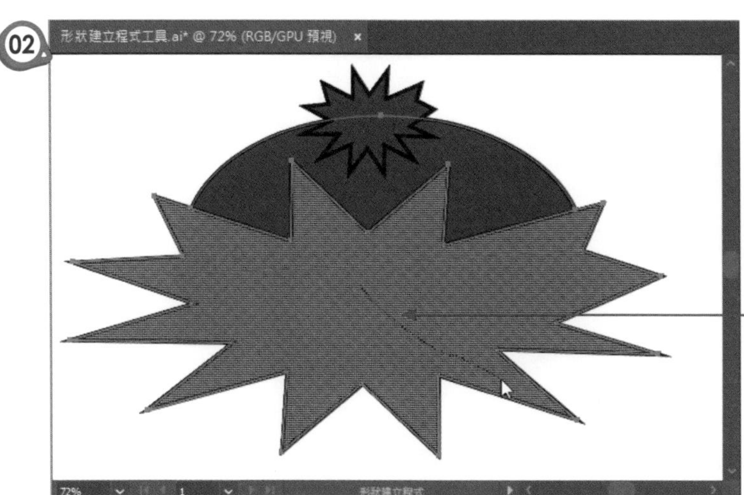

加按「Alt」鍵，並以滑鼠拖曳出如圖的線條，即可減去綠色的星狀造型

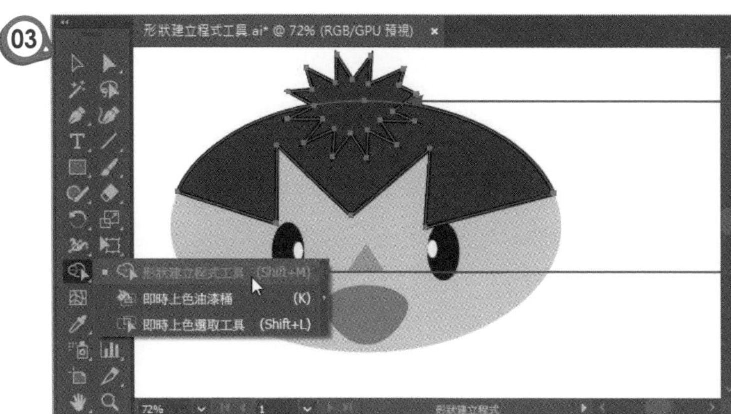

1. 同時點選兩個褐色的造型

2. 再點選「形狀建立程式工具」

以滑鼠拖曳出如圖的直線，使跨越三個區塊

4-4 造形的變形

前面的小節中已經學會了如何利用基本繪圖工具來創造造型，接下來還有一些工具可以幫助各位快速為造型作變形，這些工具包括了橡皮擦工具、剪刀工具、及美工刀工具。另外還有可以透過彎曲、扭轉、膨脹、皺摺、扇形…等工具的設定，讓造型產生細微的變形，這裡就針對這些功能做説明。

4-4-1 橡皮擦工具

「橡皮擦工具」 用來擦去畫面上多餘的區域，透過橡皮擦工具的選項設定，即可設定想要的橡皮擦尺寸、角度和圓度。

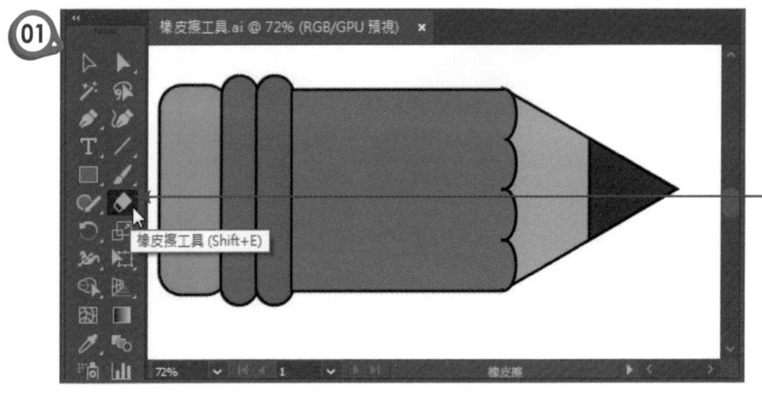

02

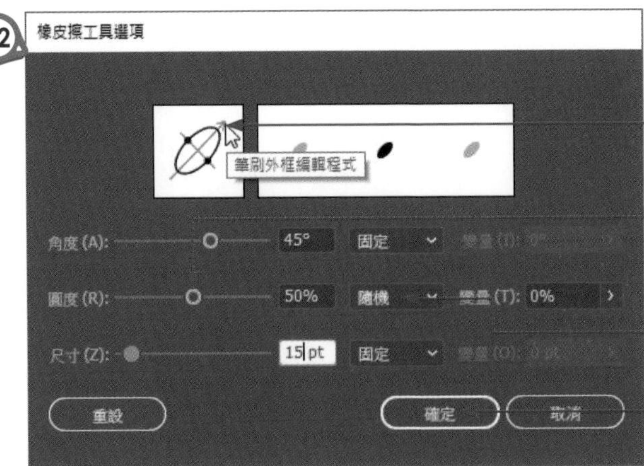

1. 拖曳此處可以控制筆觸的角度

2. 依序設定圓角和筆觸尺寸

若勾選「隨機」，可由後方設定變量值

3. 設定完成按「確定」鈕離開

03

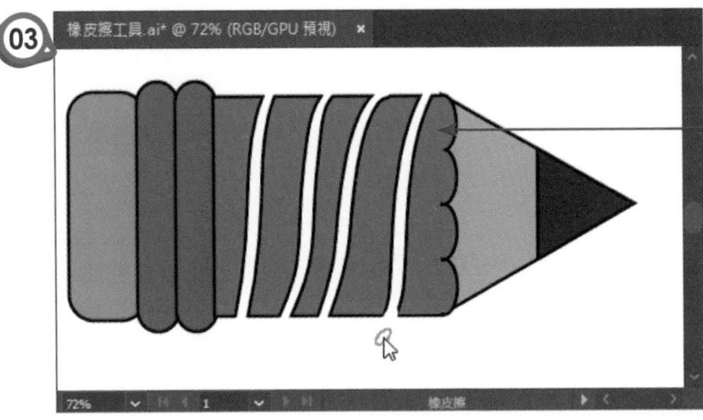

直接以滑鼠拖曳，就可以擦除出造型

4-4-2 美工刀工具

「美工刀工具」可以沿著任何的形狀或路徑進行不規則的切割，而切割後的造形會自動變成封閉的路徑。

01

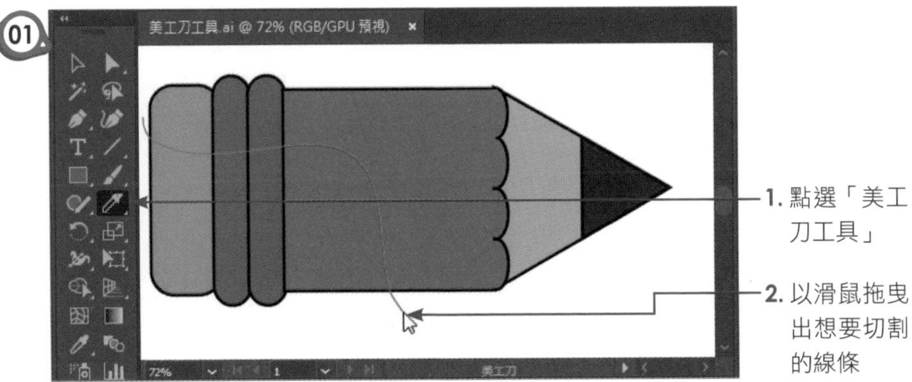

1. 點選「美工刀工具」

2. 以滑鼠拖曳出想要切割的線條

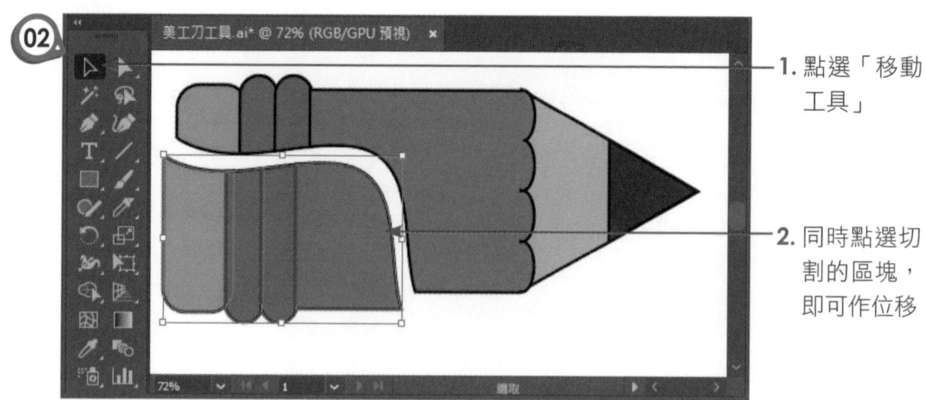

4-4-3 剪刀工具

「剪刀工具」只能針對一個路徑做直線的切割，選取路徑後，請在路徑上按下滑鼠左鍵設定兩個要分割的錨點，即可利用「選取工具」移動切片的位置。

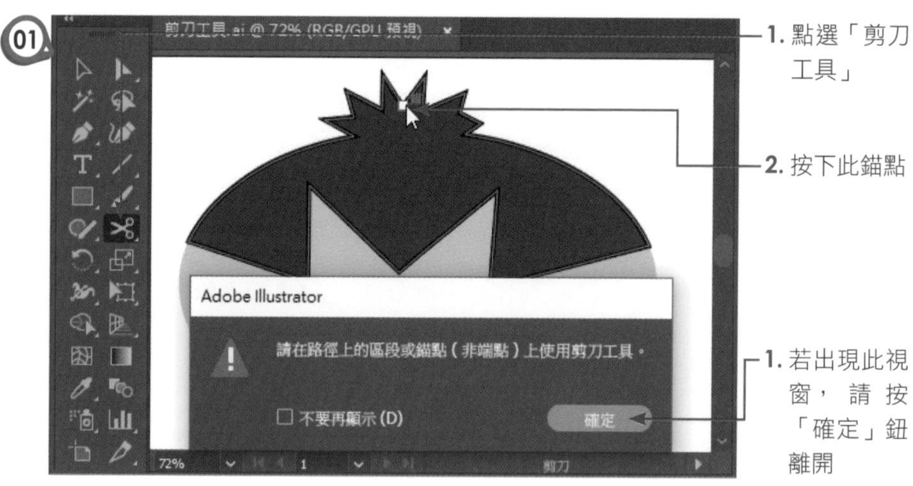

4-4-4 液化變形

液化變形是指利用寬度工具、彎曲工具、扭轉工具、縮攏工具、膨脹工具、扇形化工具、結晶化工具、皺摺工具等，將造型做細微的變形。工具鈕的位置如下：

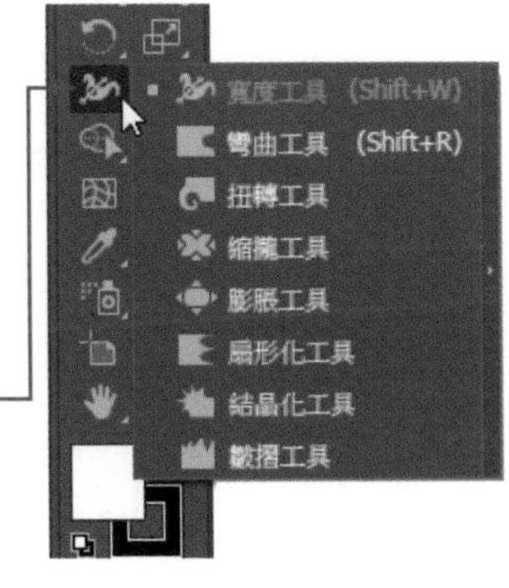

點選任一個工具後，在工具鈕上按滑鼠兩下，還可針對該工具的選項做設定，而不同的工具就有不同的選項設定，如下圖所示，則為「扭轉工具選項」的視窗畫面。

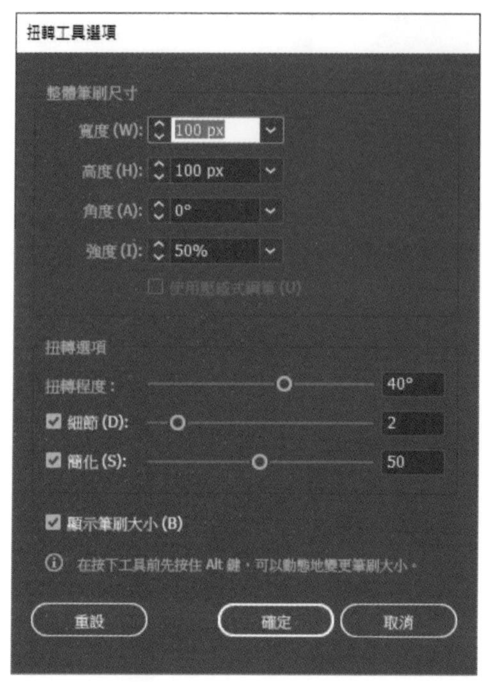

從各工具鈕的圖示上，各位也可以看出它所產生的變化效果，因此這裡僅就部分效果做示範說明：

02

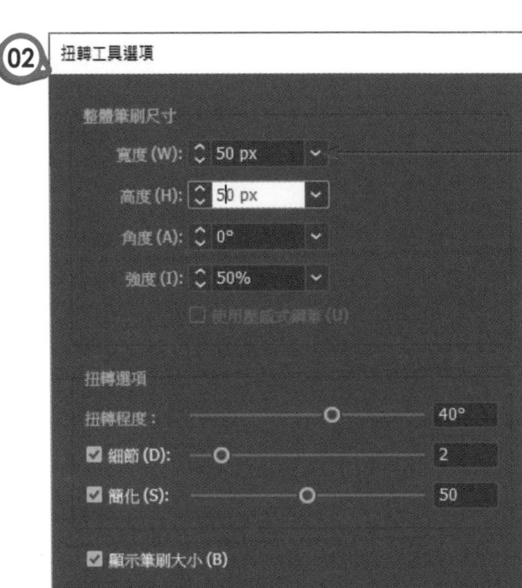

1. 將工具的「寬度」與「高度」改為「50」

2. 按下「確定」鈕離開

03

按此處，使之將門以旋轉扭曲的方式來變形

1. 點選「縮攏工具」
2. 分別將左右兩側的城堡由外往內的方向做聚集和收縮的變形

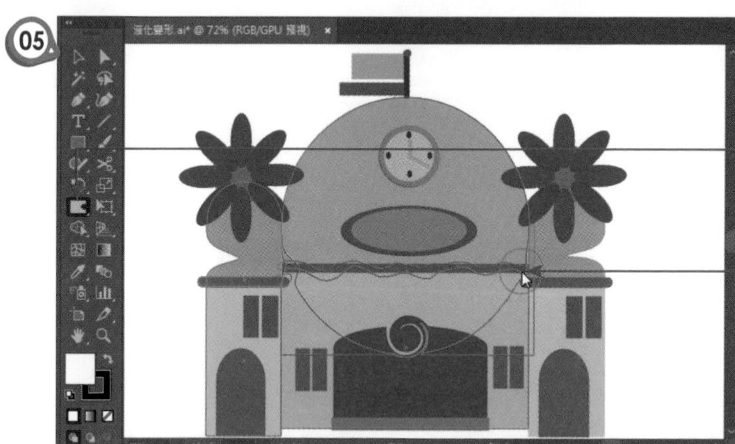

1. 點選「彎曲工具」
2. 上下拖曳此造形，使形成拉伸的變形效果

輕鬆完成造形的變形

課後習題

【實作題】

1. 請說明如下的聖誕樹造型，可以使用哪兩種工具繪製而成？

 提示：

 (1) 使用「矩形工具」繪製樹幹，使用「星形工具」繪製 4 個三角形圖案，並作從上往下排列。

 (2) 使用「路徑管理員」面板的「聯集」鈕進行聯集。

完成圖：聖誕樹 .ai

2. 請試著說明如何完成如下的彎月造型？

 提示：

 (1) 以「橢圓形工具」繪製兩個圓形，並做出重疊效果。

 (2) 選取兩個造型後，由「路徑管理員」面板按下「分割」鈕。

 (3) 點選「直接選取工具」，按「Delete」鍵刪除，只留下左側的彎月。

 (4) 點選並複製彎月造型，利用四角控制點將複製的圖形作旋轉和縮小，選取二圖形再按「分割」鈕。

 (5) 點選「直接選取工具」，依序按「Delete」鍵刪除小的彎月造型，即可得到笑臉迎人的彎月。

完成圖：彎月 .ai

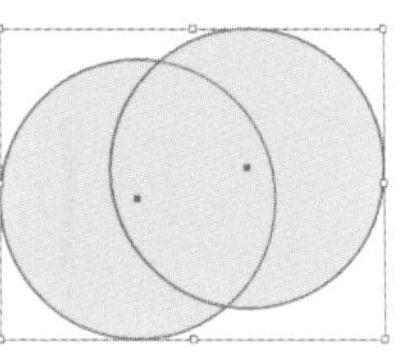

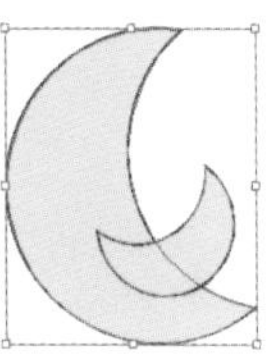

MEMO

CHAPTER

05

實作應用－標誌設計

Illustrator

在這個實作應用中，我們將利用前一章節所學習的技巧來完成如圖的標誌設計。實作中會運用到星形工具、橢圓型工具、矩形工具、圓角矩形工具、路徑管理員面板、美工刀工具，以及形狀建立程式工具。話不多說，咱們開始進行吧！

5-1 建立星形外輪廓

首先要在寬 960 像素，高 560 像素的文件上，繪製一個包含 24 個星芒數的星形，同時確定中間圓形的區域範圍，以便將繪製的造型人物放置在裡頭。

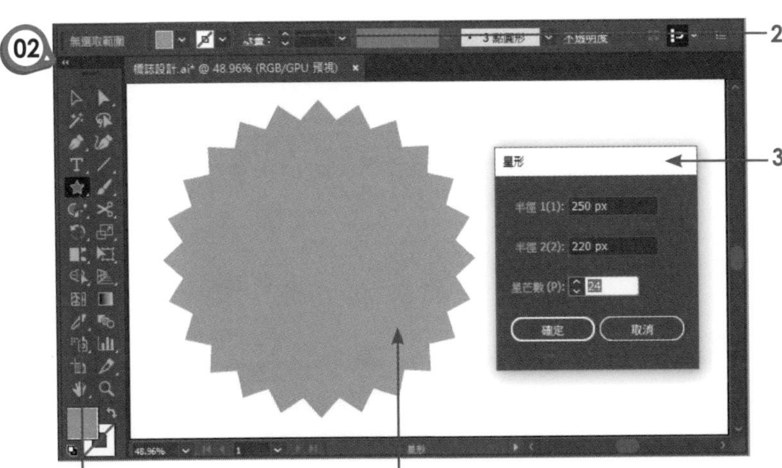

02

2. 設定填色為橙色，筆畫為無

3. 在文件上按一下左鍵使出現此視窗，設定半徑為 250 及 220，星芒數為 24，按下「確定」鈕

1. 點選「星形工具」

4. 顯示完成的星形造型

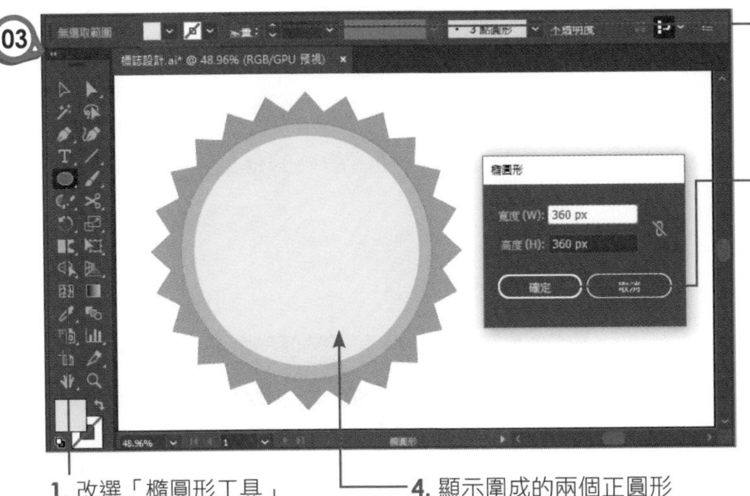

03

2. 分別將色彩設為綠色和黃色，框線為無

3. 按一下文件，分別設定寬高 400 和寬高 360 的兩個圓形，按「確定」鈕離開

1. 改選「橢圓形工具」

4. 顯示圍成的兩個正圓形

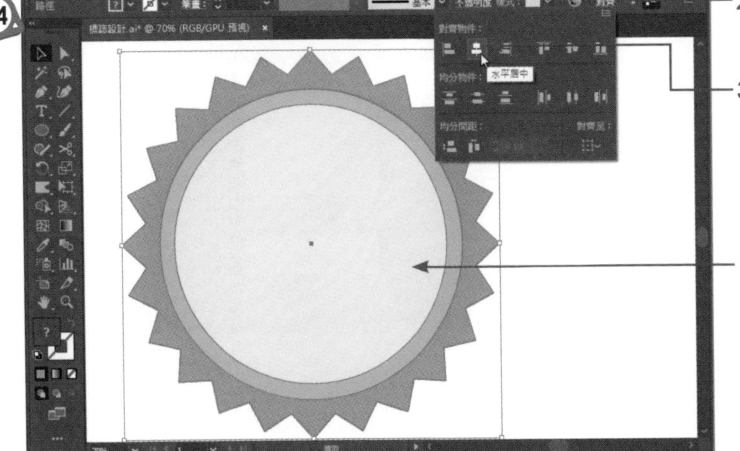

04

2. 按下「對齊」鈕

3. 下拉選擇「水平居中」和「垂直居中」鈕

1. 同時選取三個造形

5-2 頭形繪製

確定標誌的外輪廓後，接下來要開始繪製頭形。此處將以「橢圓形工具」分別繪製一個寬高為 225 像素的膚色（R：244，G：205，B：130）和褐色（R：96，G：56，B：19）的圓形。利用「美工刀工具」切割出頭髮的造型後，臉的部分則加入橢圓形當作耳朵，然後與圓臉做聯集處理。

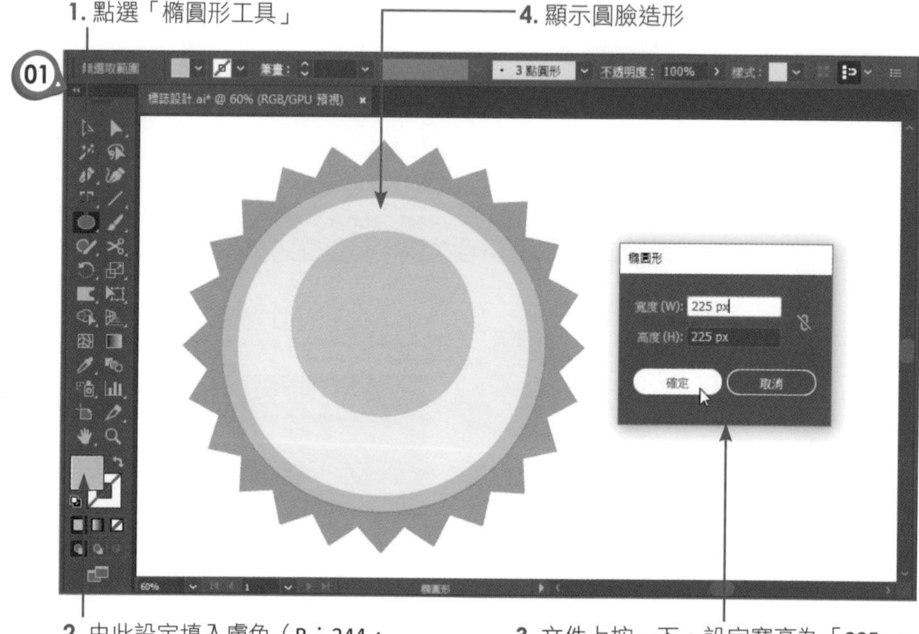

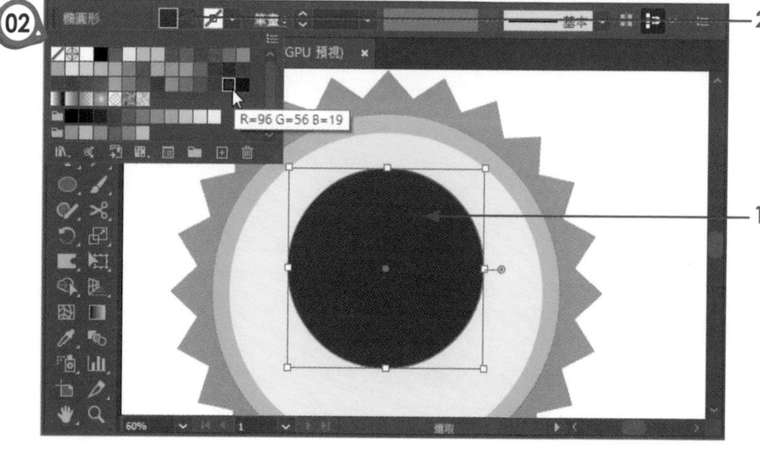

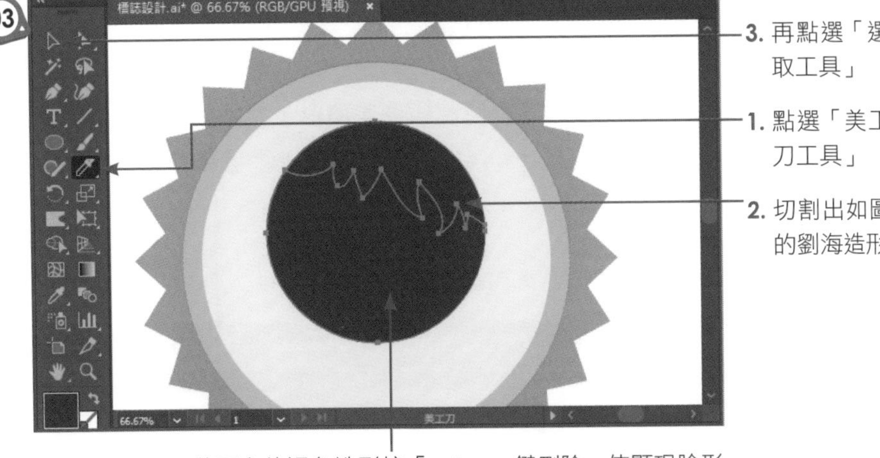
標誌設計.ai* @ 66.67% (RGB/GPU 預視)
66.67%
美工刀
3. 再點選「選取工具」
1. 點選「美工刀工具」
2. 切割出如圖的劉海造形
4. 將下方的褐色造形按「Delete」鍵刪除，使顯現臉形

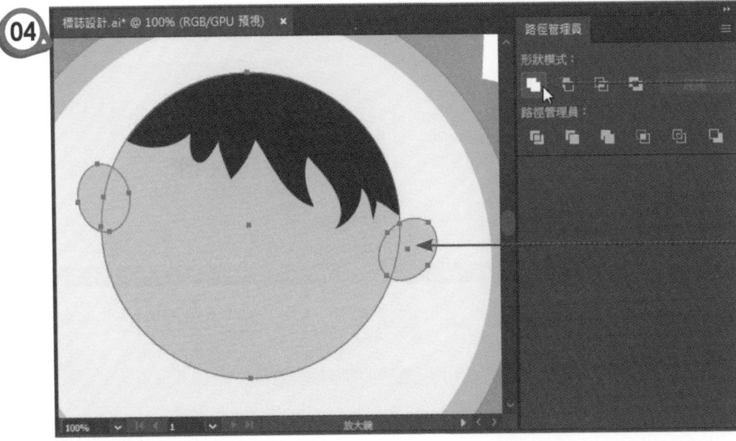
標誌設計.ai* @ 100% (RGB/GPU 預視)
路徑管理員
形狀模式：
路徑管理員：
100%
放大鏡
2. 選取三個物件後，按下「聯集」鈕，使變成一個物件
1. 以「橢圓形工具」繪製兩個橢圓形，置於臉的兩側，使形成耳朵

標誌設計.ai @ 100% (RGB/GPU 預視)
圖層
圖層 1
<路徑>
<路徑>
<橢圓形>
<橢圓形>
<路徑>
1 個圖層
100%
選取
由「圖層」面板將褐色頭髮移到最上層，完成頭形的繪製

5-3 繪製五官表情

頭形確定後，接下來要加入眼睛、眉毛、嘴巴、腮紅等，在此我們將運用「形狀建立程式工具」來做眉毛和嘴巴的處理，其餘的眼睛和腮紅則利用「橢圓型工具」就可完成。

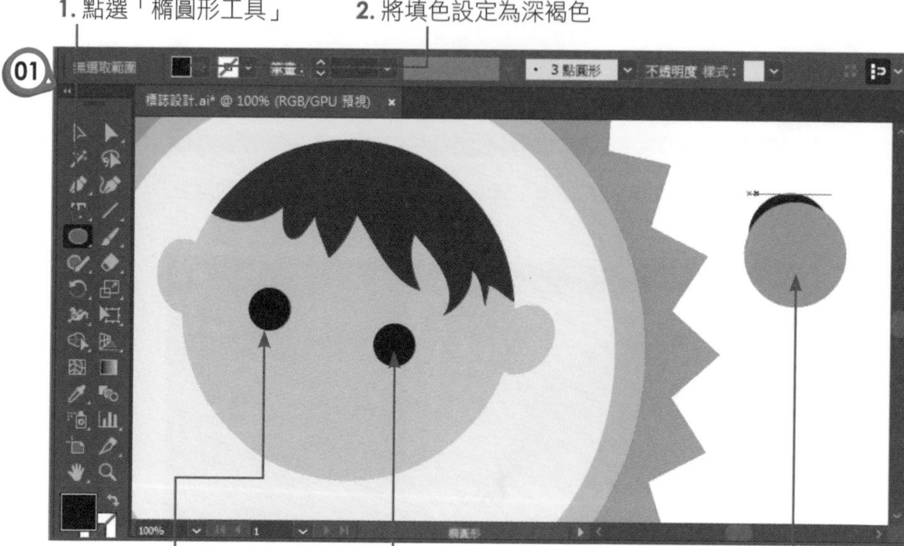

03

5. 不透明度設為「50%」

1. 將眉形移到眼睛之上，再製一份後，以「旋轉工具」調整其角度

2. 點選「橢圓形工具」

3. 填色設定粉紅色（R：252，G：169，B：203）

4. 繪製橢圓的腮紅

04

在標誌旁邊，以矩形工具、橢圓形工具、圓角矩形工具繪製如圖的四個造型

05

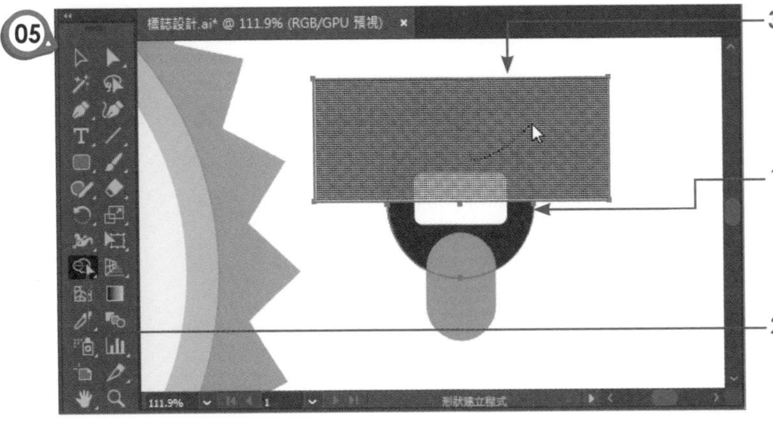

3. 加按「Alt」鍵拖曳出線條，使減掉藍色

1. 同時點選褐色的橢圓和藍色的矩形

2. 點選「形狀建立程式工具」

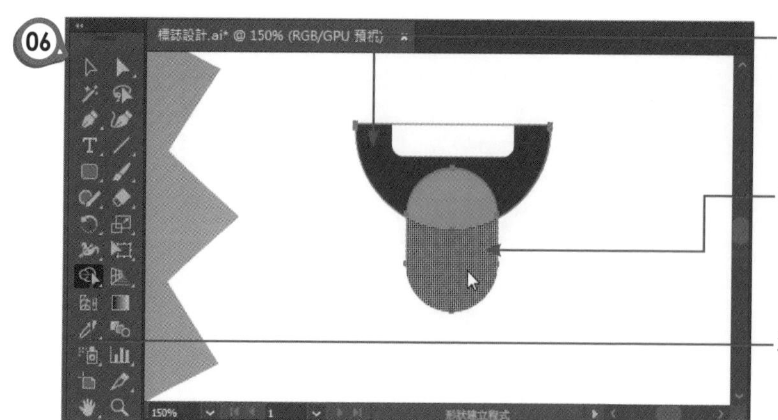

5-4 繪製頭飾和身形

頭形完成後，最後就是加入身體和頭飾，由於標誌的重點在於臉形上，所以身體和頭飾就盡量簡單化。繪製的衣服若超出圓形的標誌範圍，仍舊可以利用「形狀建立程式工具」將其減掉。

2. 設定填入綠色，框線為深綠色，筆畫為「11」
01
無選取範圍
筆畫：
11 pt
3 點圓形
不透明度
樣式：
標誌設計.ai* @ 100% (RGB/GPU 預視)
100%
矩形
3. 再以「矩形工具」繪製一矩形
1. 以「橢圓型工具」繪製一圓

02
標誌設計.ai* @ 100% (RGB/GPU 預視)
1. 點選「直接選取工具」
2. 分別移動矩形上方的兩個錨點，使之變成梯形
100%
直接選取

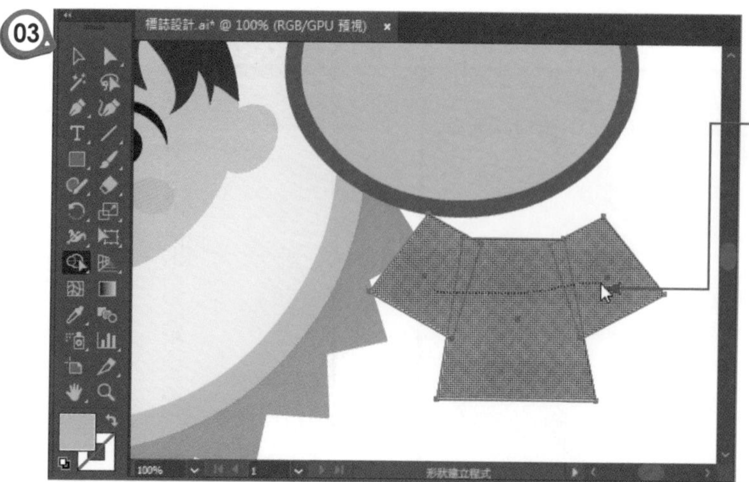

加按「Alt」鍵再製2個梯形，縮小後置於左右兩側，使變成衣服，選取三個梯形後，以「形狀建立程式工具」拖曳出直線，使合併成一個造形

開啟「圖層」面板，將頭飾和衣服移到頭形下層，使顯現如圖

同時點選黃色圓形和綠色衣服，以「形狀建立程式工具」減掉多餘的衣服

06

同時點選橘色星形和綠色圓形，以「形狀建立程式工具」減掉綠色部分

07

最後以「橢圓形工具」繪製兩個手掌，即可完成標誌設計

課後習題

【實作題】

1. 請利用橢圓形工具、矩形工具、圓角矩形工具完成如下的郵筒繪製。
   完成檔案：郵筒 ok.ai

   提示：

   (1) 先以橢圓形工具、矩形工具、圓角矩形工具等工具繪製基本造型，筆畫寬度設為「5」，深褐色。

   (2) 同時選取紅色橢圓形和紅色矩形的造型，由「路徑管理員」面板中按下「聯集」鈕，即可變成一個造形。黃色橢圓形和黃色矩形也一樣比照辦理。

完成圖

2. 請利用橢圓形工具和圓角矩形工具完成如圖手套繪製。
   完成檔案：手套 _ 基本形 .ai、手套 ok.ai

   提示：

   (1) 先以橢圓形工具和圓角矩形工具等工具繪製基本造型，筆畫寬度設為「5」，深灰色。(可參閱手套 _ 基本形 .ai)

   (2) 利用「路徑管理員」面板中的「聯集」鈕，將手指尖的橢圓形與手指的圓角矩形合併在一起。

   (3) 繪製黑色圓形，筆畫設為無，繪製後，加按「Alt」鍵依序複製。

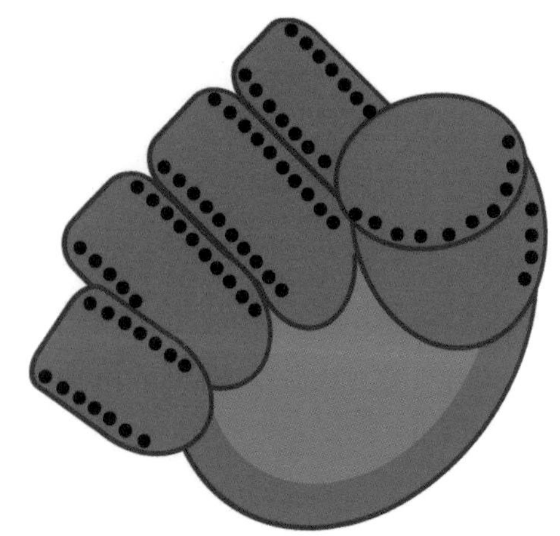

3. 請利用橢圓形工具、矩形工具、圓角矩形工具、多邊形工具、形狀建立程式工具、美工刀工具完成如圖的女孩繪製。

完成檔案：女孩 _ 基本形 .ai、女孩 ok.ai

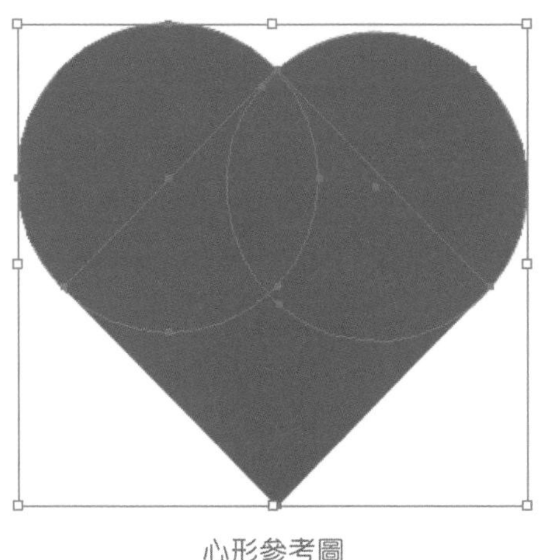

心形參考圖

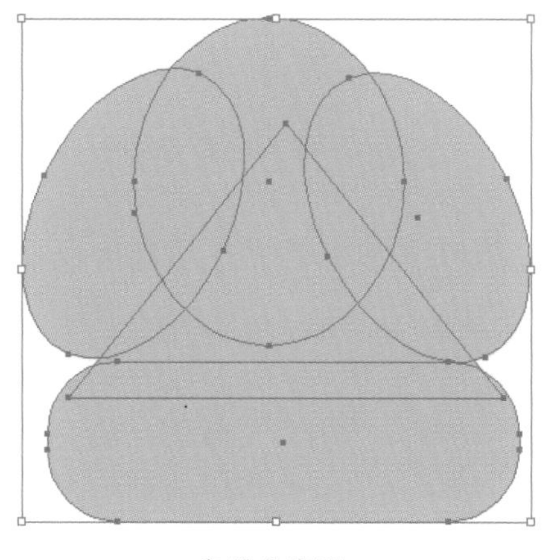

身體參考圖

提示：

(1) 頭髮部分是以美工刀切割而成的劉海與馬尾造形。

(2) 嘴巴和眉毛的製作的請參閱「5-3 繪製五官表情」的介紹。

(3) 紅心是由兩個橢圓形和一個方形合併而成。(請參閱心形參考圖)

(4) 身體部分由三個橢圓形 + 一個三角形 + 圓角矩形組合而成。(請參閱身體參考圖)

MEMO

CHAPTER

06

線條的建立與編修

6-1 繪製線條

6-2 編修線條與輪廓

6-3 筆刷效果

Illustrator

對於封閉的幾何造型，相信各位在前面章節中已經能夠運用自如，至於線條的繪製與編修、貝茲曲線的繪製與編修、或是筆刷效果的應用，則在這一章會跟各位探討。

6-1 繪製線條

在線條方面，不管是直線、曲線、弧線、螺旋狀線條、格狀、放射狀等，Illustrator 都有相關的工具可供設計者使用。此外，想要繪製有包含箭頭的線條也不是問題喔！現在就來看看這些線條要如何繪製。

6-1-1 以「線段區段工具」繪製直線

「線段區段工具」用來繪製線段，使用時只要按下滑鼠建立起點位置，拖曳後放開滑鼠，線段就會自動顯現。若加按「Shift」鍵則限定在水平線、垂直線、或 45 度角的線段。若需要特定的長度或角度，可按左鍵於文件上，軟體就會自動顯現「線段區段工具選項」的視窗。

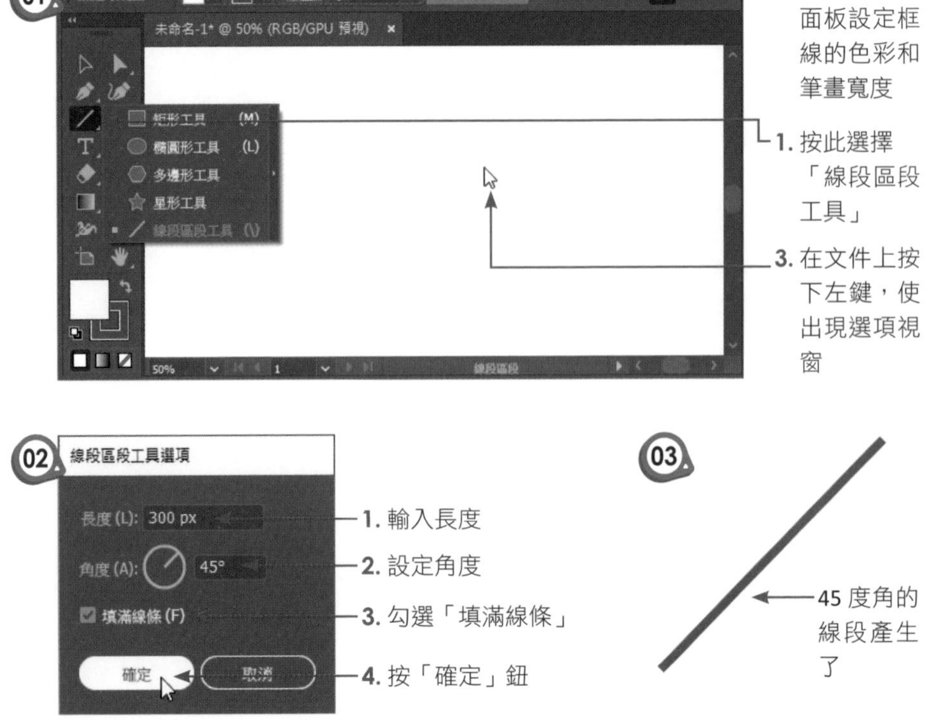

6-1-2 以「鉛筆工具」繪製曲線

如果要繪製自由的不規則線條，那麼可以利用「鉛筆工具」來處理，只要由「控制」面板上設定好筆畫色彩和筆畫寬度，直接拖曳滑鼠即可產生自由曲線。

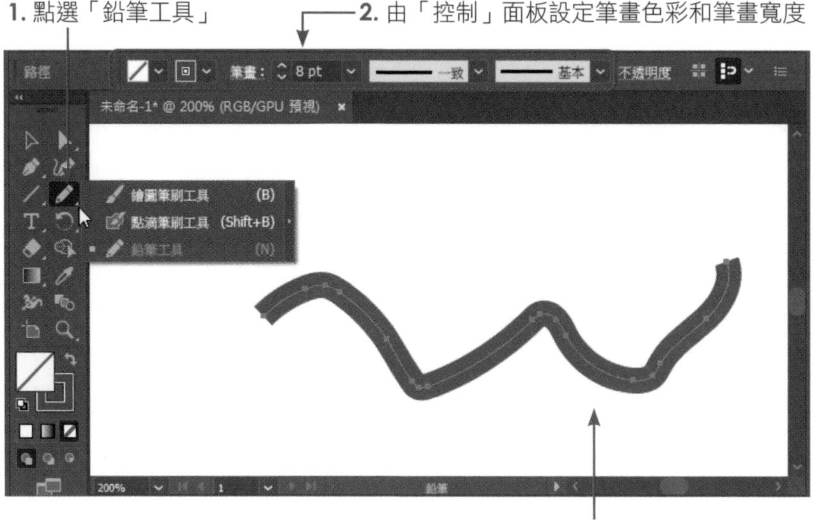

如果按兩下於鉛筆工具」上，還會顯示如下的選項視窗，可設定鉛筆的擬真度與平滑度。

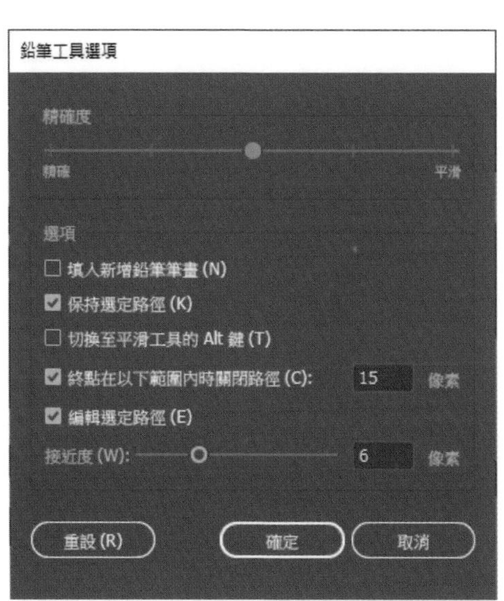

6-1-3 以「弧形工具」繪製弧狀線條

在「傳統基本功能」的工作區域裡，各位會在工具中看到如下的線條工具。

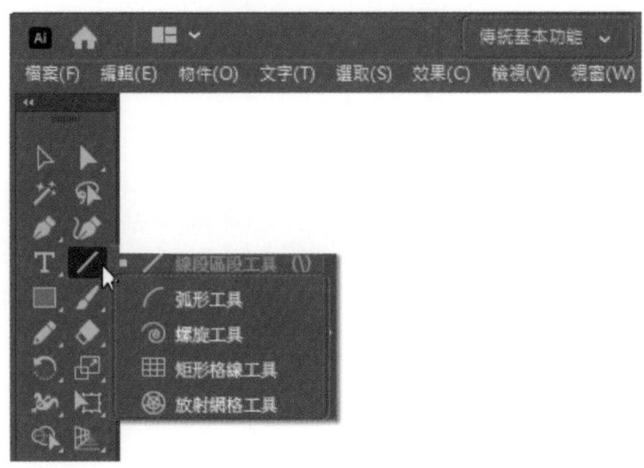

「弧形工具」用來繪製弧狀線條，它和「線段區段工具」一樣是按下滑鼠建立起點位置，拖曳後放開滑鼠，弧狀線條就會產生。繪製時若加按「C」鍵可做為扇形和弧形間的切換。若要進一步控制弧形效果，可按工具鈕兩下，使出現選項視窗。選項視窗如下：

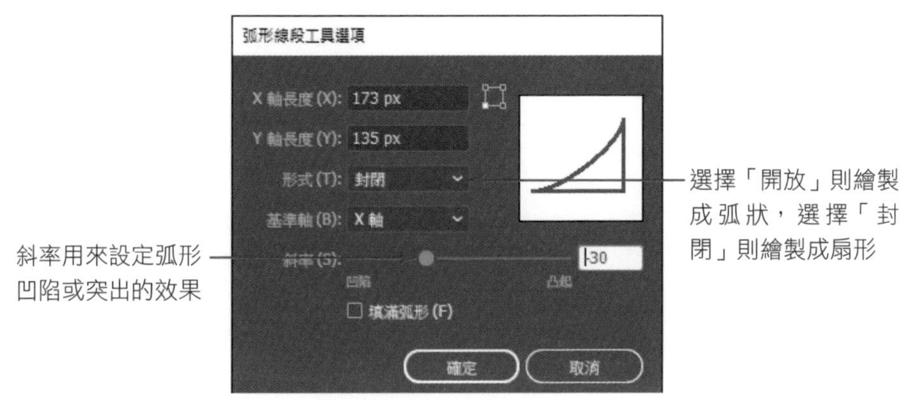

6-1-4 以「螺旋工具」繪製螺旋狀造形

「螺旋工具」可畫出順時針或逆時針方向的螺旋狀造型。通常一圈會包含四個區段，然後從螺旋的中心點到最外側的距離之間做比例的衰減。要設定螺旋效果，請在文件上按一下左鍵，即可在如下視窗中做設定。

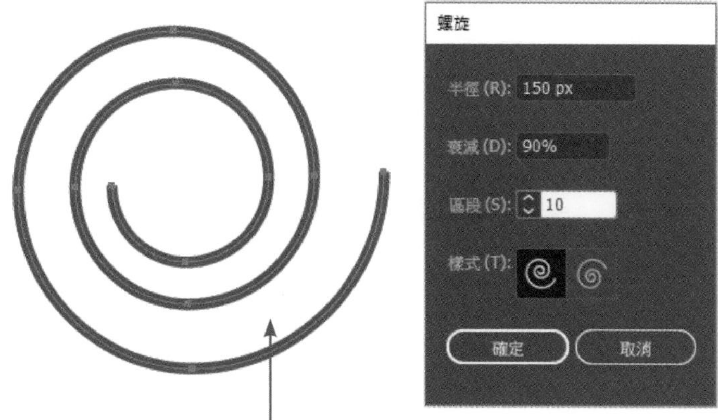

包含 10 個區段，作 90% 衰減的螺旋形

6-1-5 為線條加入虛線與箭頭

繪製的線條，通常透過「控制」面板就可以變更線條的顏色和筆畫寬度，但是如果想要加入箭頭符號，或是想要變換成虛線效果，那就得透過「筆畫」面板來處理。請執行「視窗 / 筆畫」指令使開啟「筆畫」面板。

在預設的狀態下，「筆畫」面板上只會顯示「寬度」的屬性，各位必須由面板右側下拉選擇「顯示選項」指令，才能看到如下的完整面板。

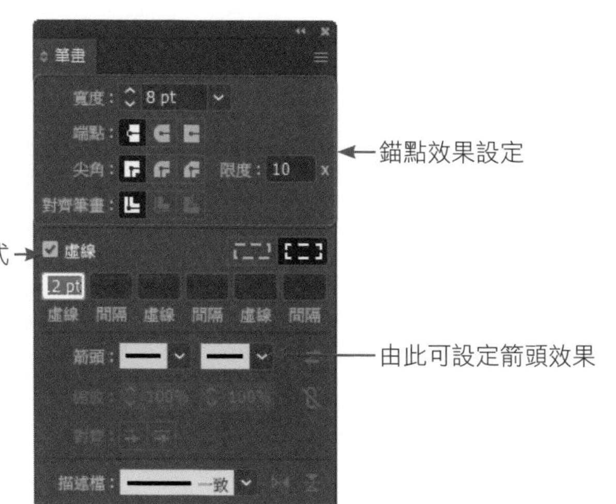

錨點效果設定

「端點」用於設定線條的起始點和結束點的效果，「尖角」則是設定線條轉彎處的效果，各位可以比較一下它的不同點。

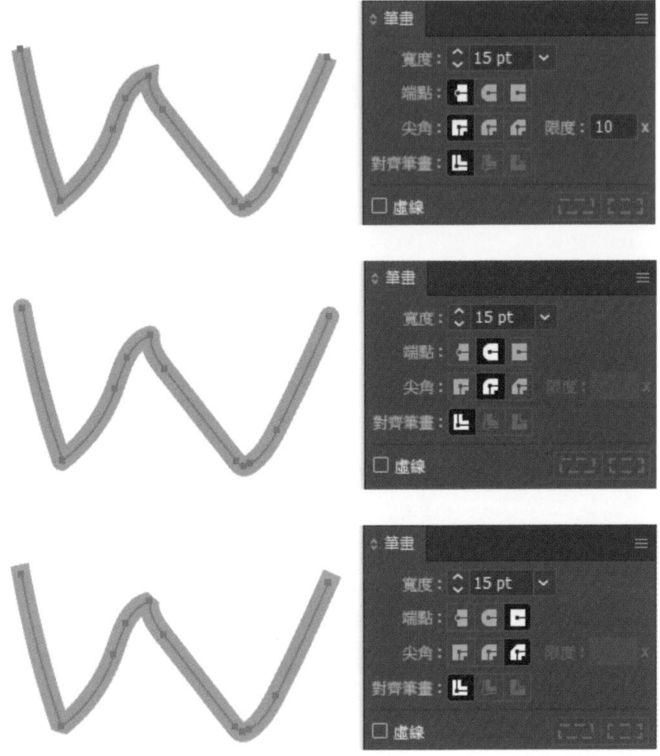

虛線

勾選「虛線」後，可以透過虛線或間隔的設定來產生不同的虛線效果。

箭頭

可以控制起始點與結束點的箭頭效果或縮放比例。

6-1-6 以「鋼筆工具」繪製直線或曲線區段

「鋼筆工具」可以繪製直線區段，也可以繪製曲線區段。使用方式略有不同，各位可以比較一下：

繪製直線

只要依序按下滑鼠左鍵，即可建立錨點。若將結束點與起點相重疊，則可產生封閉的造型。

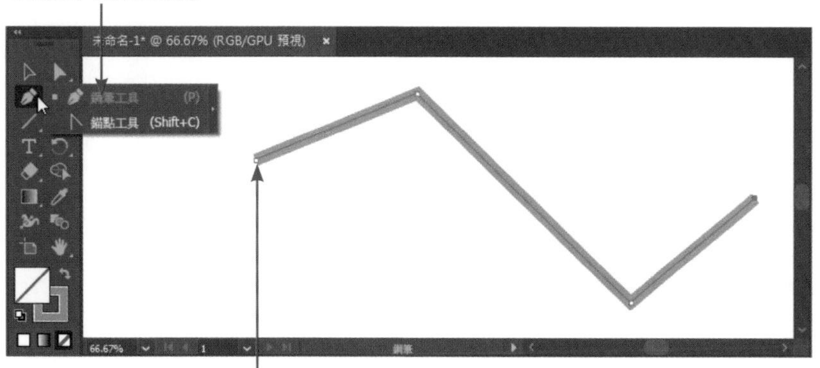

2. 由左而右依序按滑鼠左鍵於三個點上，繪製完成時切換到「選取工具」，即可完成直線區段的繪製

繪製曲線

建立第一個錨點後，再按下滑鼠建立第二個錨點時，必須同時做拖曳的動作才能產生曲線，而錨點的左右兩側顯現控制桿和把手，可控制曲線的弧度。若要轉換成尖角，可以加按「Alt」鍵。若將起點與結束點相連接，它就會自動變成封閉的造型。

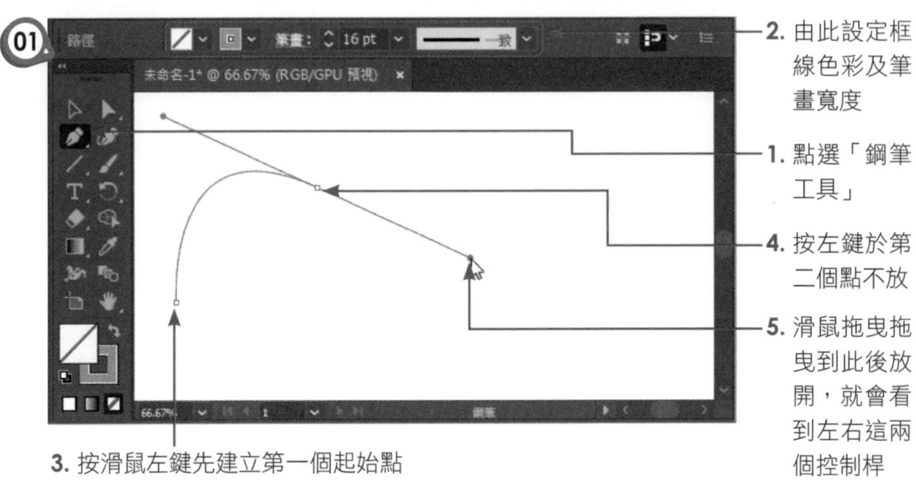

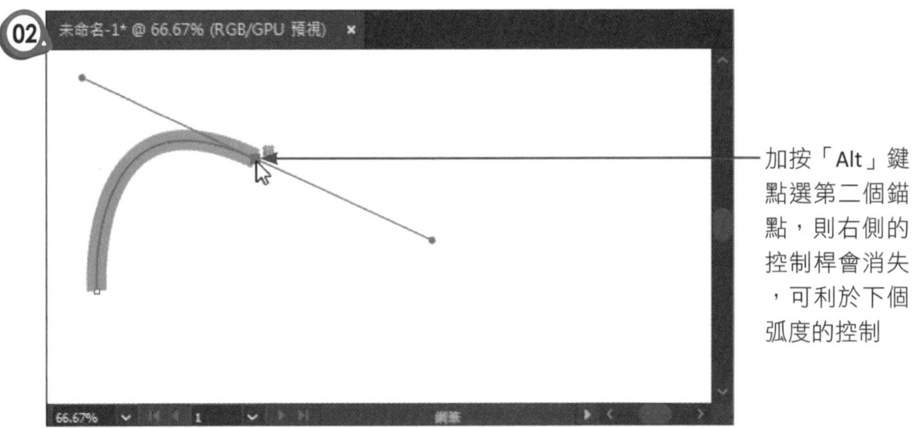

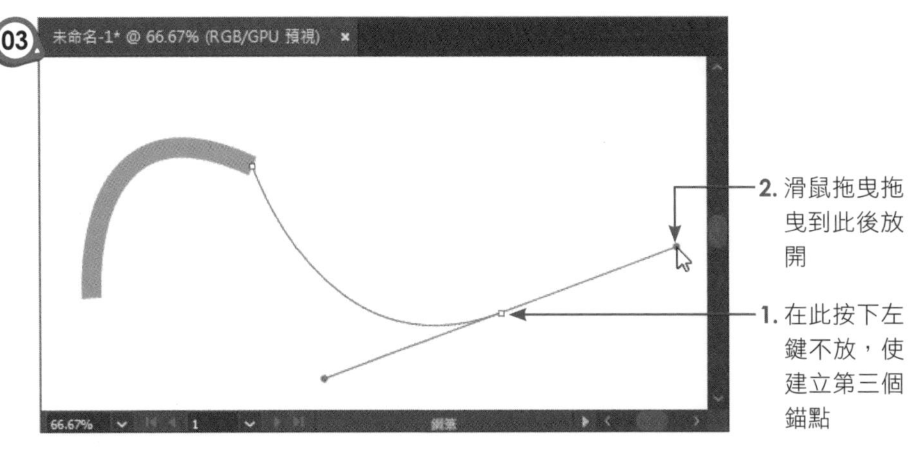

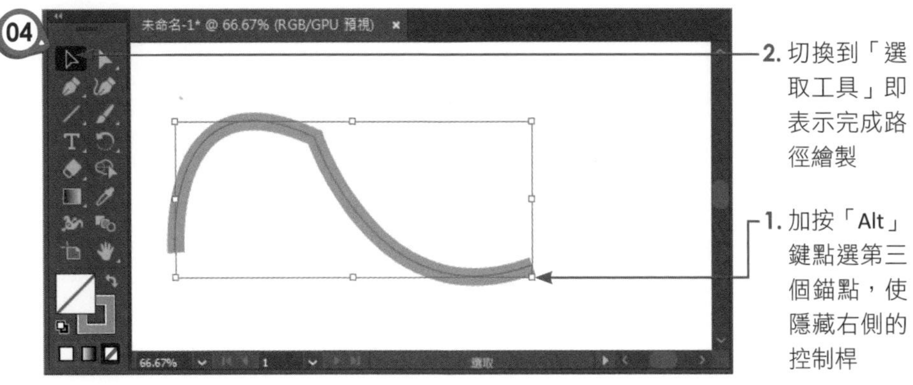

6-1-7 繪製矩形格線

「矩形格線工具」▦可以繪製如表格般的水平與垂直分隔線。基本上使用者可以先設定好矩形的寬度與高度，再設定寬度或高度間所要加入的分隔線數目。

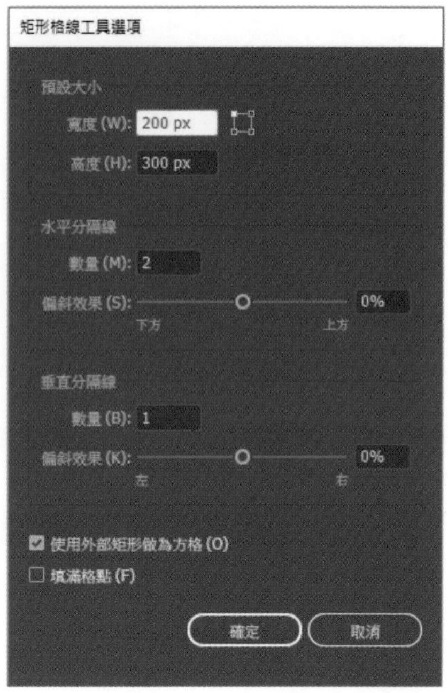

寬度 200，高度 300，水平分隔線加入 2 條，垂直分隔線加入 1 條

另外若有設定「偏斜效果」，它依照設定的方向或百分比例做偏斜。

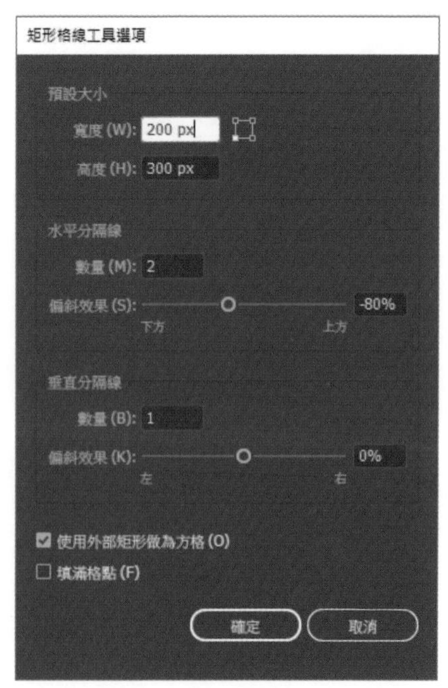

偏斜 -80%

6-1-8 繪製放射網格

「放射網格工具」和「矩形格線工具」雷同，它可在一個固定寬高的圓形中間，加入同心圓分隔線和放射狀分隔線，同時可加入偏斜效果的設定。

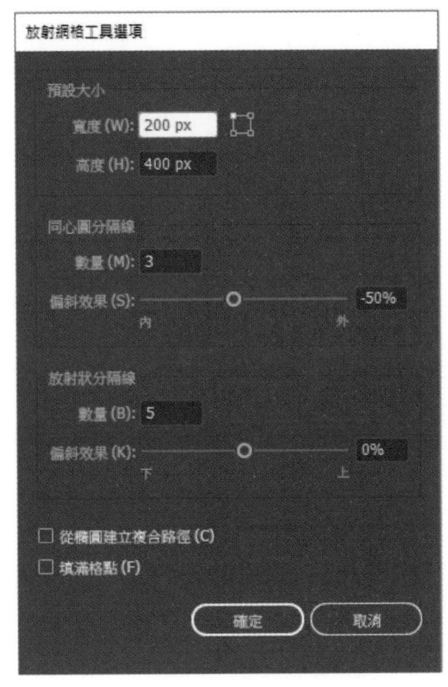

6-2 編修線條與輪廓

在繪製線條或封閉路徑後，萬一線條不夠完美，像要加以修改，那麼有幾個工具可以幫助各位做編修。諸如：直接選取工具、增加錨點工具、刪除錨點工具、轉換錨點工具、平滑工具、路徑橡皮擦工具等。

6-2-1 直接選取工具

在前面章節中我們曾經提過，「直接選取工具」可以針對物件造型進行路徑和錨點的編修，「控制」面板上也有提供錨點的轉換或刪除。

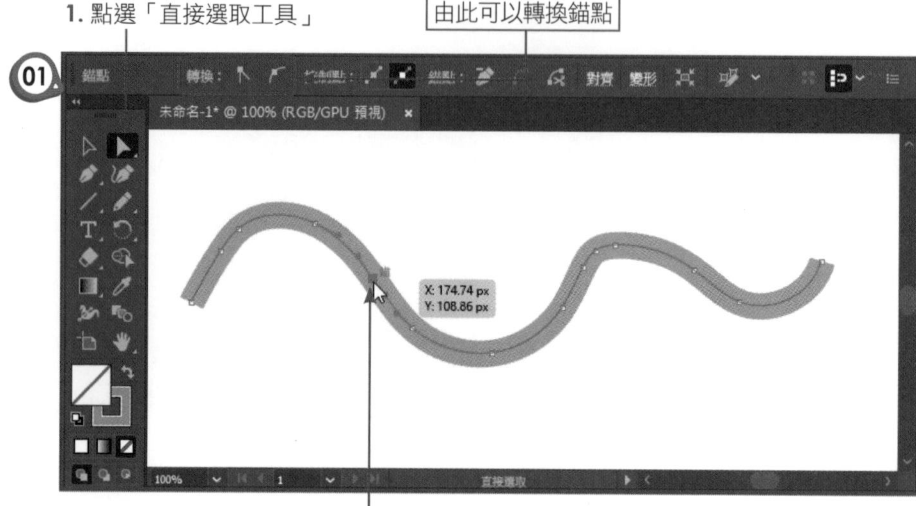

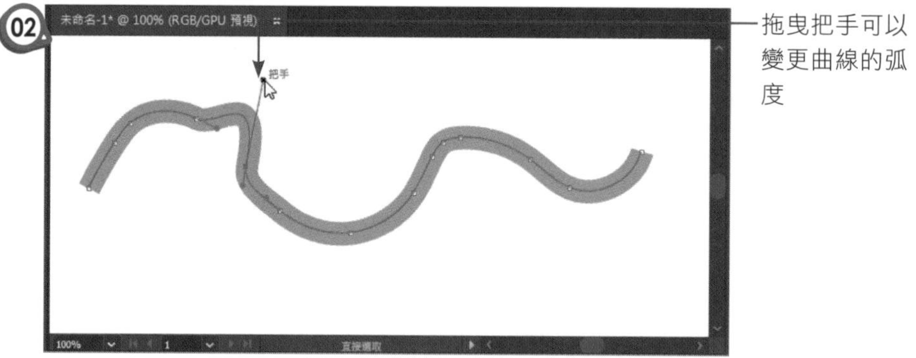

6-2-2 增加錨點工具

「增加錨點工具」可在選取的路徑上加入錨點。

先以「直接選取工具」點選要編修的路徑

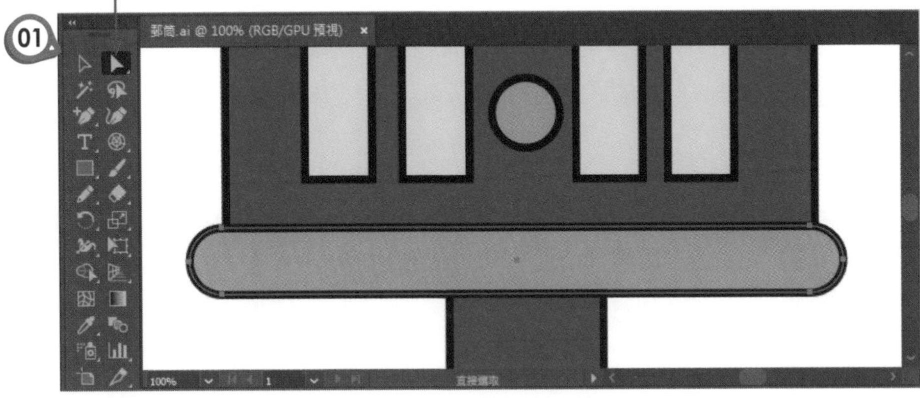

1. 改選「增加錨點工具」

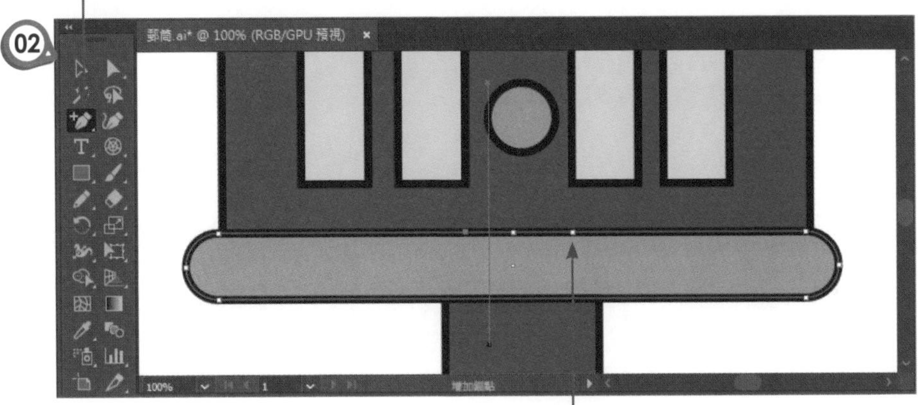

2. 在選取的路徑上增加如圖的三個錨點

1. 改選「直接選取工具」

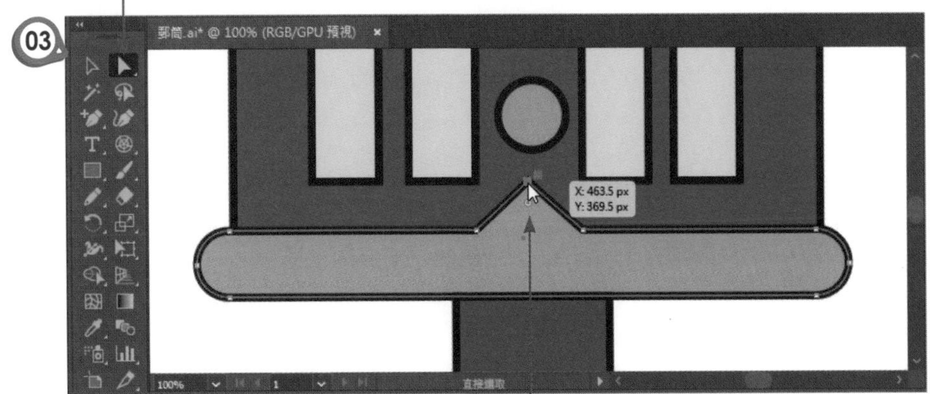

2. 拖曳中間的控制點，就可以改變造型

6-2-3 刪除錨點工具

「刪除錨點工具」的作用在於將點選的錨點去除，作用和「直接選取工具」控制面板上的鈕相同。

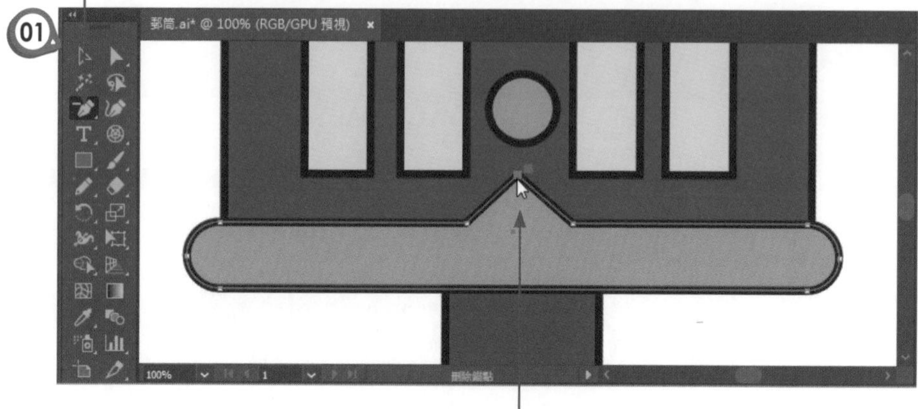

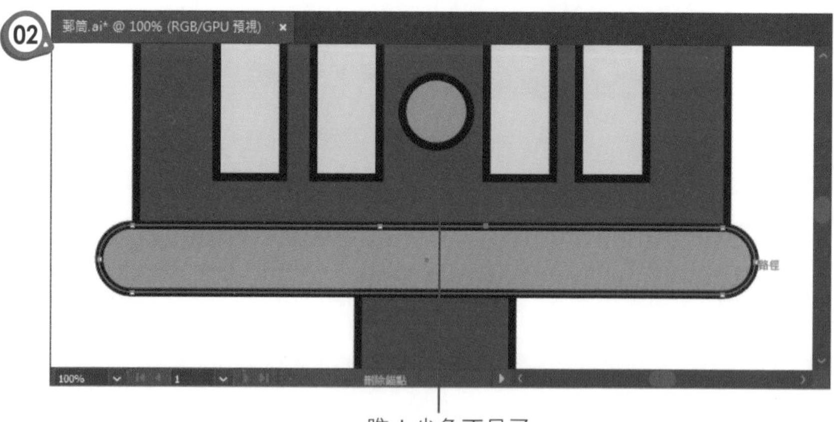

6-2-4 錨點工具

「錨點工具」的作用是將平滑的線條，透過錨點的點選而改變成尖角的效果。

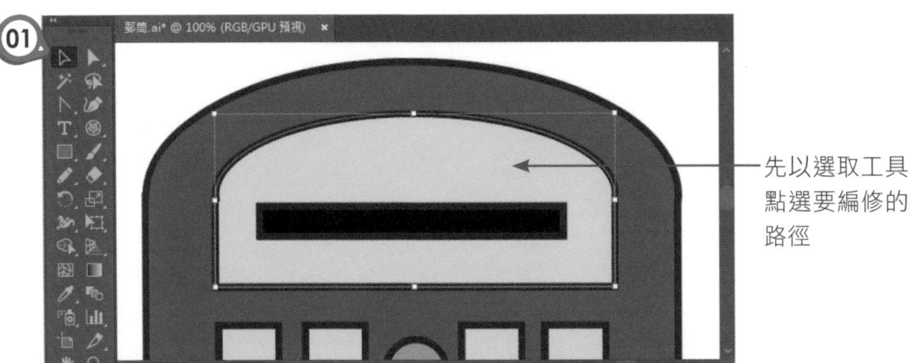

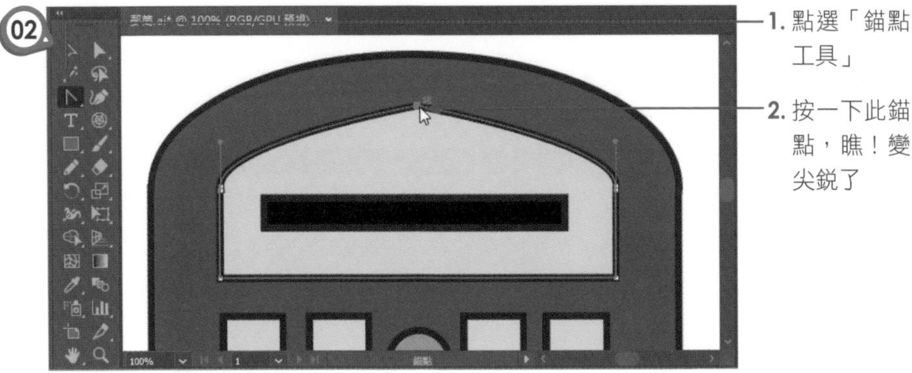

6-2-5 平滑工具

「平滑工具」可以讓原先繪製的尖銳線條變得較平滑些，使用時只要利用滑鼠反覆拖曳，即可讓線條變平順。

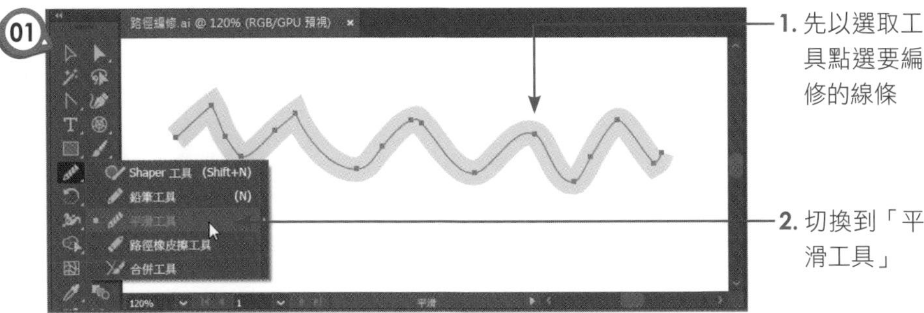

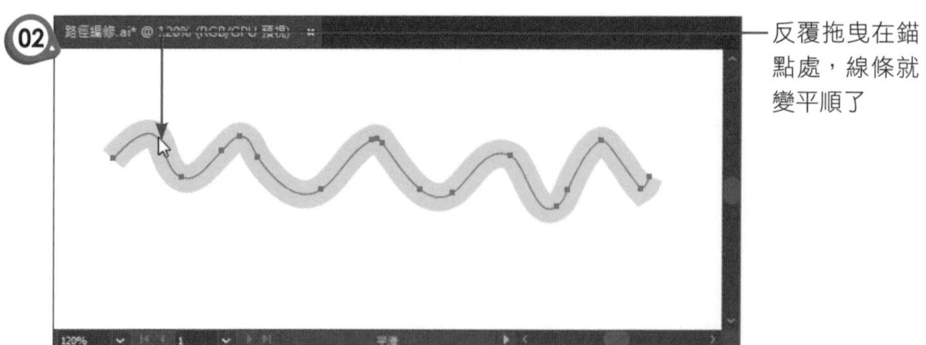

6-2-6 路徑橡皮擦工具

「路徑橡皮擦工具」是透過滑鼠拖曳的動作來擦除不要的線條。

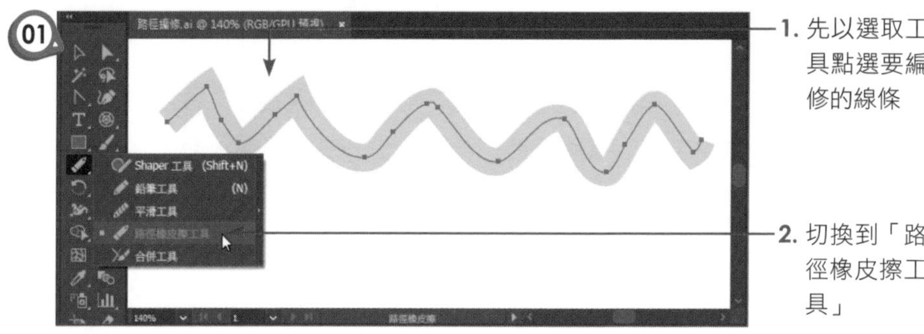

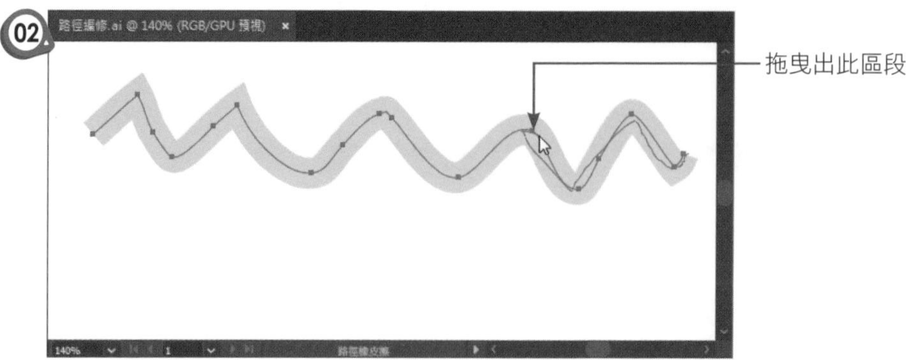

03

路徑編修.ai* @ 140% (RGB/GPU 預視)

瞧！後面的線條不見了

6-3 筆刷效果

前面小節中，各位已經學會了各種線條的繪製方式，接下來要探討的則是 Illustrator 的「筆刷」。「筆刷」功能可以隨意畫出各種特殊線條或圖案，只要透過筆刷資料庫，就能輕鬆選用像是毛刷、沾水筆、圖樣…等各種筆刷。這一小節將針對繪圖筆刷工具、筆刷面板以及筆刷資料庫的使用方式做說明。

6-3-1 以「繪圖筆刷工具」建立筆觸

由工具點選「繪圖筆刷工具」後，透過「控制」面板即可設定筆畫顏色、筆畫寬度、變數寬度描述檔、筆刷定義、不透明度、或繪圖樣式。

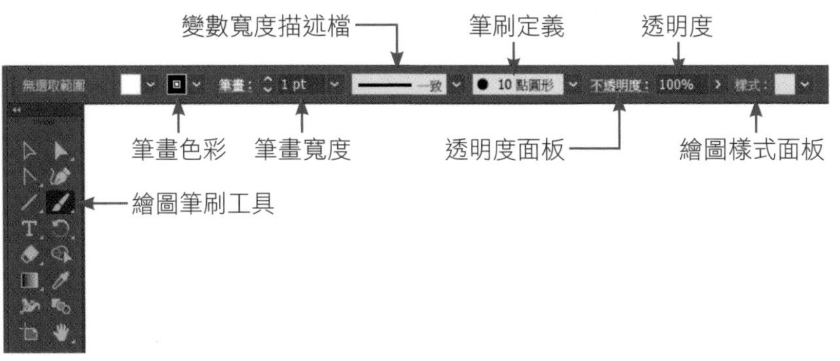

對於控制面板上的筆畫色彩和筆畫寬度的使用，相信各位都相當的熟悉，這裡要利用「筆刷定義」、「變數寬度描述檔」和「筆畫寬度」的設定，來建立與眾不同的筆觸。

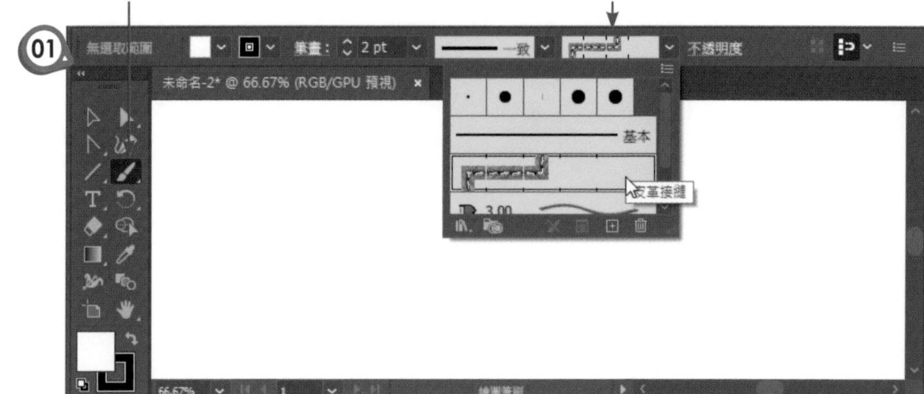

1. 由此設定筆畫寬度為「2」

2. 在文件上拖曳出如圖的線條

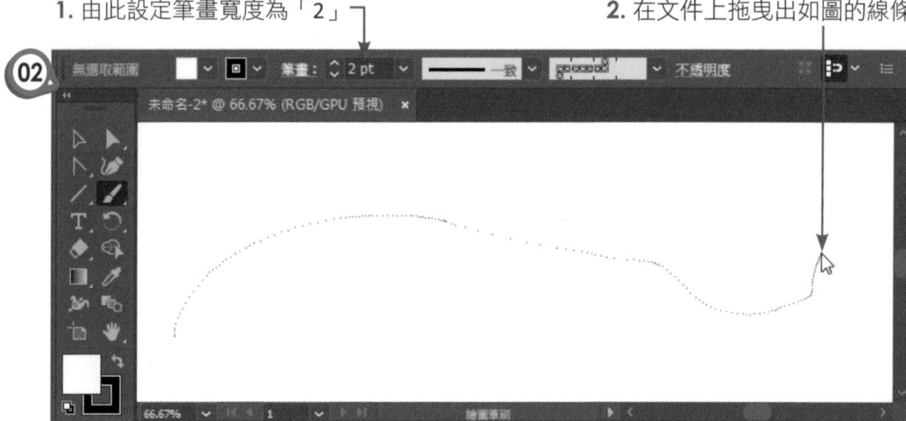

輕鬆做出如圖的筆刷效果和變化

6-3-2 認識筆刷面板

剛剛輕鬆的在文件上畫上一筆，就出現這樣特別的圖案，那麼到底有哪些已經定義好的筆刷可以使用呢？請各位先執行「視窗 / 筆刷」指令來開啟「筆刷」面板，各位會發現它所存放的筆刷樣式就和「控制」面板上的「定義筆刷」完全相同。

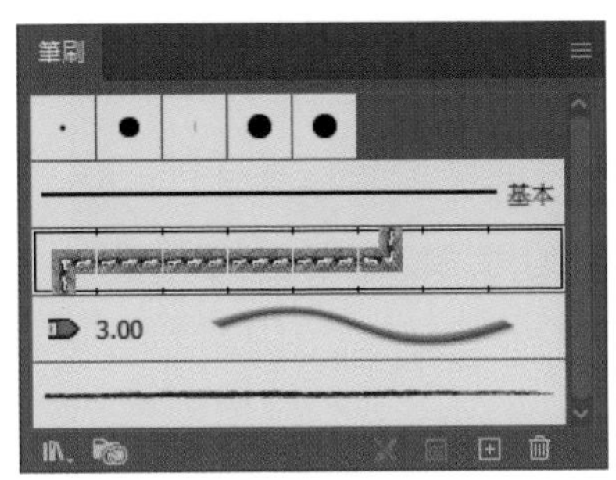

6-3-3 開啟筆刷資料庫

在預設狀態下，「筆刷」面板上所定義的筆刷並不多，不過各位可以透過「筆刷資料庫選單」鈕來開啟各種的筆刷資料庫。開啟方式如下：

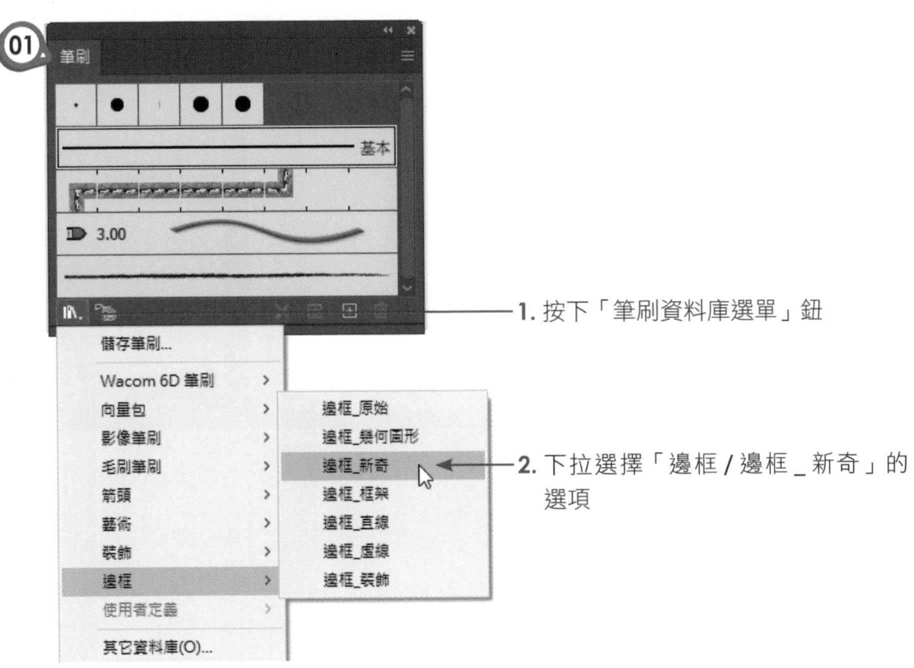

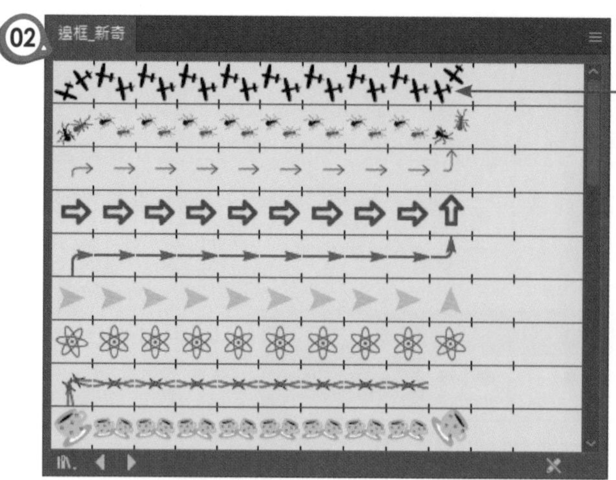

6-3-4 套用筆刷資料庫

開啟筆刷資料庫後，現在可以準備將想要使用的筆刷樣式套用到指定的路徑當中。

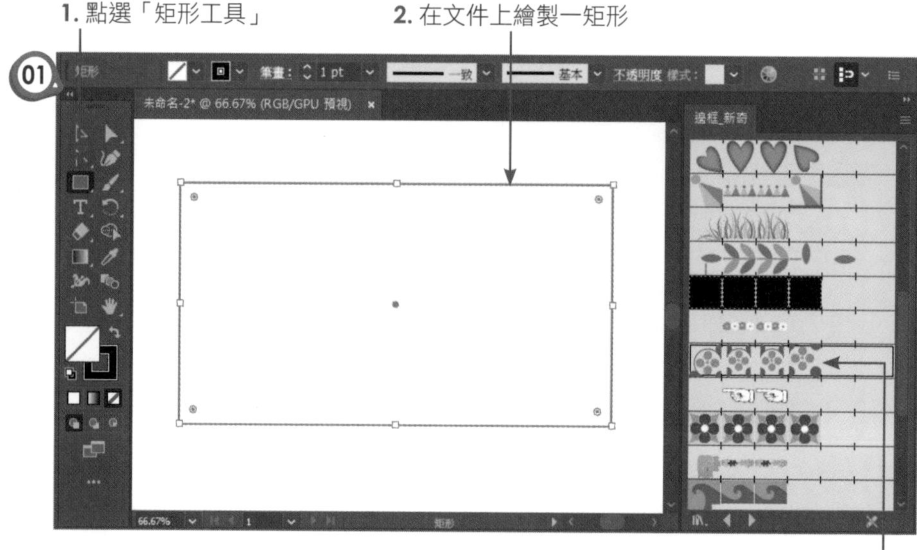

02 套用筆刷資料庫.ai @ 66.67% (RGB/GPU 預視)

矩形框輕鬆套用了藝術花草圖飾

同樣地，各位也可以使用鉛筆工具、繪圖筆刷工具、鋼筆工具、線段區段工具、弧形工具。螺旋工具…等來繪製任何的路徑，因為只要是路徑，就可以透過以上的方式來套用筆刷資料庫中的筆刷樣式，而「筆畫寬度」則是設定樣式的筆觸粗細。

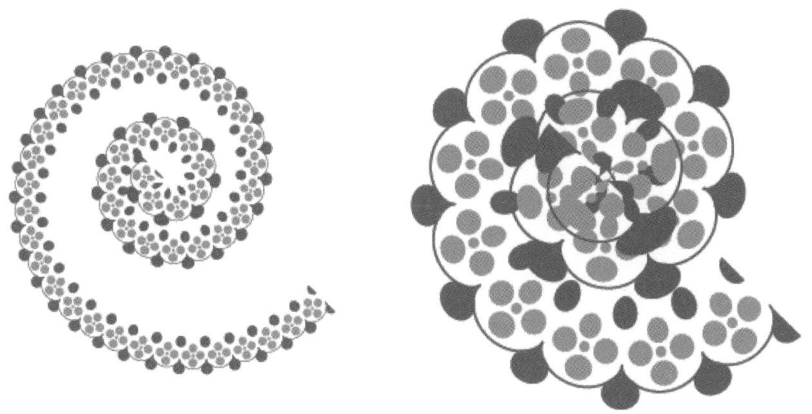

筆畫寬度為「1」的效果　　筆畫寬度為「3」的效果

課後習題

【實作題】

1. 請說明如何透過「繪圖筆刷工具」繪製出如橫幅與封條圖案的裝飾物件？

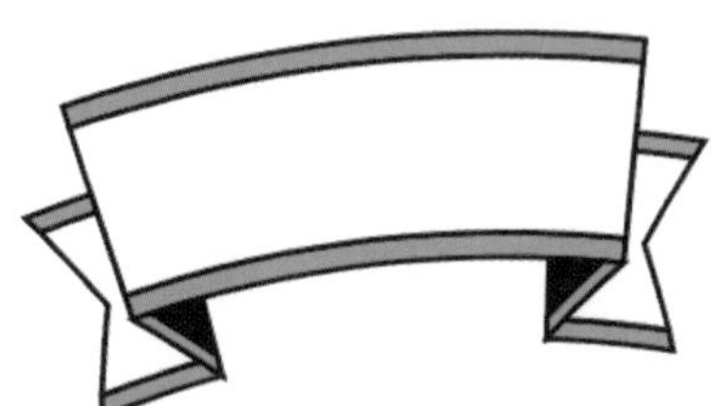

完成圖：橫幅 .ai

提示：

(1) 執行「視窗 / 筆刷」指令，使開啟「筆刷」面板，由左下角的「筆刷資料庫選單」下拉選擇「裝飾 / 裝飾 _ 橫幅與封裝」指令。

(2) 點選「繪圖筆刷工具」，在文件上繪製一線條，由「裝飾 / 裝飾 _ 橫幅與封裝」面板上找到如上的圖案。

(3) 由「控制」面板將筆畫設為「5 pt」，即可完成圖案繪製。

2. 請說明如何透過「筆刷面板」加入「裝飾 / 典雅的捲曲和花卉筆刷組合」類別，同時快速完成如圖的都市景觀？

完成圖：都市 .ai

提示：

(1) 開啟「筆刷面板」，匯入筆刷資料庫的「裝飾 / 典雅的捲曲和花卉筆刷組合」類別。

(2) 選用「線段區段工具」，繪製一直線，套用「城市」的圖樣，筆畫設為「1 pt」，筆畫顏色設為灰色。

(3) 選用「繪圖筆刷工具」，繪製二線條，套用「人物」的圖樣，筆畫設為「1 pt」和「2pt」，筆畫顏色設為紫色和紅色。

CHAPTER

07

實作應用－吉祥物繪製

Illustrator

在這個實作應用中，我們將運用各種的路徑工具來繪製一隻吉祥物 - 馬，象徵「馬到成功」之意。完成畫面如右：

7-1 文件置入參考圖

請在開啟空白文件後，利用「檔案 / 置入」指令將「馬 .jpg」插圖置入，以方便我們描繪造型。

1. 點選「新建」鈕，使進入此視窗　**2.** 點選「網頁」類型　**3.** 輸入文件名稱

4. 設定如圖大小　**5.** 按此鈕建立

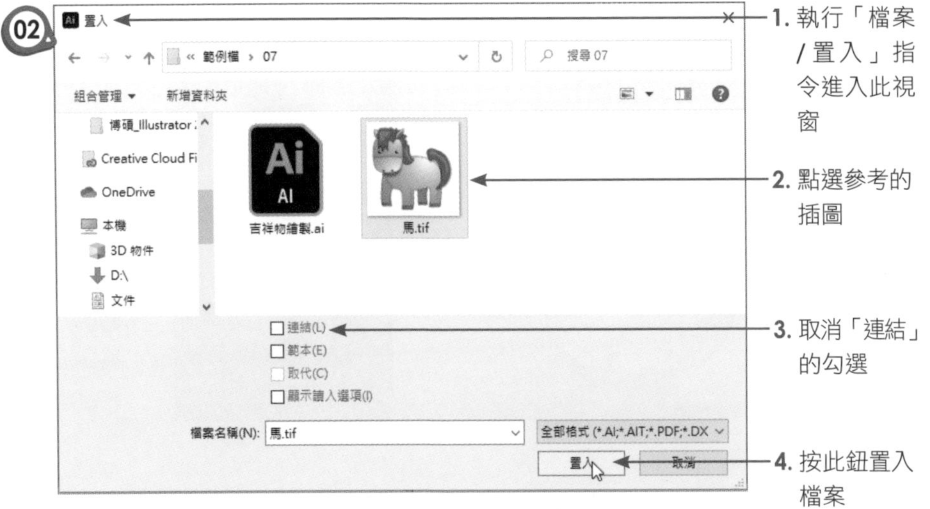

7-2 以路徑工具繪製馬形

為了方便路徑的繪製，首先將填色設為無，筆畫寬度設為 1，框線則設為黑色。同時另外新增一個圖層來放置所繪製的各項物件。

7-2-1 馬臉

在馬臉部分，我們將利用「橢圓形工具」來繪製，然後利用「直接選取工具」來編修路徑。

01

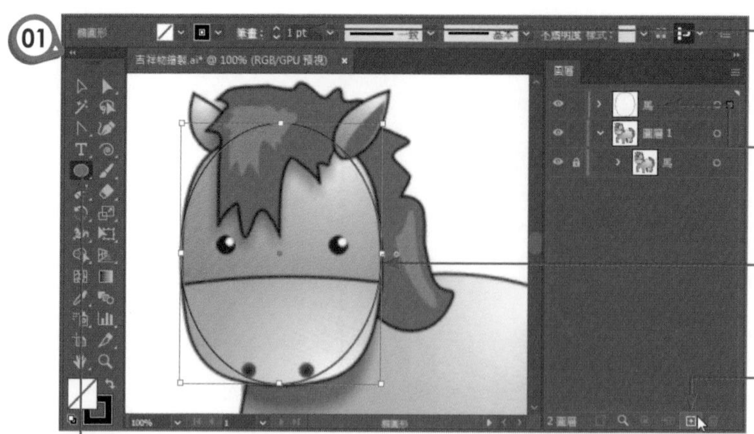

5. 框線設為黑色，筆畫寬度為「1」

2. 將新增的圖層命名為「馬」

4. 在文件上繪製如圖的橢圓形

1. 按此鈕製作新圖層

3. 點選「橢圓形工具」

02

1. 選擇「直接選取工具」

2. 分別點選上方和下方的錨點

3. 然後拖曳左右的把手，使曲線弧度與參考圖相符合

03

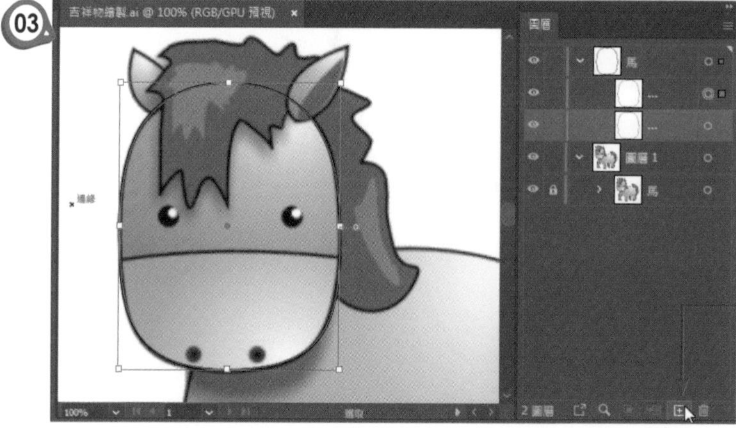

將剛剛繪製的路徑圖層拖曳到此鈕中，使之複製一份

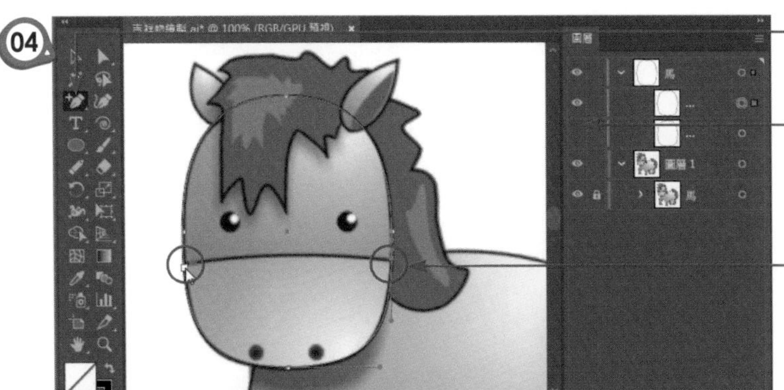

2. 點選「增加錨點工具」

1. 按此鈕先關閉下層的路徑

3. 在臉形的兩側各按下左鍵，使增加錨點

1. 改選「刪除錨點工具」

2. 在如圖的三個地方按下左鍵，使之刪除錨點，即可得到下方的馬臉

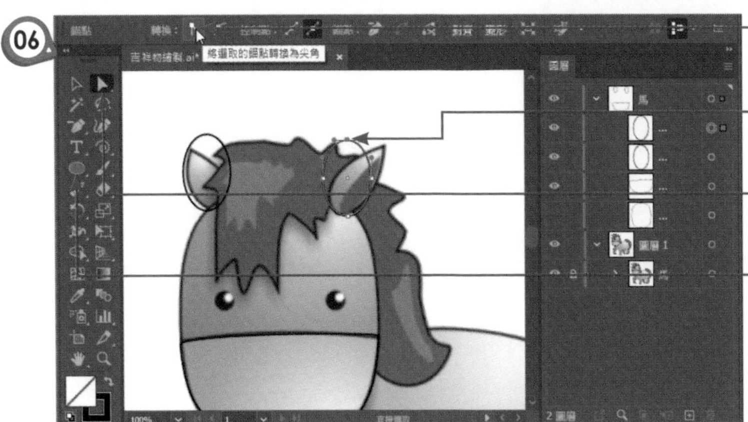

4. 按此鈕將錨點轉成尖角

3. 分別點選上方的錨點

2. 改選「直接選取工具」

1. 以「橢圓形工具」繪製兩個橢圓形當作耳朵

07

1. 選擇「選取工具」

2. 將耳朵分別轉至適當的角度，使顯現如圖

08

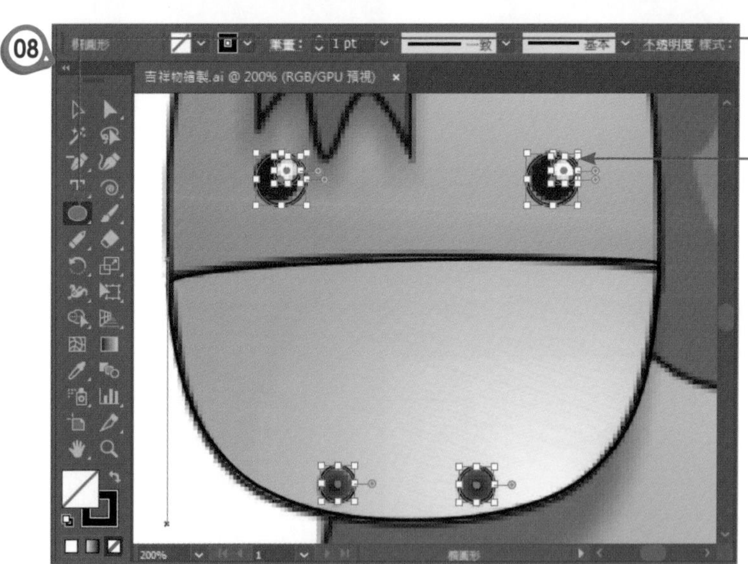

1. 改點選「橢圓形工具」

2. 分別繪製圓形六個，完成眼睛和鼻孔的部分

7-2-2 馬身

馬身的部分，我們將利用「鋼筆工具」來繪製，利用「Alt」鍵隱藏右側的控制桿，就可以很順利的繪製身形。

01

02

同上方式即可完成此造形的繪製

2. 由「圖層」面板將右後腳拖曳到馬身的下方

1. 依序以「鋼筆工具」繪製馬的右後腳

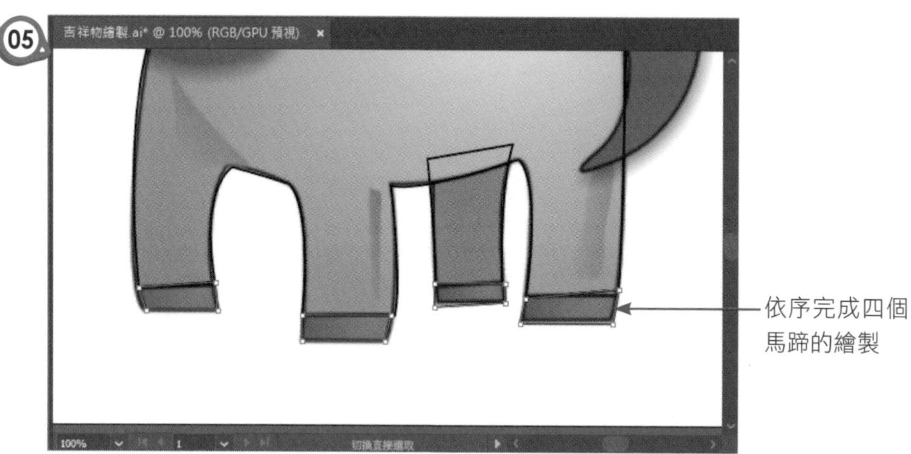

7-2-3 馬鬃 / 馬尾

馬鬃與馬尾的部分，我們將以「鉛筆工具」隨意的描繪輪廓，如圖示：

7-3 為吉祥物上彩

輪廓線都描繪好之後，現在只要將「填色」分別加入，再利用「圖層」面板控制物件的先後順序，即可完成吉祥物的繪製。

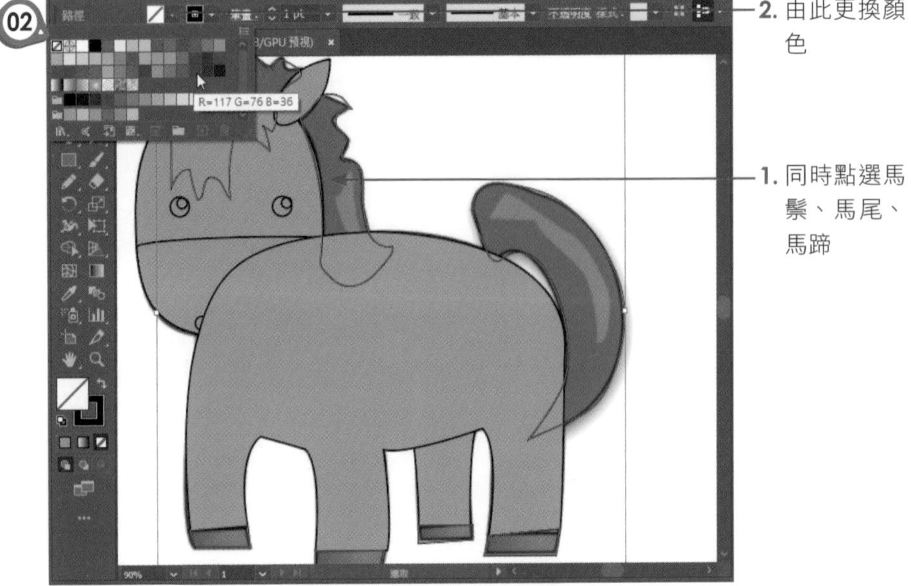

03

同時點選馬身、馬蹄、馬尾，按右鍵執行「排列順序/移至最後」指令

04

1. 馬臉完全顯現出來了

3. 按此處即可關閉參考圖的圖層，顯現完整的吉祥物繪製

2. 依序為眼睛、眼珠、馬下巴、鼻孔等處填入色彩

也可以按此鈕將參考圖完全刪除

課後習題

【實作題】

1. 請將實作應用所完成的吉祥物 - 馬，運用「繪圖筆刷工具」加入「筆刷資料庫 / 邊框 / 邊框 _ 新奇」資料庫中的「草」和「花束」的筆刷效果。

   來源檔案：吉祥物繪製 .ai

   完成檔案：吉祥物繪製 ok.ai

   提示：

   (1) 開啟「筆刷面板」，由「筆刷資料庫選單」鈕下拉選擇「筆刷資料庫 / 邊框 / 邊框 _ 新奇」資料庫。

   (2) 點選「鉛筆」工具」，隨意畫出線條後，套用「草」的筆刷，由「控制」面板將筆畫設為「4」。

   (3) 點選「鉛筆」工具」，隨意畫出線條後，套用「花束」的筆刷，由「控制」面板將筆畫設為「2」。

完成圖

2. 請利用「矩形格線工具」與「鋼筆工具」完成如下的統計圖表的繪製。

   完成檔案：統計圖表 ok.ai

提示：

(1) 點選「矩形格線工具」，在文件上按一下，設定「水平分隔線」和「垂直分隔線」的數量為「5」。

(2) 由「控制」面板上將矩形填入黃色 ，框線為黑色，筆畫寬度為「2」。

(3) 點選「鋼筆工具」，繪製線條後，填入紅色框線，筆畫寬度為「20」。

(4) 開啟「筆畫」面板，勾選「虛線」，設定「30」虛線，「10」間隔」，右邊箭頭選用「箭頭 35」，縮放「50%」。

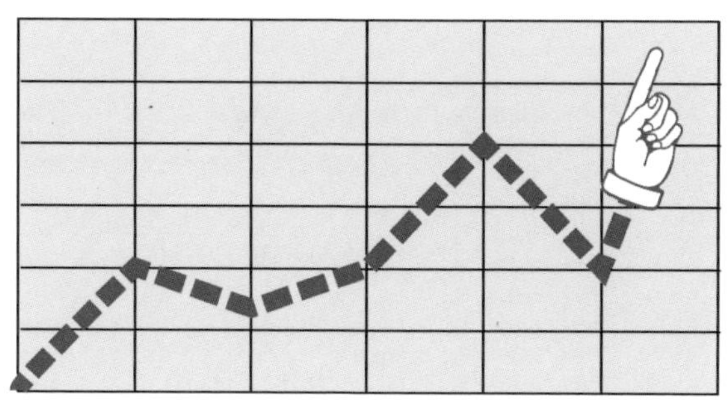

3. 請延續上圖，為統計圖表加入「邊框 / 邊框 _ 新奇」筆刷資料庫中的「連續波浪」的邊框效果。

提示：

(1) 點選「矩形工具」，在文件上繪製一矩形，套用「邊框 / 邊框 _ 新奇 / 連續波浪」的邊框效果，並將筆畫寬度設為「3」。

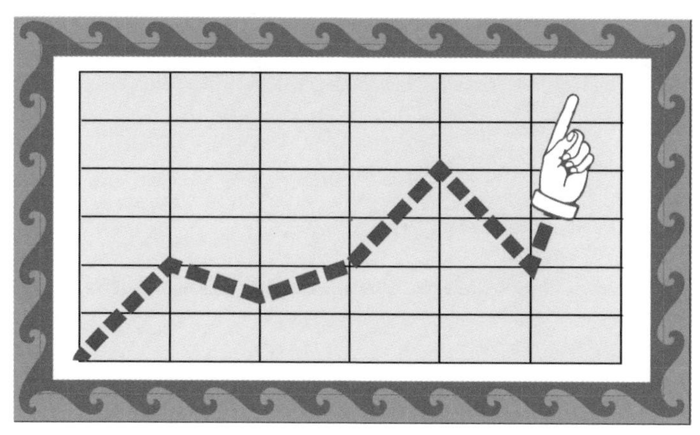

MEMO

色彩的應用

8-1 單色與漸層

8-2 自訂與填入圖樣

8-3 形狀與顏色的漸變

8-4 漸層網格

8-5 即時上色

Illustrator

在前面的章節中，各位對於單色的填色或筆畫應該相當的熟悉，事實上物件的填色或筆畫並不侷限在單色，也可以填入漸層色或圖樣，或是利用漸變特效來做顏色的漸變或物件的漸變，也可以利用「網格工具」來做顏色的變化，甚至不同的物件也可以利用「即時上色油漆桶工具」來快速填入色彩。各位不用太訝異，這些技巧都會在本章中做介紹，學完本章後你也會是用色的專家囉！

8-1 單色與漸層

在前面的學習過程中，各位已經習慣由「工具」面板或「控制」面板來挑選顏色，事實上顏色的選擇還可以透過「顏色」面板、「色票」面板或「色彩參考」面板，而漸層的色彩使用則可以透過「漸層」面板來選擇。這裡一起來瞧瞧這些面板的使用方法。

8-1-1 顏色面板

執行「視窗 / 顏色」指令開啟「顏色面板」。當各位利用滑鼠在光譜上點選顏色，該色彩也會自動顯示在「工具」面板或「控制」面板上。

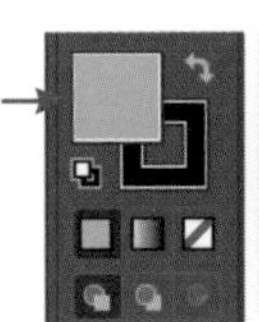

預設狀態是顯示如上的簡潔狀態，若要顯示顏色的相關選項，可在「顏色」標籤前按下 ◆ 鈕，或由面板右上角按下 ☰ 鈕，並執行「顯示選項」的指令，即可看到如下的完整選項。

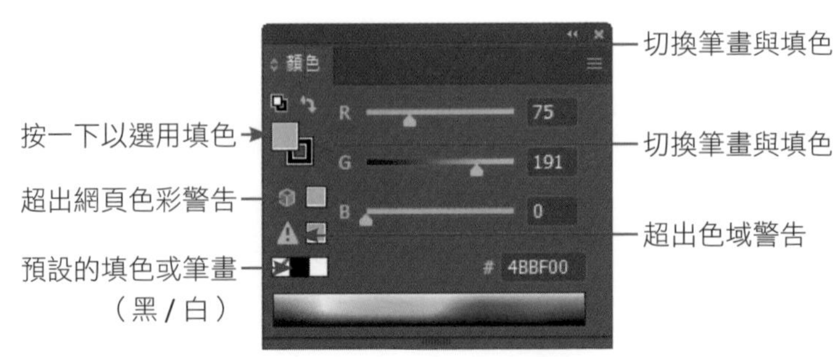

8-1-2 色票面板

「色票」面板存放著各種的單色、漸層、或圖樣的色票，以滑鼠點選色票，即可將選定的單色、漸層、或圖樣填入指定的路徑中。

色票
新增顏色群組
顯示色票種類選單
新增色票
色票資料庫選單
刪除色票

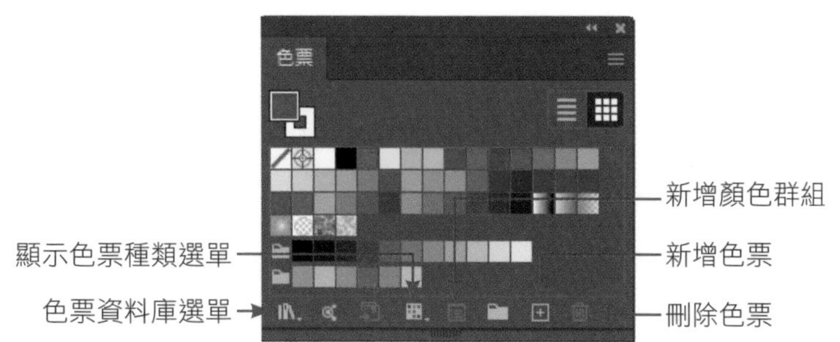

除了目前所看到的色票外，各位也可以由「色票資料庫選單」 中下拉選擇其他的色票來使用，設定方式如下：

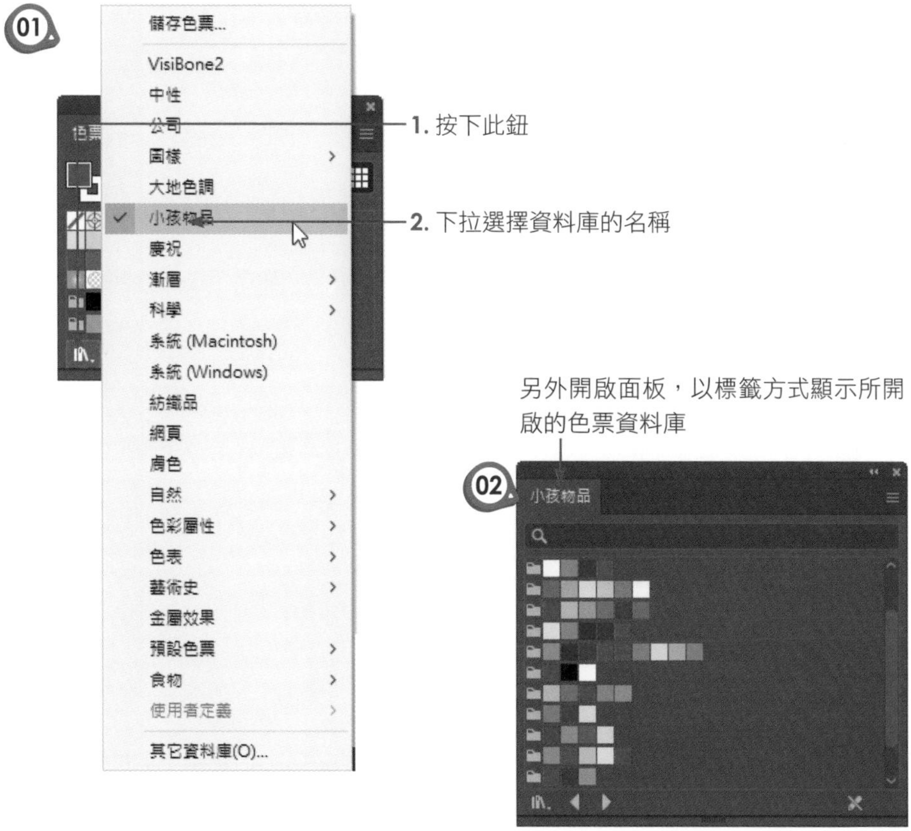

01
儲存色票...
VisiBone2
中性
公司
圖樣
大地色調
小孩物品
慶祝
漸層
科學
系統 (Macintosh)
系統 (Windows)
紡織品
網頁
膚色
自然
色彩屬性
色表
藝術史
金屬效果
預設色票
食物
使用者定義
其它資料庫(O)...
1. 按下此鈕
2. 下拉選擇資料庫的名稱
另外開啟面板，以標籤方式顯示所開啟的色票資料庫
02
小孩物品

8-1-3 色彩參考面板

參考面板主要根據使用者所選擇的色彩，然後依據色彩調和規則，列出相關的色彩供使用者參考或選用。

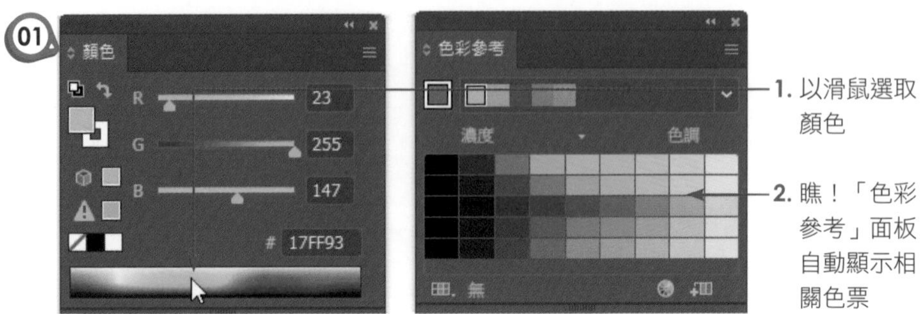

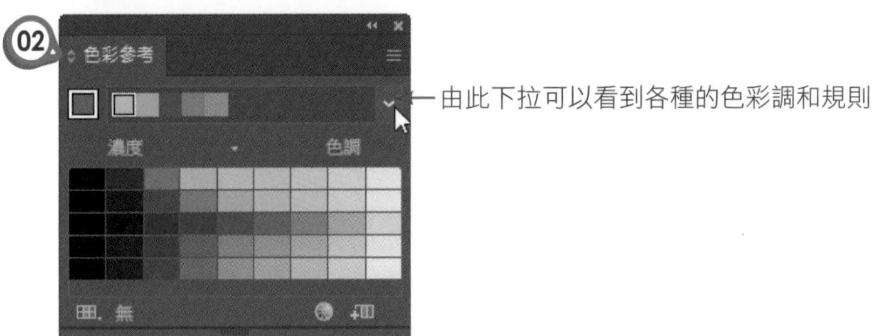

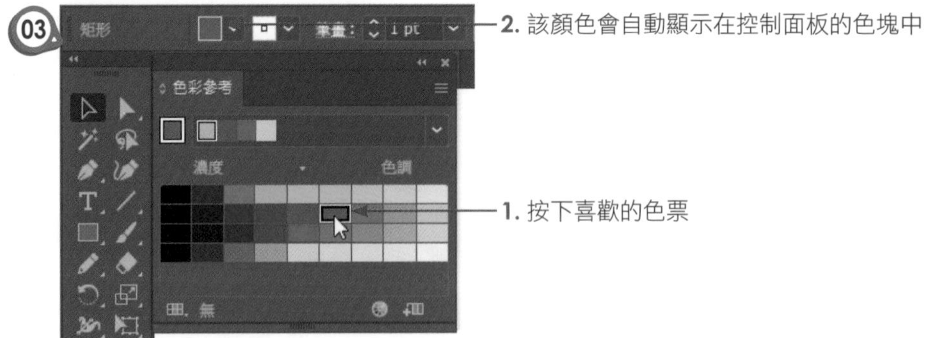

8-1-4 漸層面板

「漸層」面板提供「線性」與「放射狀」兩種類型的漸層方式，可針對填色或筆畫進行漸層設定。執行「視窗 / 漸層」指令，將可看到如下的面板選項。

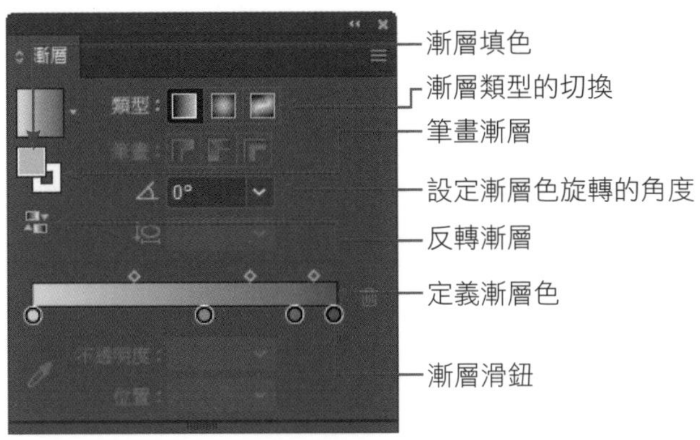

這裡以紅黃兩色的放射狀漸層做說明，其設定方式如下：

01

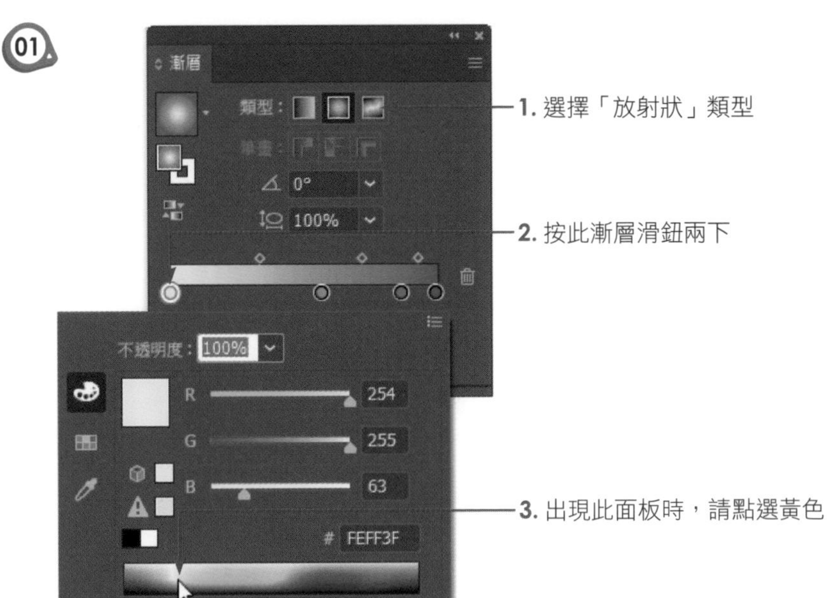

02

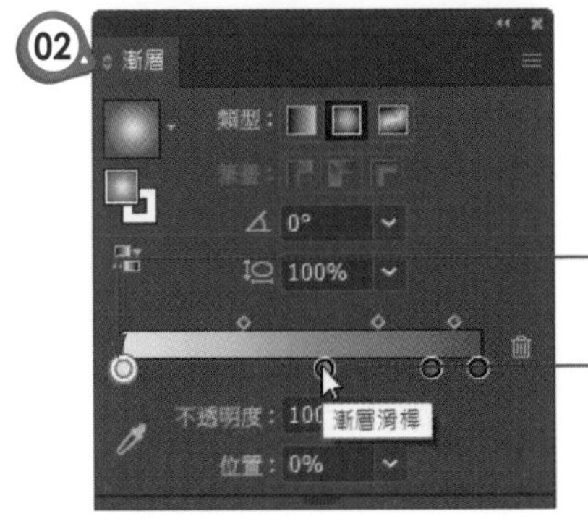

1. 瞧！顏色由白色變更為黃色了

2. 拖曳中間的兩個漸層滑鈕到下方，使之刪除滑鈕

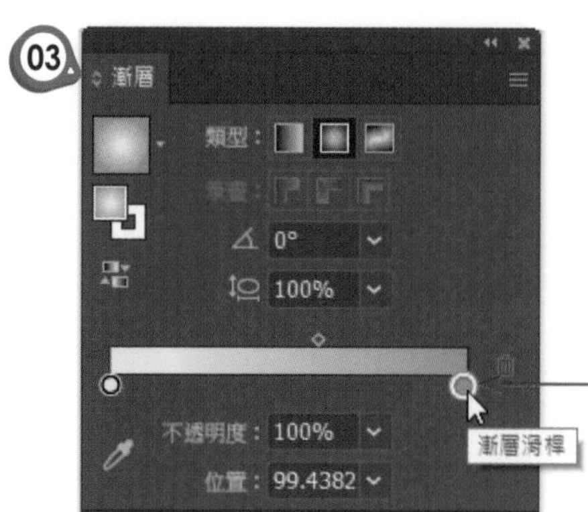

按此漸層滑鈕兩下，同上方式選擇橘色

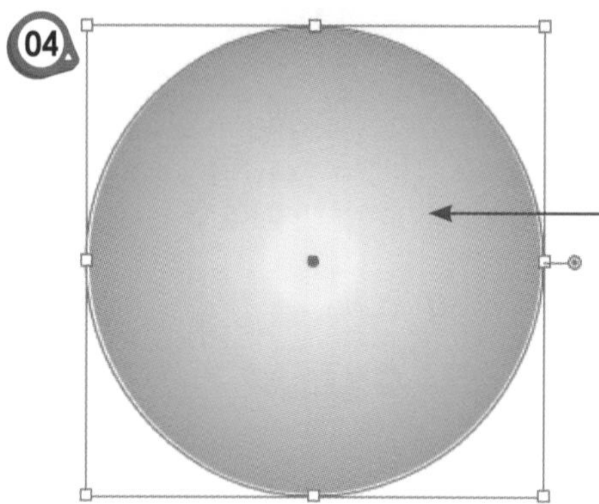

以路徑繪圖工具繪製任一造形，即可填入剛剛設定完成的漸層色

如果想要為線框填入漸層色彩，只要按一下「筆畫」，再設定想要使用的漸層效果就行了。如圖示：

1. 按此處使之選取筆畫

3. 瞧！框線加粗，就可以看到筆畫的漸層變化

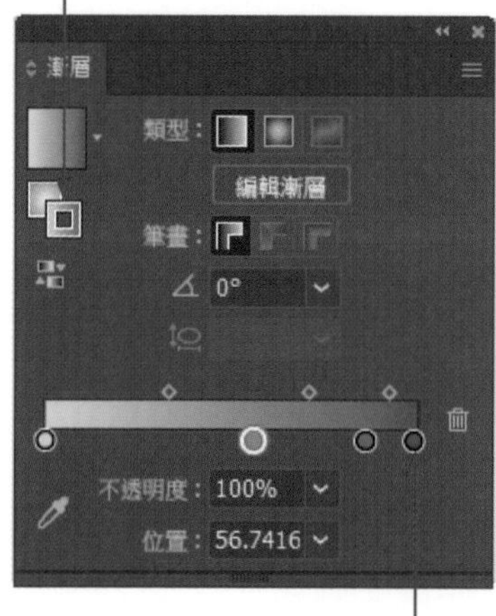

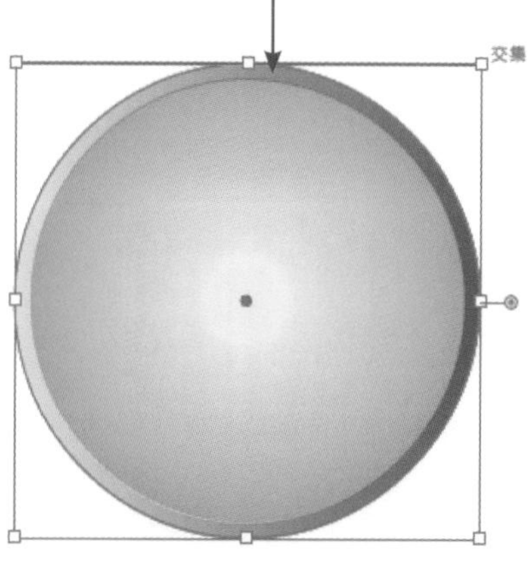

2. 設定漸層的色彩效果

8-2 自訂與填入圖樣

在「色票」面板中也有存放圖樣，只要點選圖樣的色票，即可填入路徑中。

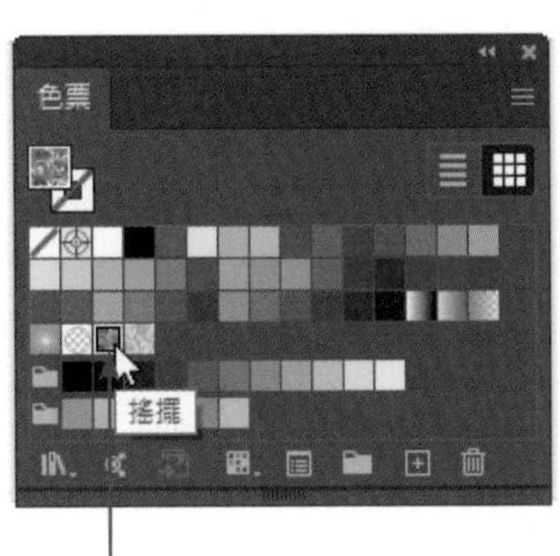

2. 按下圖樣的色票，即可填入圖樣　　**1.** 選取路徑造形

「色票」面板中所預設的色票並不多，不過各位可以自行設定所要的圖案樣式。只要設定好基本圖形，利用「物件 / 圖樣 / 製作」指令，就可以將設計好的圖樣存入色票中。

01

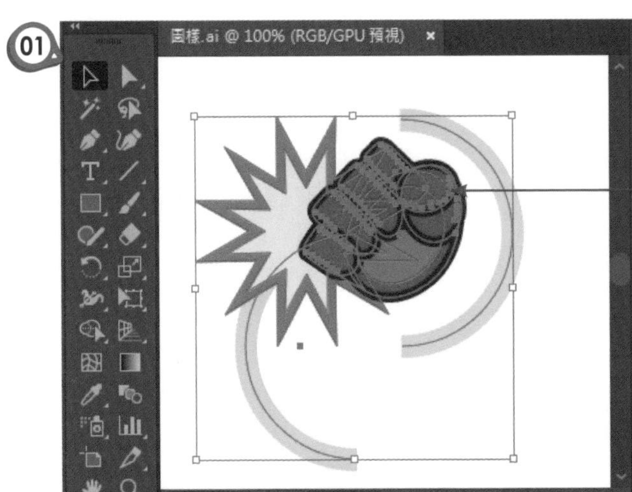

以「選取工具」選取基本形，執行「物件 / 圖樣 / 製作」指令

02

Adobe Illustrator

新圖樣已新增至「色票」面板。

在「圖樣編輯模式」中進行的任何變更都會在結束時套用至色票。

☐ 不要再顯示 (D)　　確定

顯示如圖的警告視窗，按「確定」鈕離開，同上方式選擇橘色

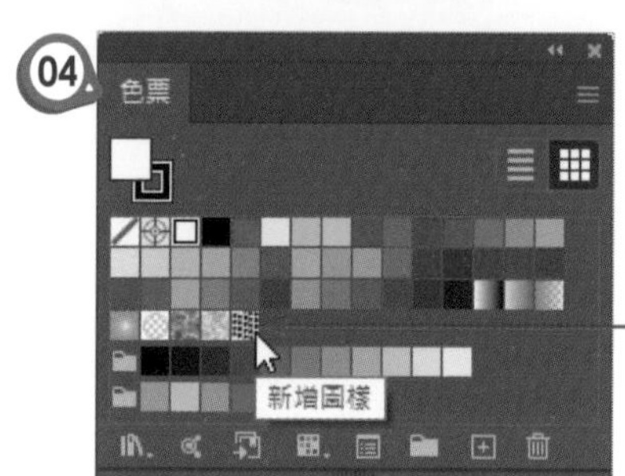

圖樣設定完成後，在選取的路徑中即可套用剛剛製作的圖樣了。

8-3 形狀與顏色的漸變

想要讓圖形由某個造型漸變到另一個造型，或是要讓某個顏色漸變到另一個顏色，那麼「漸變工具」 就是最佳的選擇，只要點選「漸變工具」後，依序點選造形或色彩，就可以顯示漸變效果，而按滑鼠兩下在「漸變工具」上，還可以設定漸變的選項。

8-3-1 顏色的漸變

這裡以三朵花來説明色彩的漸變設定：

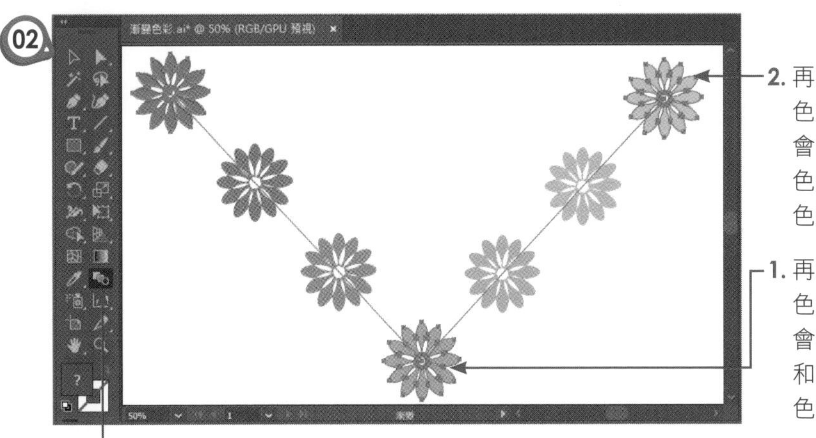

3. 按滑鼠兩下於「漸變工具」上

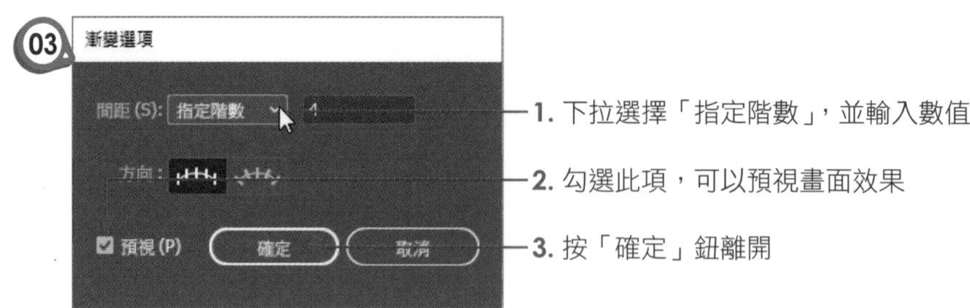

8-3-2 形狀的漸變

同樣地，如果是兩個不同造型的物件，點選「漸變工具」 後，再依序點選兩個造型，一樣可以產生漸變的效果。

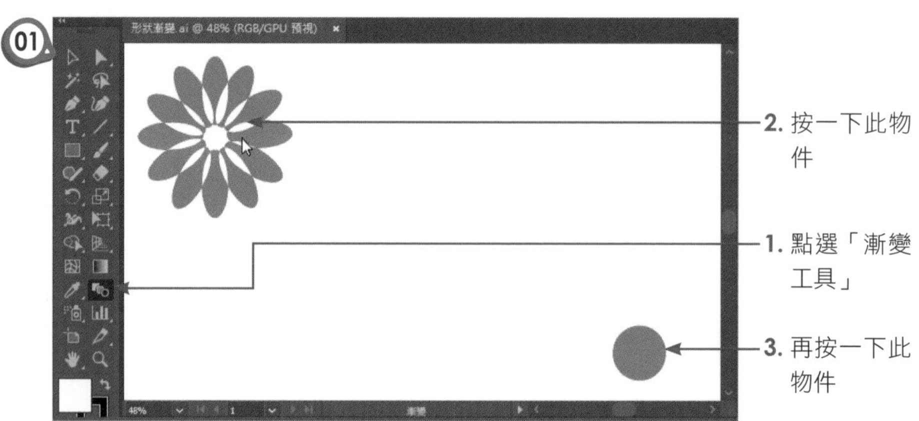

8-4 漸層網格

網格漸層是在造形上加入網狀的格線，並於交叉的格點（錨點）上加入其它的色彩，使產生漸層的變化效果。由於錨點的位置可以任意的移動位置，對於漸層的變化更易於掌控。要建立漸層網格的方式有兩種，一種是選擇「物件 / 建立漸層網格」指令，另一種則是利用「網格工具」 來處理。

8-4-1 建立漸層網格

首先使用「物件 / 建立漸層網格」指令來建立漸層網格。

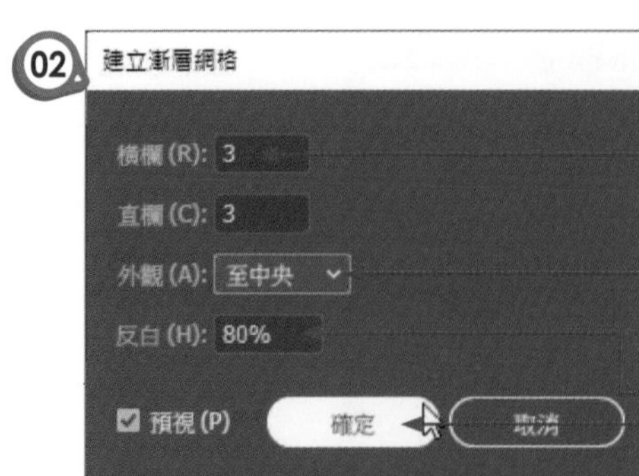

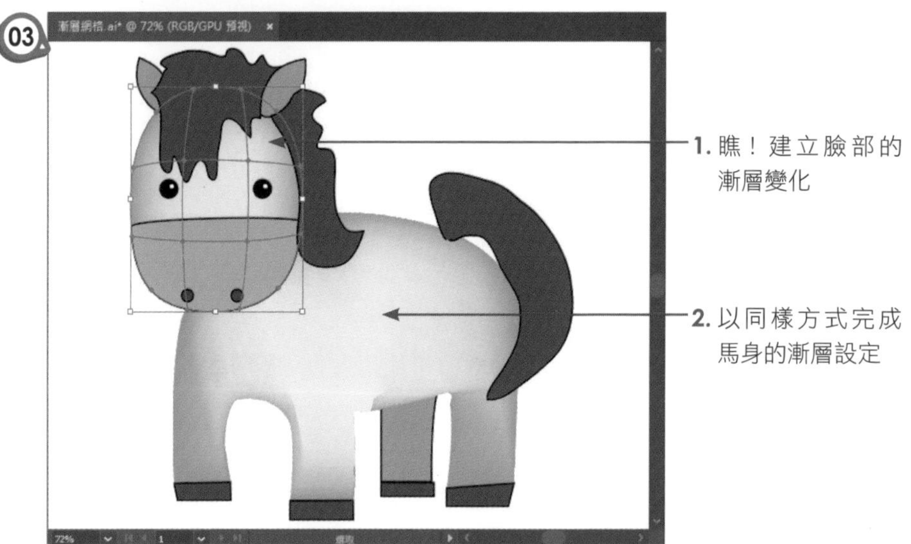

透過此功能，漸層變化會由原先設定的色彩漸層到白色，如果加入漸層後想要調整格漸層的變化，可以使用「直接選取工具」 來移動格點（錨點）位置，或是調整把手的位置。如圖示：

8-4-2 網格工具

假如各位選用「網格工具」，那麼在按下滑鼠的地方就會自動加入格線與格點（錨點），在錨點上即可加入其他色彩。設定方式如下：

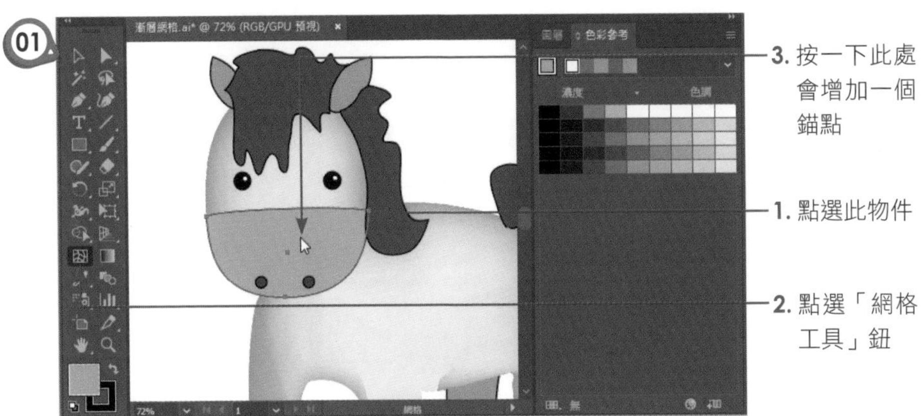

漸層網格.ai* @ 72% (RGB/GPU 預視)
1. 按此下拉可以選擇色彩調和規則，並於下方顯示相關的參考色彩
2. 點選想要使用的顏色
3. 瞧！錨點上顯示所設定的顏色了

漸層網格okai* @ 72% (RGB/GPU 預視)
以同樣方式依序為馬鬃、馬尾、馬耳朵、馬蹄加入漸層網格

漸層網格okai* @ 72% (RGB/GPU 預視)
馬的漸層網格設定完成囉！

8-5 即時上色

有時候繪製的造型並非封閉的路徑，而是由多個開放路徑所繪製而成，像這樣的狀況如果要填滿色彩，就得考慮利用「即時上色油漆桶」工具來處理。

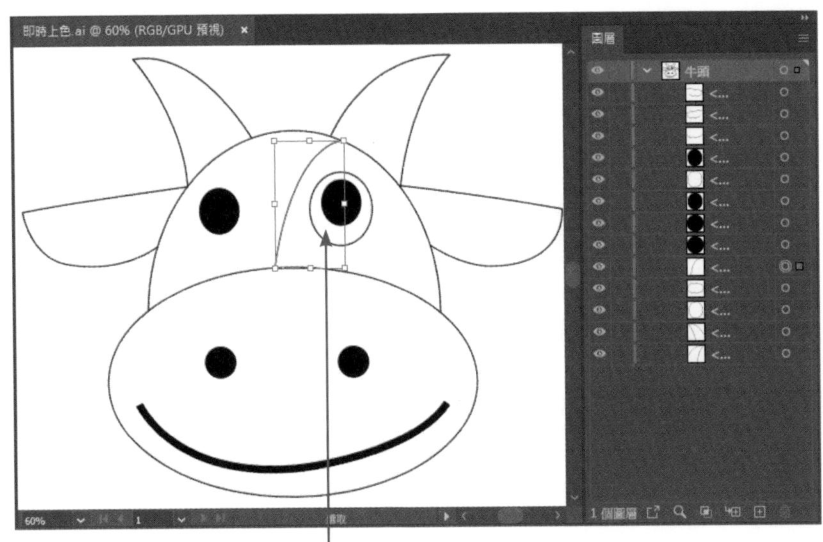

瞧！牛角、耳朵和目前選取的分隔線都是開放的路徑，無法填滿色彩

現在請選取整個造型，點選「即時上色油漆桶」工具，然後跟著筆者的腳步進行顏色的填入。

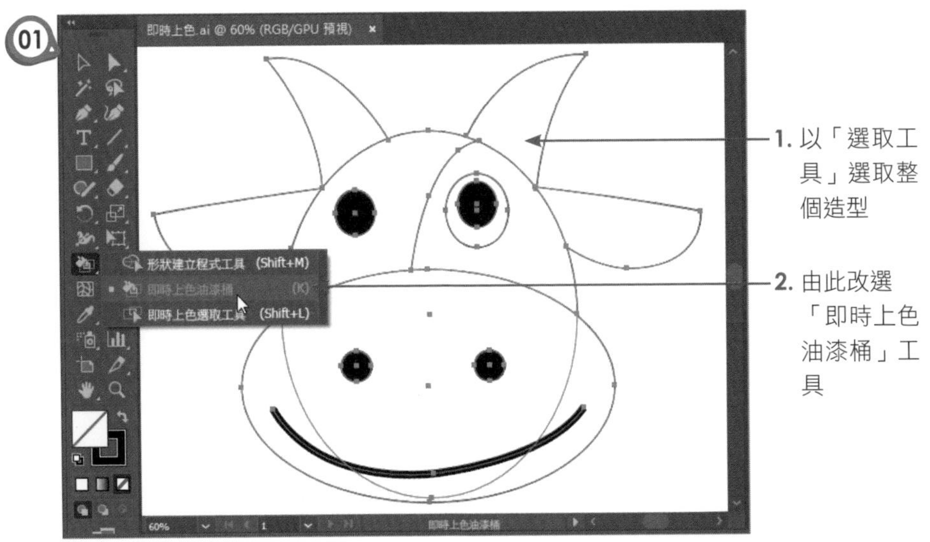

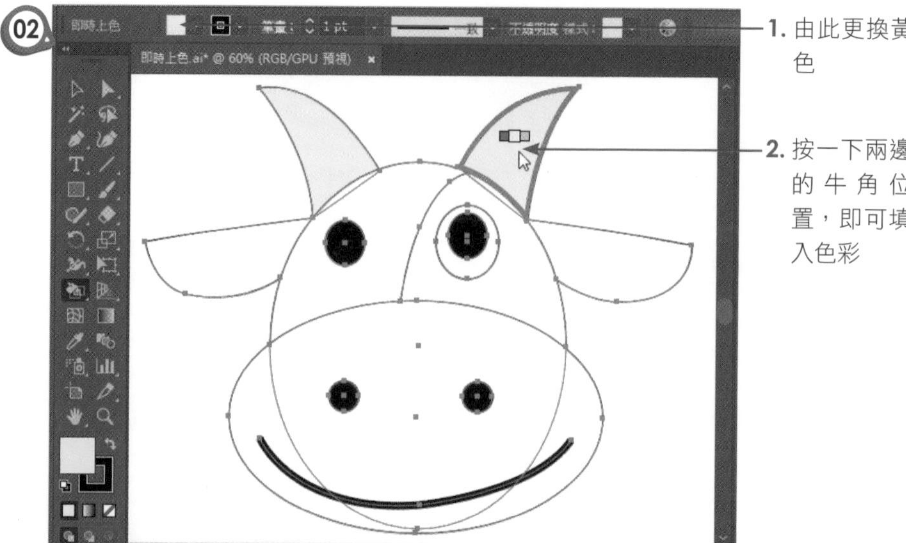
02
即時上色
筆畫
1 pt
不透明度
樣式
即時上色.ai* @ 60% (RGB/GPU 預視)
60%
即時上色油漆桶
1. 由此更換黃色
2. 按一下兩邊的牛角位置，即可填入色彩

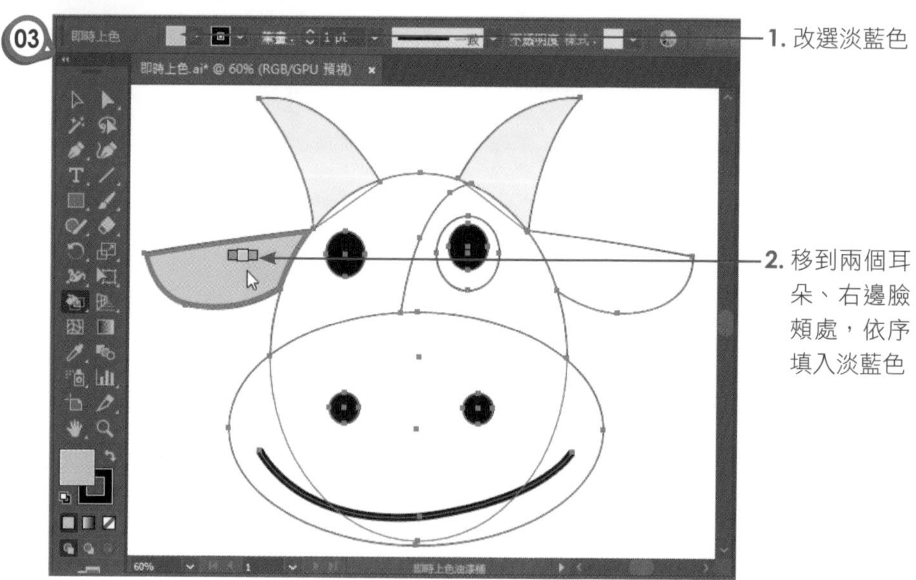
03
即時上色
筆畫
1 pt
不透明度
樣式
即時上色.ai* @ 60% (RGB/GPU 預視)
60%
即時上色油漆桶
1. 改選淡藍色
2. 移到兩個耳朵、右邊臉頰處，依序填入淡藍色

04

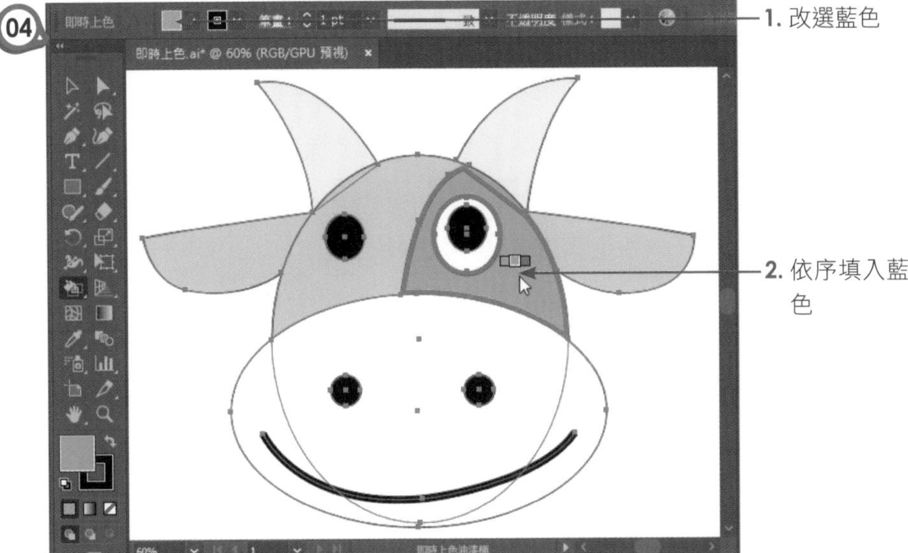

1. 改選藍色

2. 依序填入藍色

05

取消選取時，即可看到完整的填色效果

課後習題

【實作題】

1. 請說明在「顏色」面板上看到 和 這兩個圖示是代表什麼意思？
2. 請說明 Illustrator 中所提供的漸層方式有哪三種？
3. 請簡要說明如何透過 Illustrator 的色彩工具來完成如下圖形的上彩？

   來源檔案：玩偶輪廓線 .ai

   完成檔案：玩偶 OK.ai

   提示：

   (1) 先為玩偶分別填上單色。

   (2) 選取圖形後（除了眼睛與尾巴除外），執行「物件 / 建立漸層網格」指令，即可快速為玩偶加入單一顏色漸層到白色的填色效果。

   (3) 尾巴是點選「網格工具」來進行其他色彩的加入。

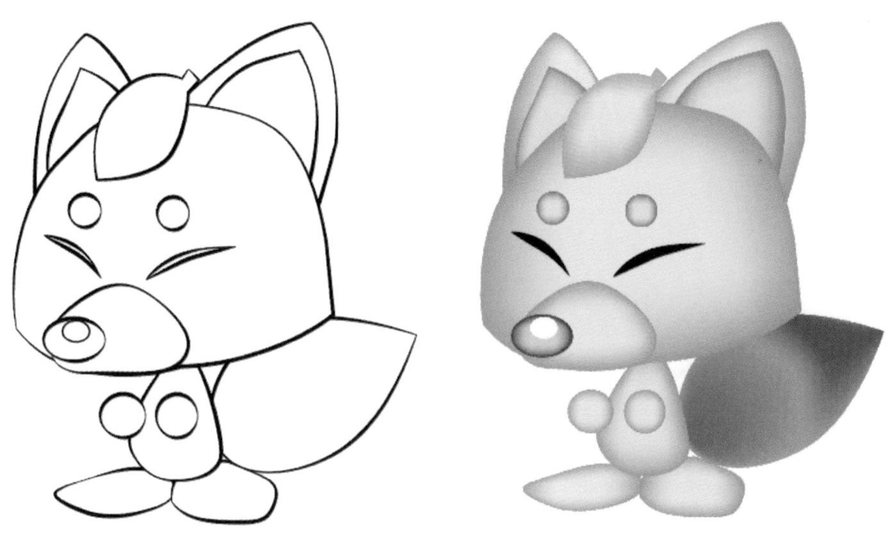

實作應用－禮盒包裝

9-1 繪製圖樣基本形

9-2 將基本形建立成圖樣

9-3 製作包裝禮盒

9-4 加入裝飾彩帶

Illustrator

在此實作應用中我們將運用圖樣製作的功能，來完成如下的包裝禮盒繪製。完成畫面如右：

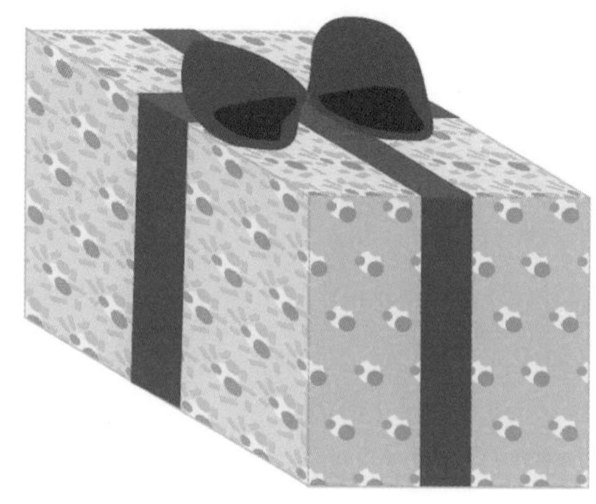

9-1 繪製圖樣基本形

首先請各位新增一個寬 960 高 560 像素的空白文件，我們要在此文件上繪製一個包裝紙的基本圖案。

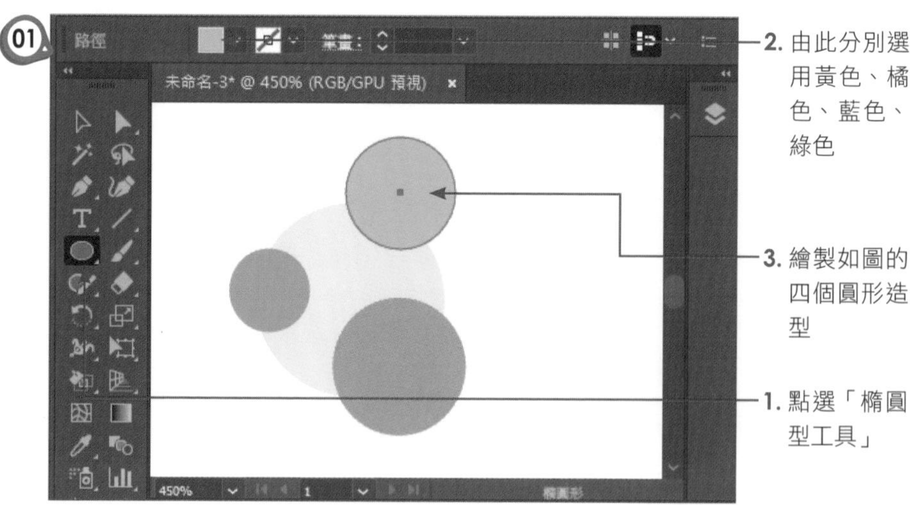

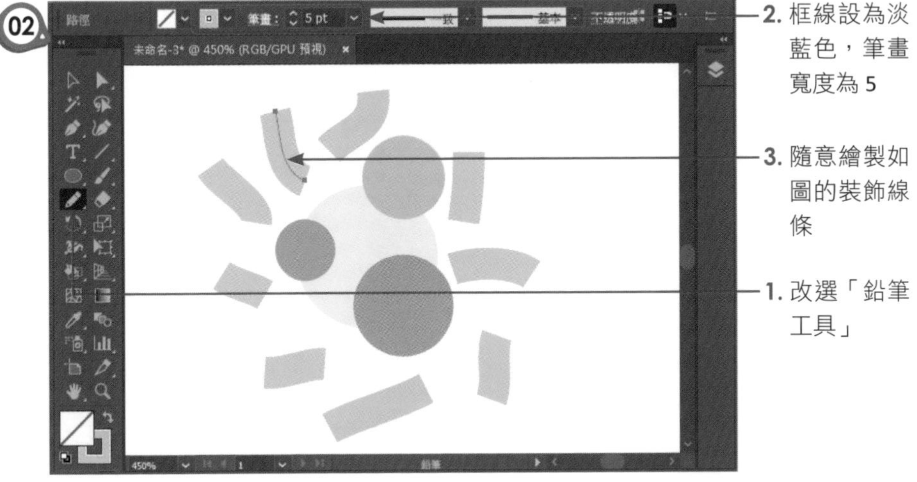

特別注意的是，基本造型的比例不可太大，否則包裝紙製作出來的效果不佳喔！

9-2 將基本形建立成圖樣

基本造型確立後，接著利用「物件 / 圖樣 / 製作」指令，將基本形轉變成 Illustrator 的圖樣。

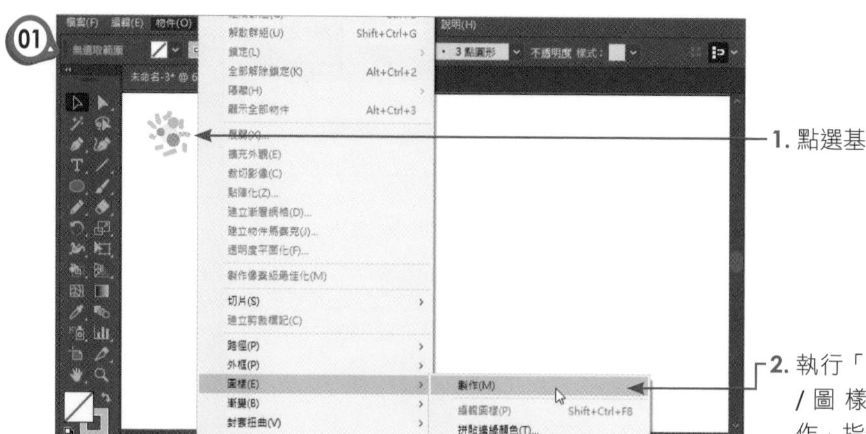

1. 點選基本形

2. 執行「物件 / 圖樣 / 製作」指令

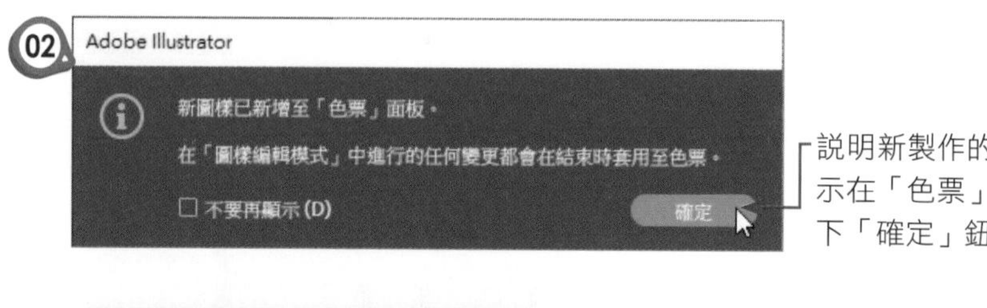

說明新製作的圖樣將會顯示在「色票」面板中，按下「確定」鈕離開

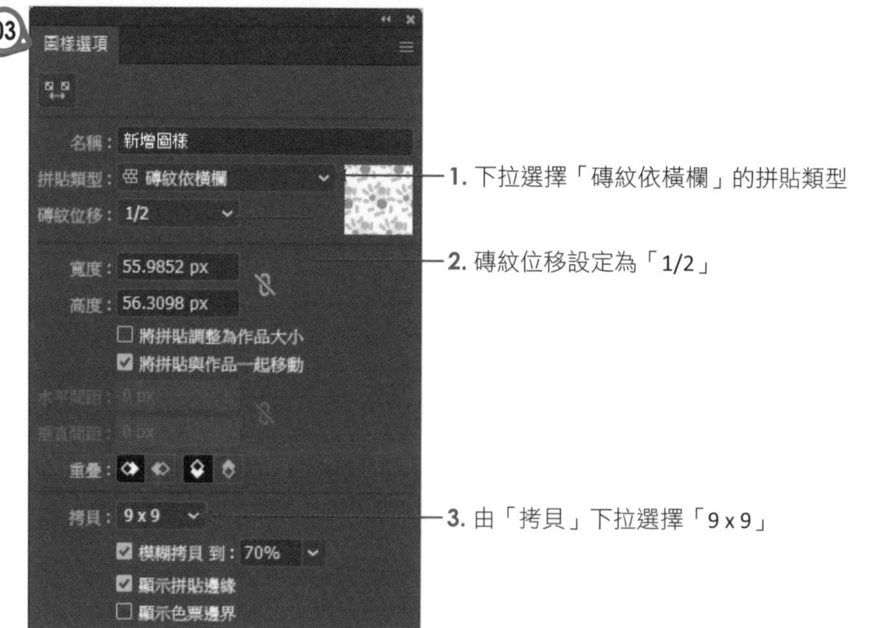

1. 下拉選擇「磚紋依橫欄」的拼貼類型

2. 磚紋位移設定為「1/2」

3. 由「拷貝」下拉選擇「9 x 9」

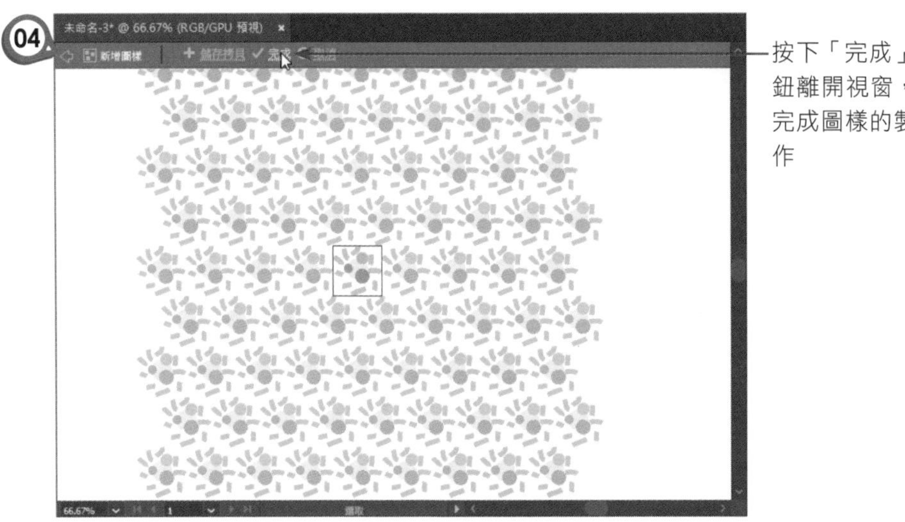

9-3 製作包裝禮盒

完成剛剛的動作後，「色票」面板中就會看到我們新製作的圖樣，現在要利用此圖樣來完成三面的立體包裝盒。製作方式如下：

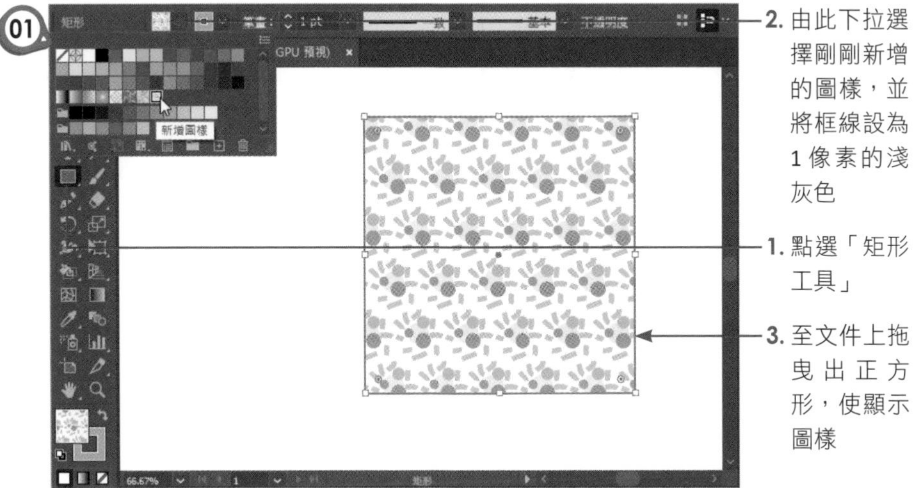

02
傾斜
傾斜角度 (S):
30°
座標軸
水平 (H)
垂直 (V)
角度 (A):
90°
選項
變形物件 (O)
變形圖樣 (T)
預視 (P)
拷貝 (C)
確定
取消
1. 執行「物件 / 變形 / 傾斜」指令，使進入此視窗
3. 傾斜角度設為「30%」
2. 選擇「垂直」座標軸
4. 勾選「變形物件」和「變形圖樣」
5. 按下「拷貝」鈕

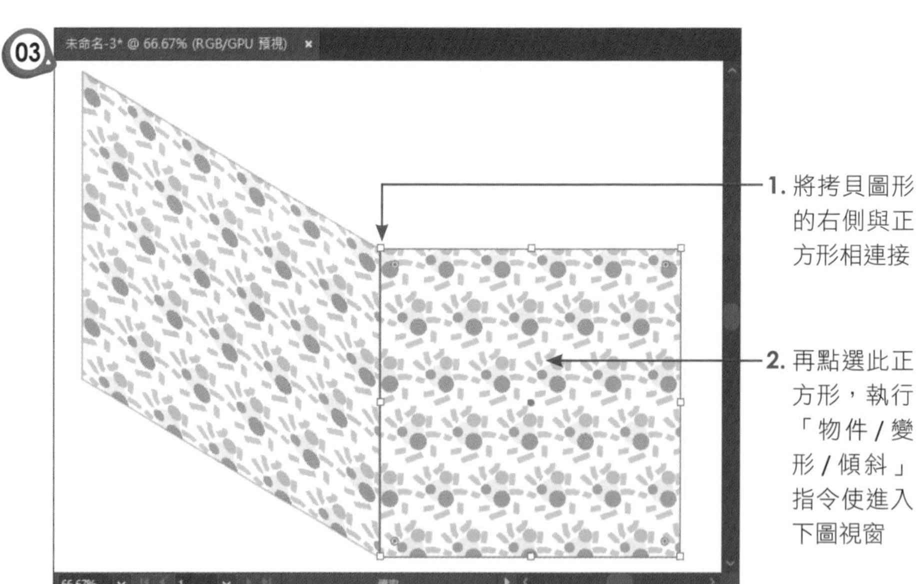
03
未命名-3* @ 66.67% (RGB/GPU 預視)
1. 將拷貝圖形的右側與正方形相連接
2. 再點選此正方形，執行「物件 / 變形 / 傾斜」指令使進入下圖視窗
66.67%
1
選取

04

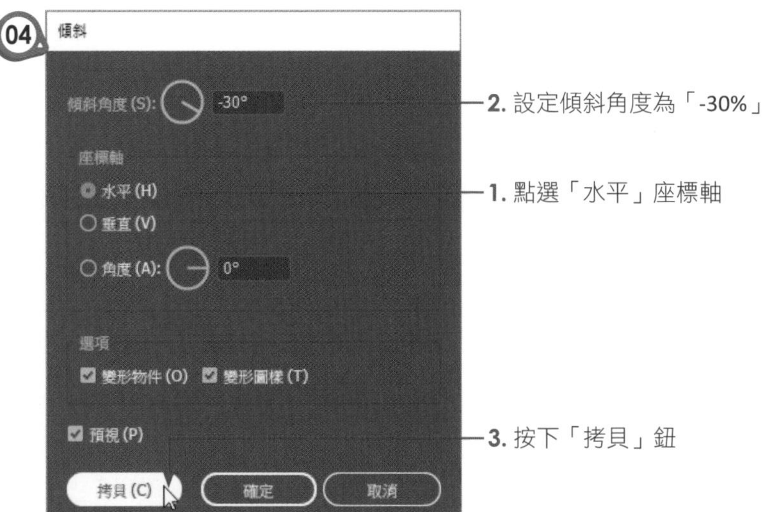

2. 設定傾斜角度為「-30%」

1. 點選「水平」座標軸

3. 按下「拷貝」鈕

05

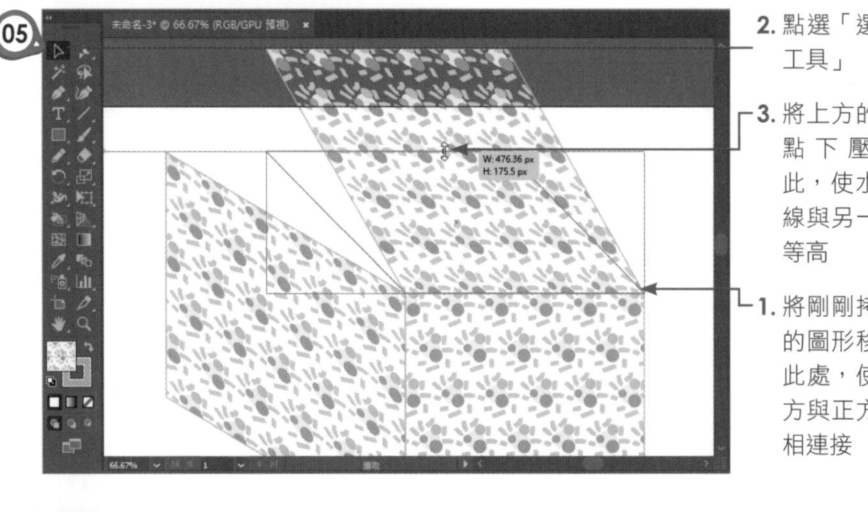

2. 點選「選取工具」

3. 將上方的錨點下壓至此，使水平線與另一面等高

1. 將剛剛拷貝的圖形移到此處，使下方與正方形相連接

06

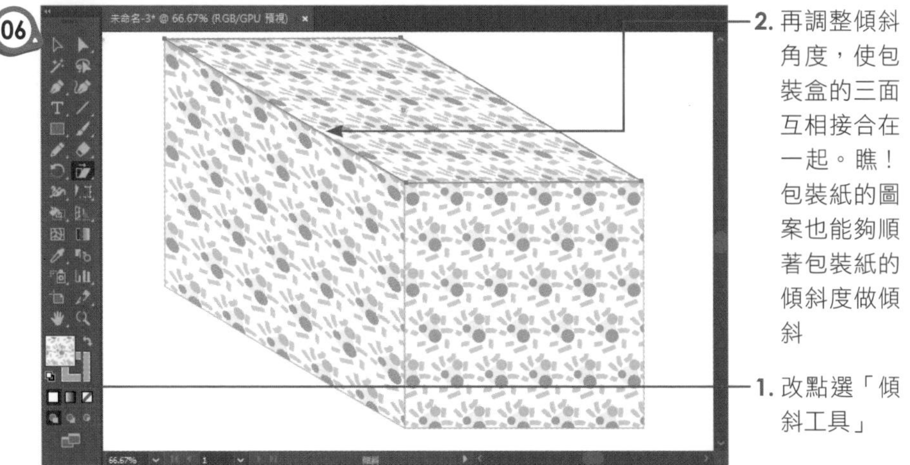

2. 再調整傾斜角度，使包裝盒的三面互相接合在一起。瞧！包裝紙的圖案也能夠順著包裝紙的傾斜度做傾斜

1. 改點選「傾斜工具」

為了讓包裝盒的立體效果更加強，這裡要將三面物件複製一份，再將下層的物件利用色彩作出立體的色差。方式如下：

1. 同時點選此三個物件

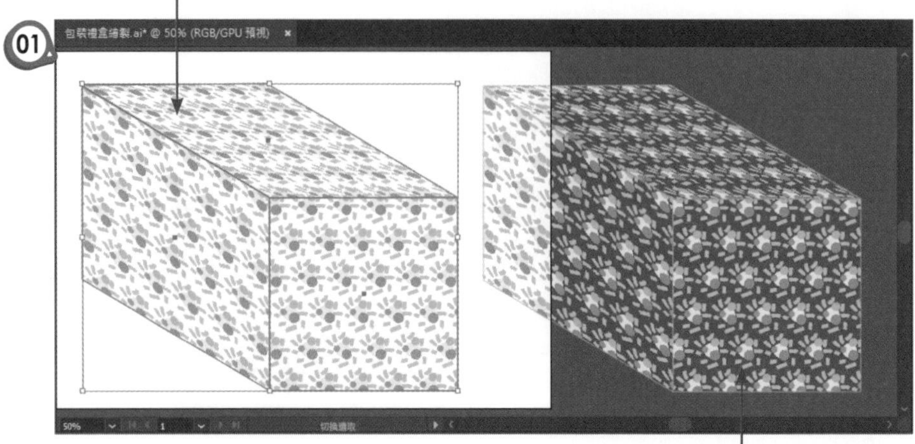

2. 加按「**Alt**」鍵拖曳物件到此，即可複製造形

2. 由「控制」面板分別設定綠色、黃綠色、黃色，框線設為無，使填入三個造形中

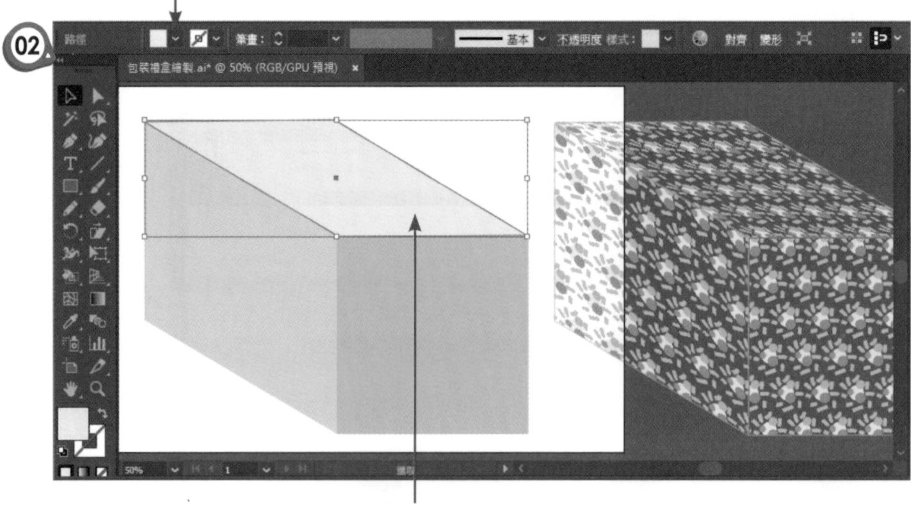

1. 分別點選物件

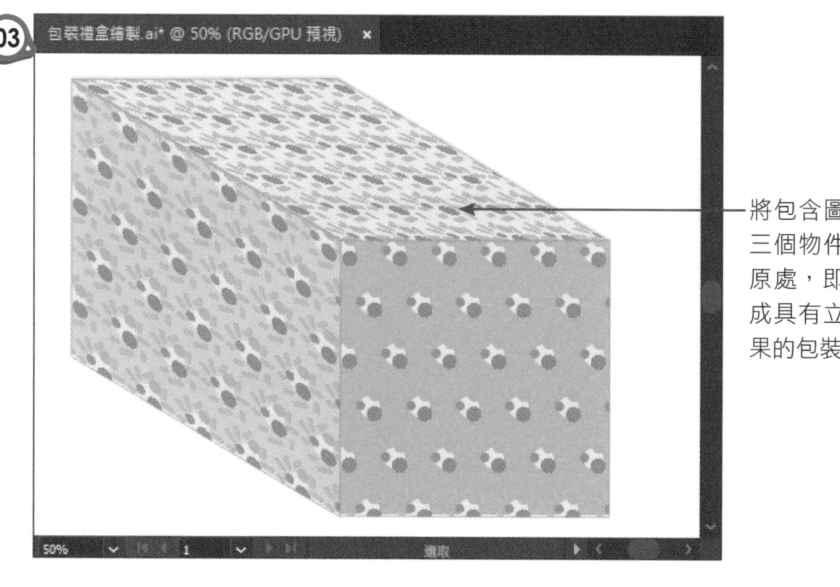

9-4 加入裝飾彩帶

製作出包裝紙把禮物包裝起來的效果後，接著就是製作彩帶，以便把禮物綁起來。

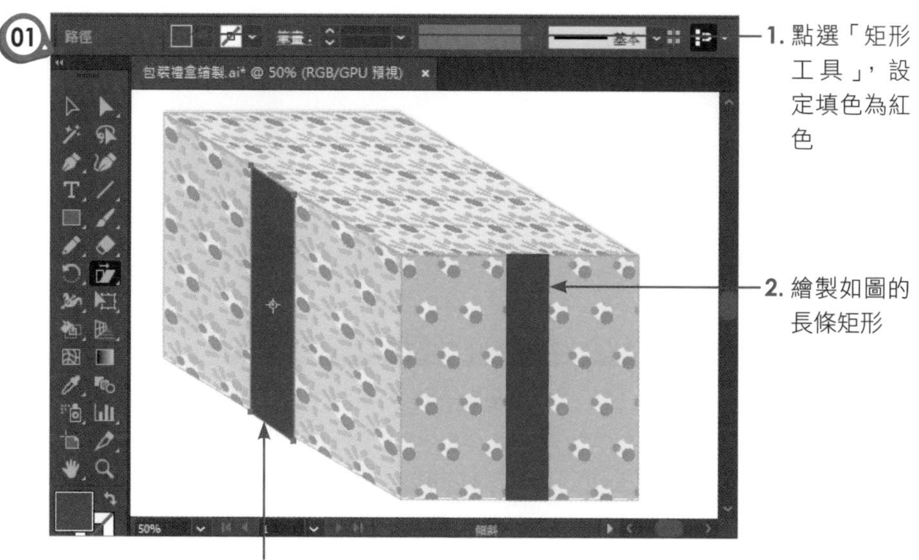

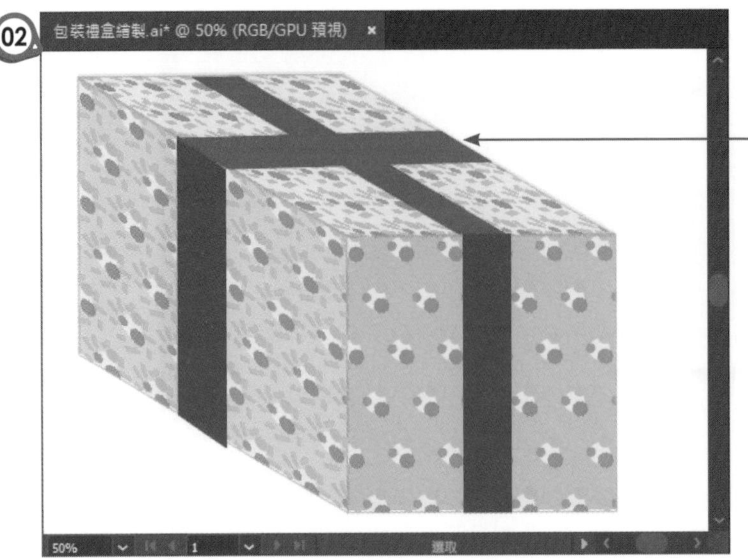

變更為較淺的紅色調，以同樣方式製作長條矩形，再作傾斜設定（也可以使用「鋼筆工具」來繪製路徑）

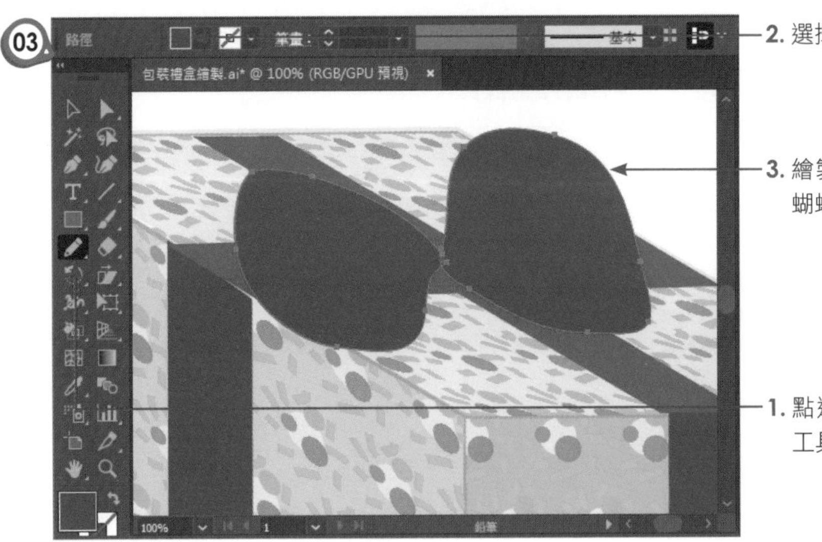

2. 選擇紅色

3. 繪製如圖的蝴蝶結造形

1. 點選「鉛筆工具」

04

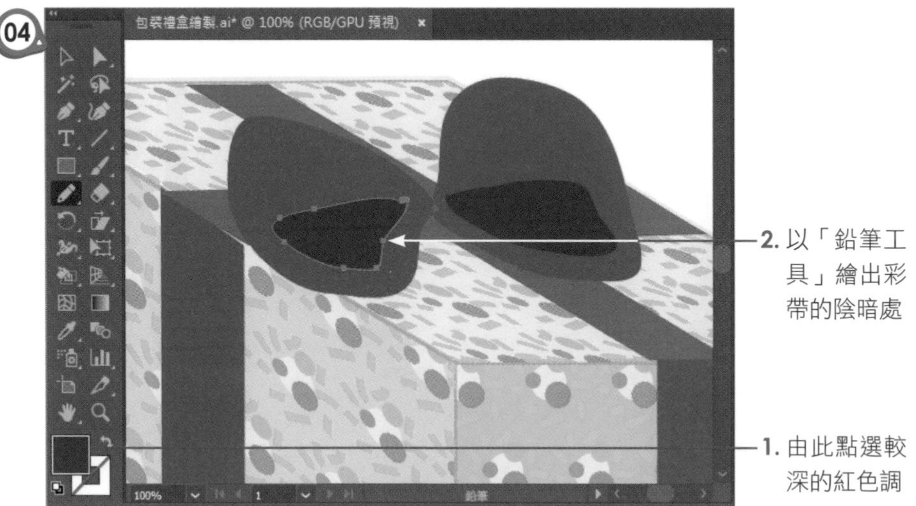

2. 以「鉛筆工具」繪出彩帶的陰暗處

1. 由此點選較深的紅色調

05

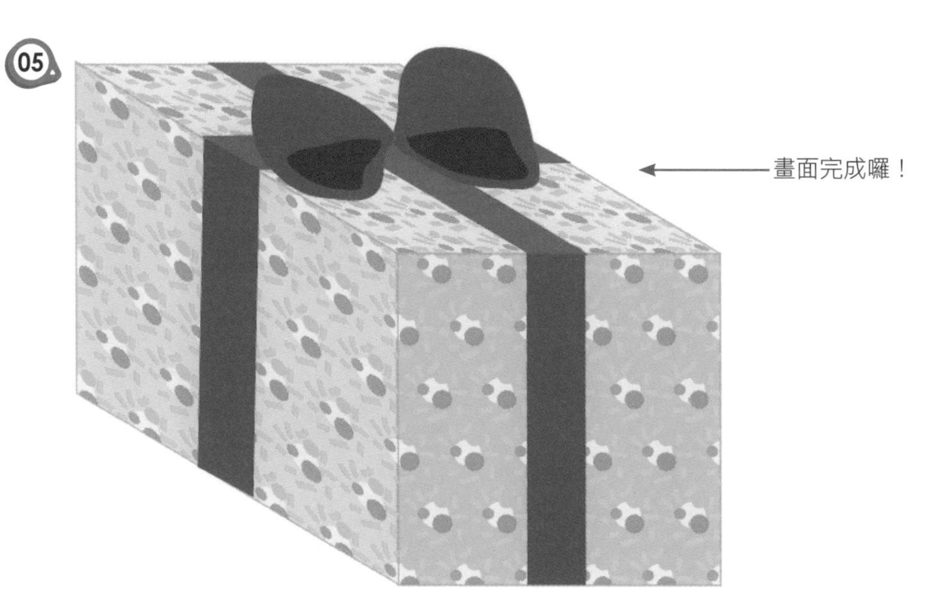

畫面完成囉！

課後習題

【實作題】

1. 請將所提供的兩個基本形，運用「圖樣」功能，設計出種不同的排列效果（圖形大小及位置可自行調整）。

   來源檔案：包裝紙設計 .ai

提示：

(1) 自行排列出圖形後，執行「物件 / 圖樣 / 製作」指令，再設定所要的拼貼類型和位移值。

完成檔案：包裝紙設計 ok.ai

基本形

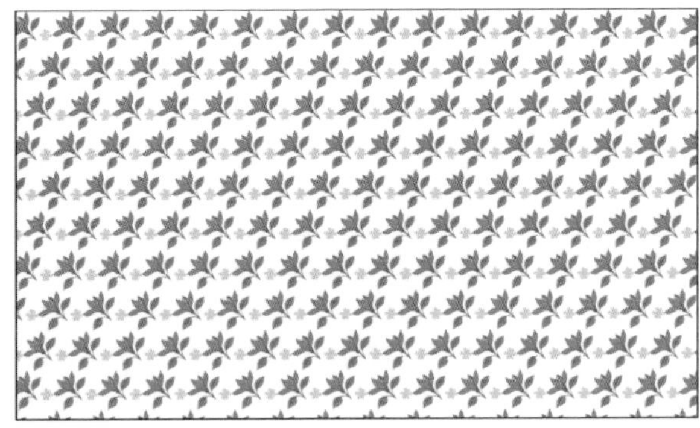

組合效果

基本形

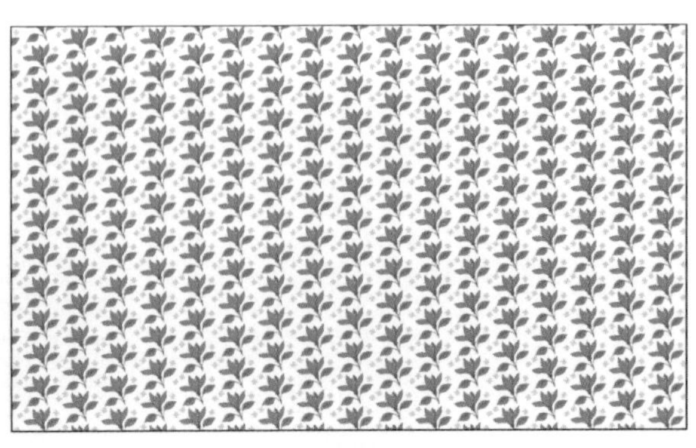

組合效果

2. 請利用「物件 / 建立漸層網格」指令，將「玩具手機 .ai」插圖，完成如下的漸層效果。

完成檔案：玩具手機 ok.ai

提示：

(1) 分別點選物件，執行「物件 / 建立漸層網格」指令，再設定所要的橫欄或直欄的數目。

MEMO

文字的樣式設定

Illustrator

文字在廣告文宣中佔有舉足輕重的地位，任何產品的優點都得告文字來說明或強調，因此此處要來好好的研究它。本章中將學到文字的各種建立方式，同時學習字元或段落文字的設定、文字的變形、文字特效等功能，讓各位輕鬆駕馭文字效果的設定。

10-1 文字建立方式

要在 Illustrator 中建立文字，你有如下幾種工具可以選用，不管是直排文字、橫排文字、路徑文字、區域中的文字，都可以在工具鈕中選用。

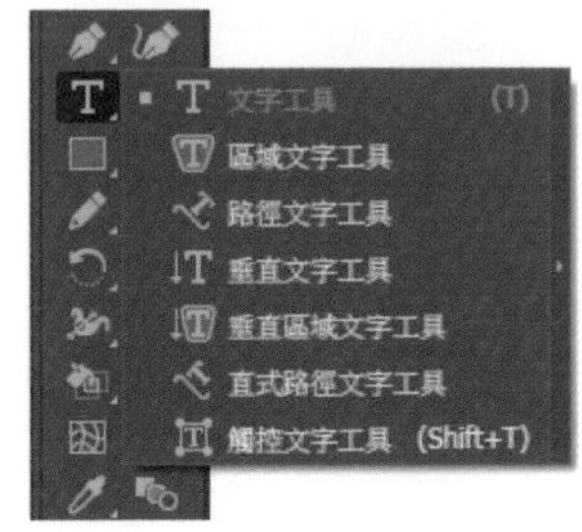

10-1-1 建立標題文字

想要在文件中加入直排或橫排的標題文字，只要點選「文字工具」 或「垂直文字工具」，再到文件上按下左鍵，即可輸入標題文字。

利用此方式建立文字時，若沒有按下「Enter」鍵換行，文字將會繼續延伸下去喔！

10-1-2 建立段落文字

如果要在特定的範圍內建立文字，可以先用滑鼠拖曳出文字的區域範圍，再於輸入點中輸入所需的文字，而文字到了邊界時就會自動換行。

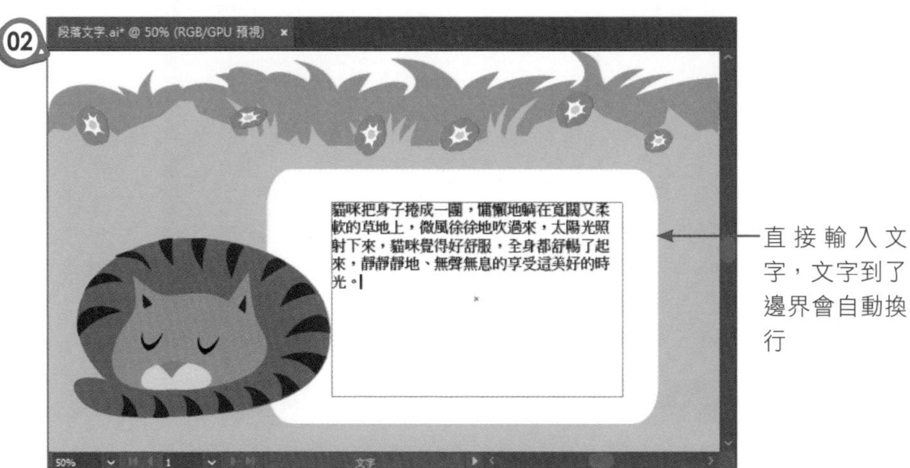

以此方式建立的段落文字，只要拖曳邊框的控制點，文字內容就會重新排列，以順應邊框的大小，如圖示。

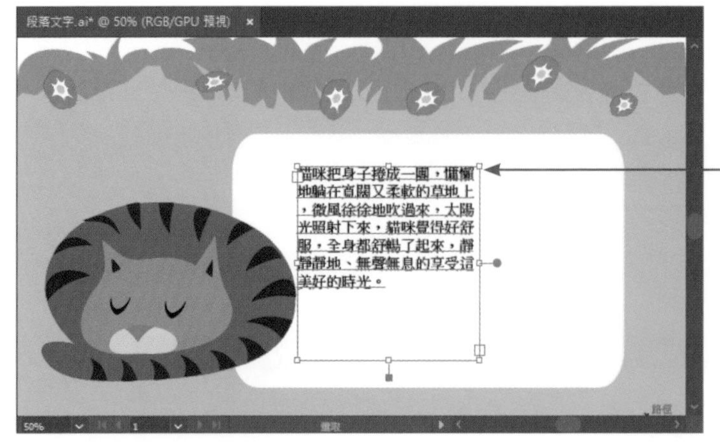

10-1-3 建立區域文字

如果想將段落文字放在特殊的路徑中，可以選用「區域文字工具」或「垂直區域文字工具」來處理，只要選用工具後再點選一下路徑，輸入的文字就會在路徑之中。

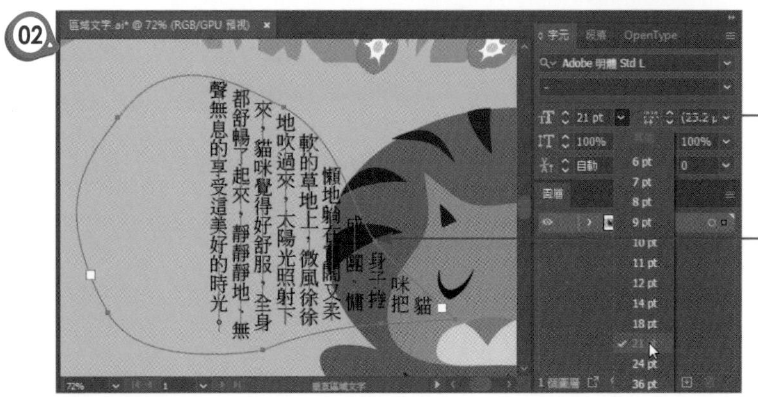

10-1-4 建立路徑文字

除了區域範圍內可放置文字內容，也可以將文字放在特定的路徑中，只要選用「路徑文字工具」或「直式路徑文字工具」就可辦到。

1. 點選「路徑文字工具」

2. 按一下此路徑，使出現文字輸入點

輸入或貼入文字，即可看到文字延著路徑排列

萬一文字內容與路徑的長度沒有配合好，想要重新調整路徑的長度，可利用「直接選取工具」調整錨點的位置。

10-2 文字設定

文字建立後，各位可以透過「控制」面板來調整文字顏色或框線色彩，也可以利用「視窗 / 文字 / 字元」和「視窗 / 文字 / 段落」指令開啟「字元」面板與「段落」面板來使用。此處就針對這三部分來做說明。

10-2-1 以「控制」面板設定文字

控制面板上所提供的功能按鈕如下：

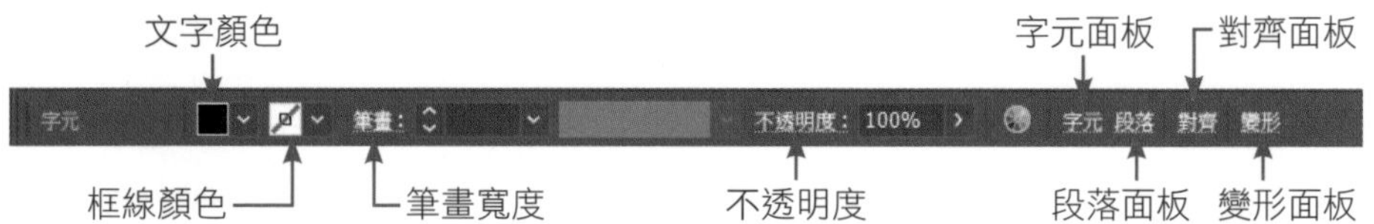

直接按在「字元」、「段落」「對齊」、或「變形」等文字上可開啟該面板。另外，也可以在「控制」面板上加入筆畫色彩和寬度，對於標題字的設定，也有加強的效果喔！

02
白色
Illustrator的
2. 按此色塊，並下拉選擇色彩
1. 選取要加入筆畫的文字區域

03
筆畫寬度
Illustrator的
由此設定筆畫寬度

04
Illustrator的
瞧！文字框線設定完成

如果各位電腦中沒有特殊的字形，又想要讓文字看起來較有份量，也可以考慮將文字的填色與筆畫設為相同的色彩，如圖示：

微軟正黑體，無框線

文字設計

文字設計

微軟正黑體，框線與文字同顏色，筆畫寬度設為「4」

10-2-2 以「字元」面板設定字元

執行「視窗 / 文字 / 字元」指令，或在「控制」面板上按下「字元」，都可以開啟「字元」面板。

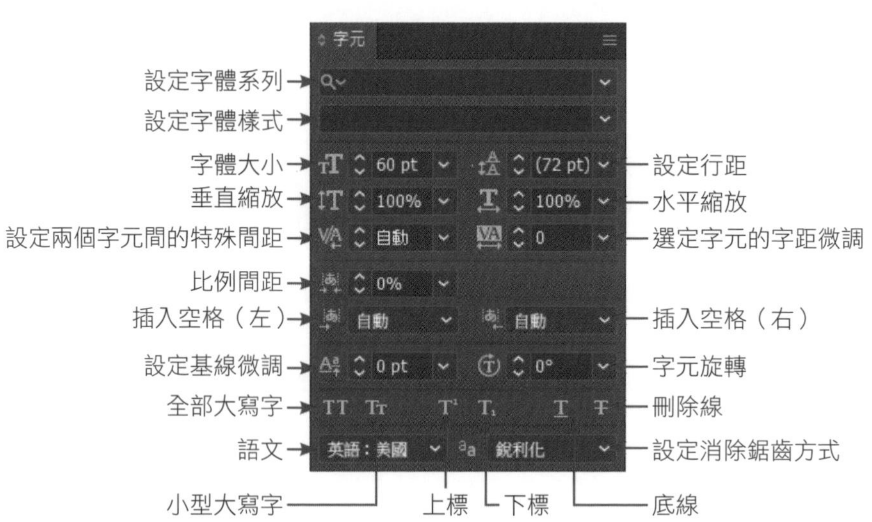

使用時請先用滑鼠將要做字元設定的文字選取起來，再由面板中選擇要設定的字元格式就行了。

這裡我們示範文字的「水平縮放」及「字元旋轉」的效果。對於橫式閱讀的文章來說，些許的水平縮放會比正方體的文字來得容易閱讀，而標題文字加入字元旋轉的效果，也可以增加觀看者的注意力。

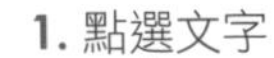

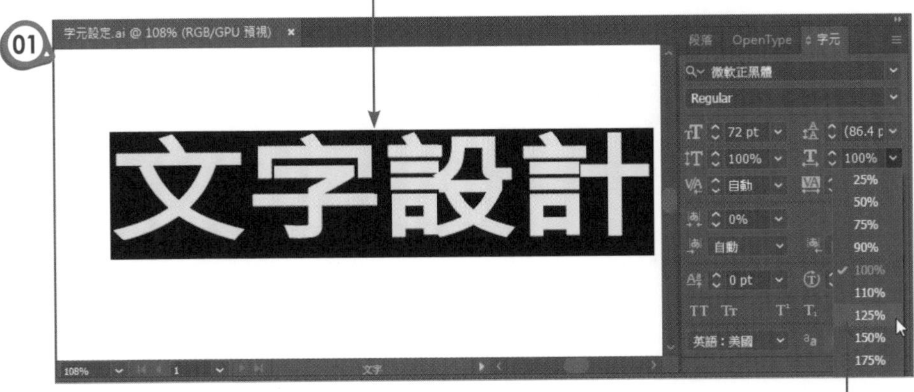

2. 由此下拉設定字元的水平縮放比例

1. 由「控制」面板上按下「字元」鈕

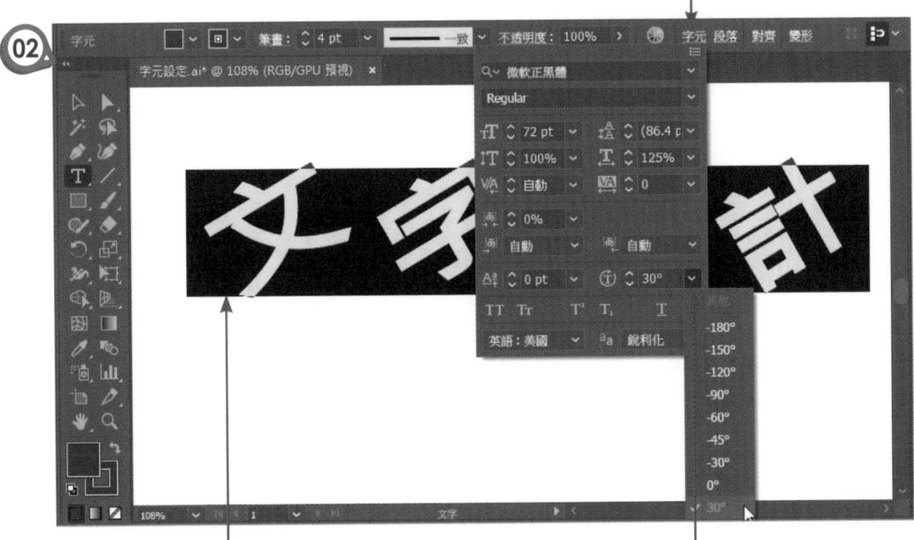

3. 瞧！文字個別旋轉了

2. 按下「字元旋轉」下拉鈕，選擇「30」度

除了「字元」面板提供字元設定外，Illustrator 還提供「字元樣式」面板，此面板的功能和一般的文書處理軟體一樣，對於長篇文章中常用到的字元設定，可利用「字元樣式」面板作新增，屆時只要選取要做設定的文字，即可快速套用。

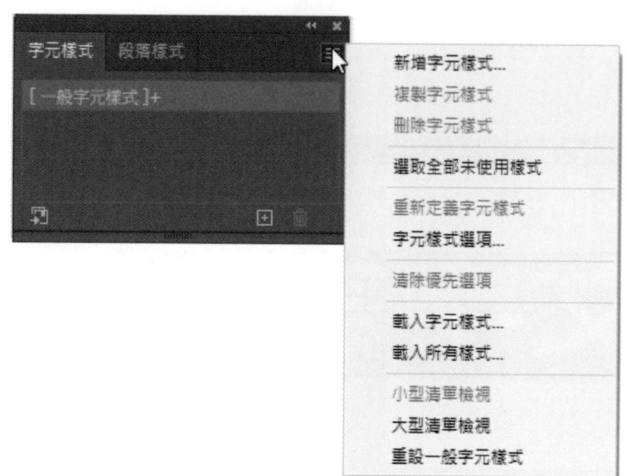

10-2-3 以「段落」面板設定段落

「段落」面板多用在多段的文章中，用以設定文字對齊的方式、段落與段落之間的距離、或是縮排狀態。執行「視窗 / 文字 / 段落」指令，或在「控制」面板上按下「段落」，皆可開啟「段落」面板。

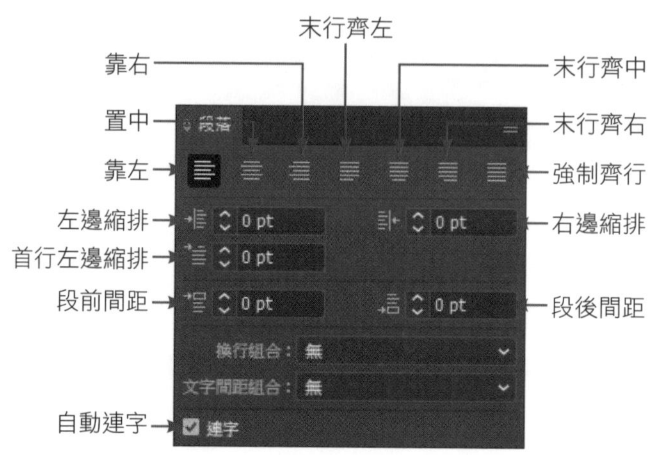

除了「段落」面板提供段落設定外，Illustrator 還提供「段落樣式」面板，此面板的功能和一般的文書處理軟體一樣，對於長篇文章可利用「段落樣式」面板作新增，屆時可快速套用。

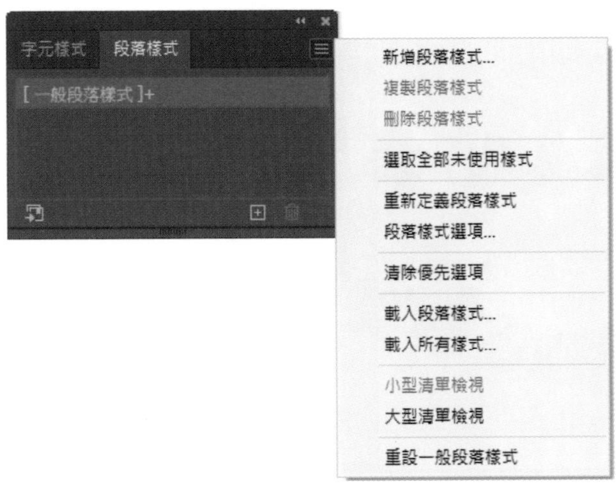

10-3 文字變形處理

文字除了正常的設定文字格式外，也可以將文字作傾斜 / 旋轉的變形處理，或是利用封套 / 網格作變形，甚至是建立成外框，以便做外輪廓的變形。這一小節就針對變形的相關指令做介紹。

10-3-1 文字變形

由「控制」面板上按下「變形」鈕，可在視窗中設定文字的旋轉角度或傾斜角度，另外也可以自行輸入特定的寬度或高度來做壓扁或拉長的變形處理。

「變形」面板中的「旋轉」功能與「字元」面板中的「字元旋轉」功能不同，前者是整排文字做特定角度的旋轉，後者則是個別字元作旋轉。如圖示：

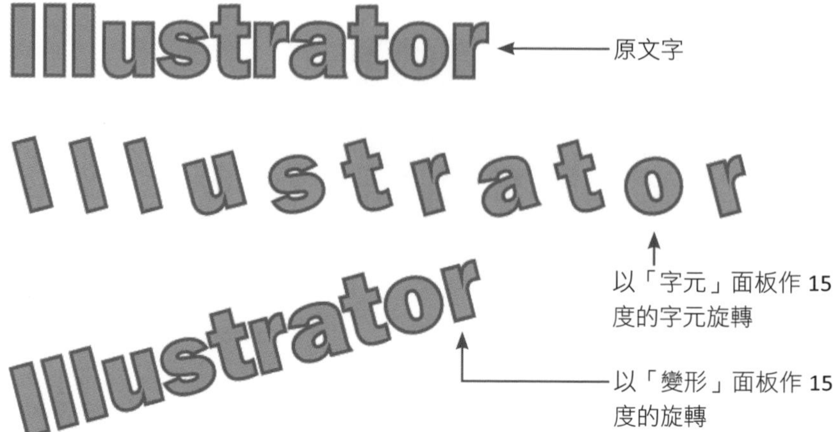

10-3-2 封套扭曲文字

要將文字作彎曲變形，Illustrator 提供兩種方式：一個是利用彎曲的封套製作，另一個是利用網格製作，各位可以透過「控制」面板做選擇。

以彎曲製作

以「選取工具」點選文字後，在「控制」面板上按下 鈕，將會顯現「彎曲選項」視窗，可透過弧形、拱形、凸形、旗形、波形、魚形、魚眼、膨脹、擠壓、螺旋⋯等各種預設樣式，來為文字作水平或垂直方向的扭曲變形。您也可以執行「物件 / 封套扭曲 / 以彎曲製作」指令來開啟「彎曲選項」的視窗喔！

01
2. 按下此鈕
文字
筆畫：
2 pt
一致
不透明度
字元
段落
對齊
變形
彎曲文字.ai @ 150% (RGB/GPU 預視)
Illustrator
150%
1
選取
1. 以「選取工具」選取文字

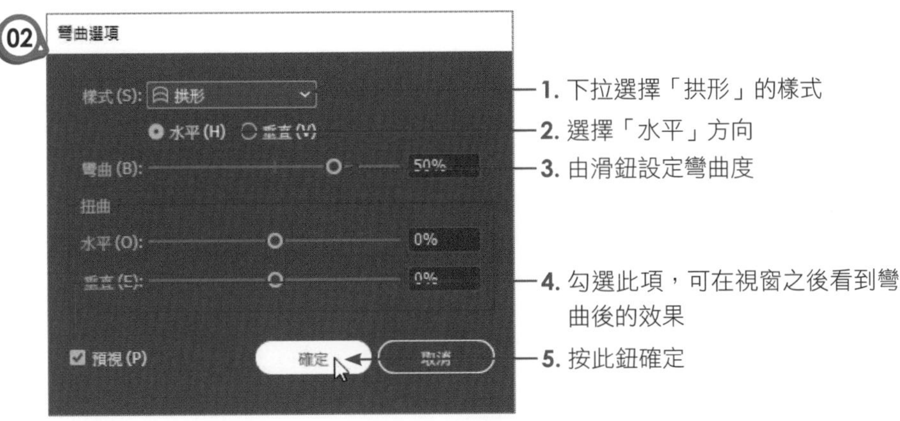
02
彎曲選項
樣式 (S):
拱形
水平 (H)
垂直 (V)
彎曲 (B):
50%
扭曲
水平 (O):
0%
垂直 (E):
0%
預視 (P)
確定
取消
1. 下拉選擇「拱形」的樣式
2. 選擇「水平」方向
3. 由滑鈕設定彎曲度
4. 勾選此項，可在視窗之後看到彎曲後的效果
5. 按此鈕確定

03
彎曲文字_拱形.ai @ 150% (RGB/GPU 預視)
Illustrator
150%
1
選取
直排文字變拱形了

以網格製作

在「控制」面板的 鈕下拉點選「以網格製作」的選項，將會顯示「封套網格」的視窗，可自行設定直 / 橫欄的網格數，再透過錨點即可變形文字。方式如下：

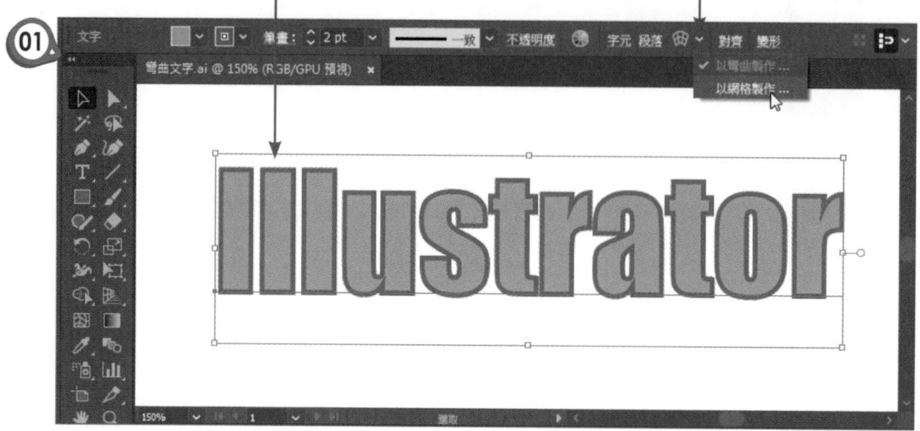

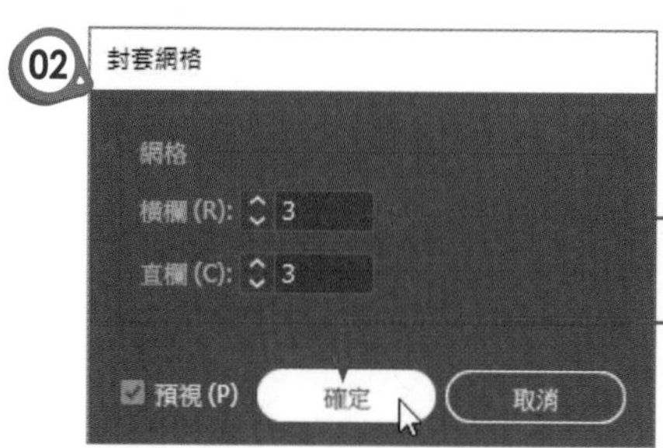

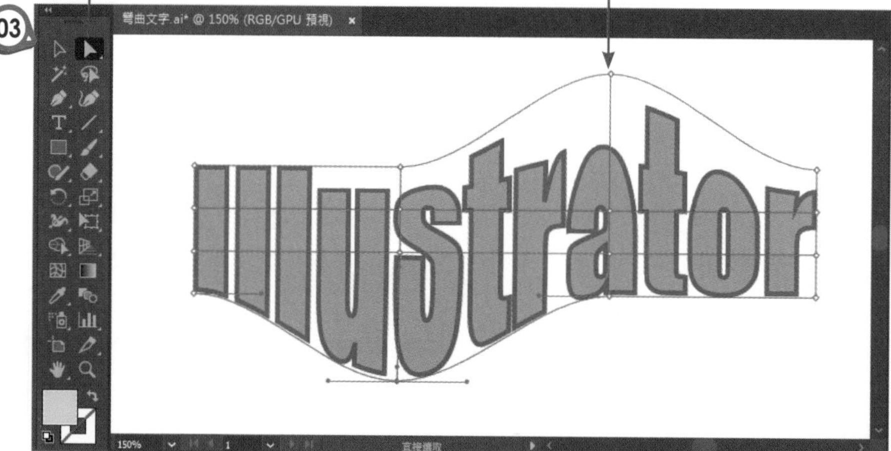

10-3-3 文字建立外框

除了上述利用「控制」面板來做文字的變形外，執行「文字 / 建立外框」指令會將文字轉換成路徑，如此就可以利用「直接選取工具」來變更路徑或錨點位置。

1. 以「選取工具」選取文字　　**2.** 執行「文字 / 建立外框」指令

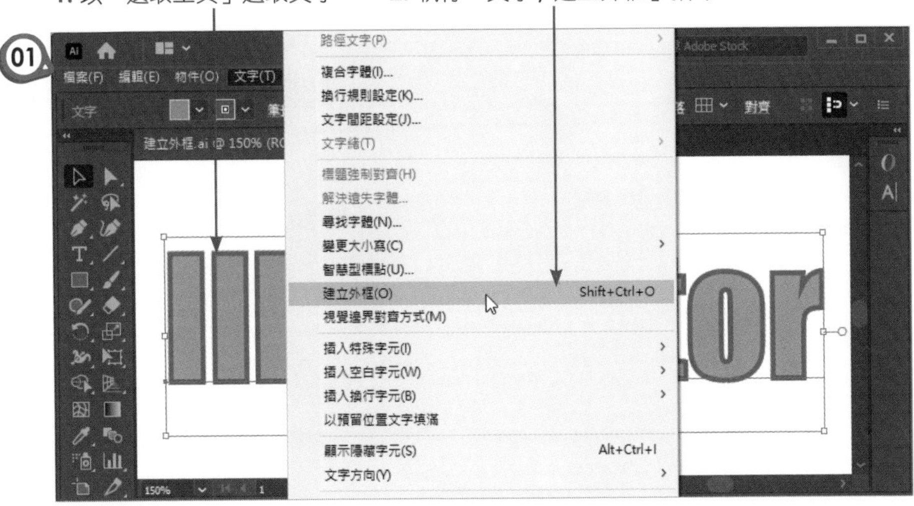

1. 改選「直接選取工具」　　**2.** 拖曳錨點，即可變形文字

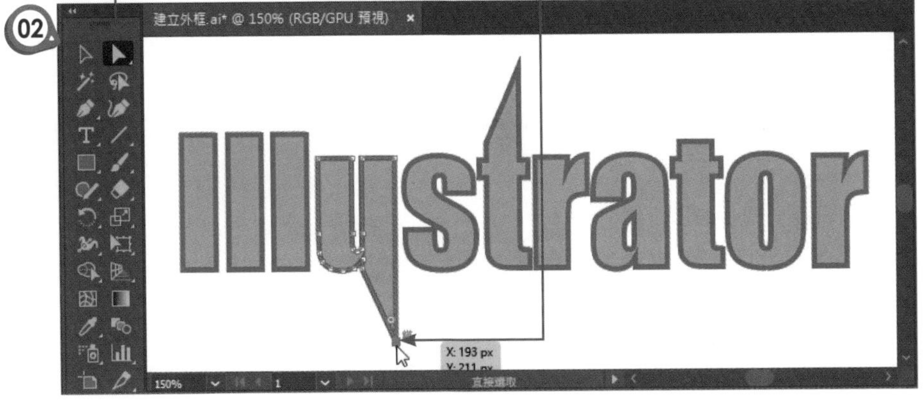

10-4 文字效果

這個小節我們將介紹一些文字效果的處理，以往這些效果都必須利用 3D 程式或繪圖軟體才能做得到的變化，現在 Illustrator 也可以輕鬆作到喔！諸如：3D 文字、外光暈、陰影⋯等。現在就為各位介紹一些效果，其餘的請自行嘗試。

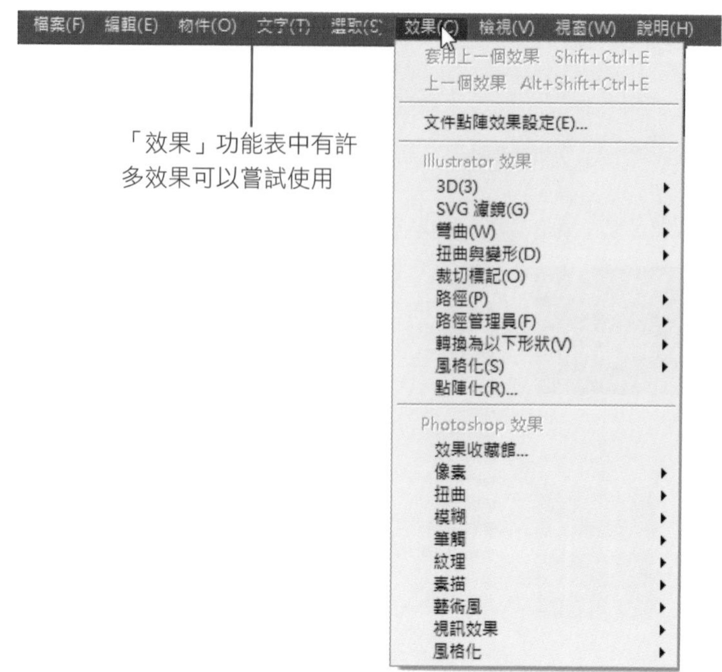

10-4-1 3D 文字

「效果 /3D/ 突出與斜角」功能可將選取的文字變成立體文字。

02

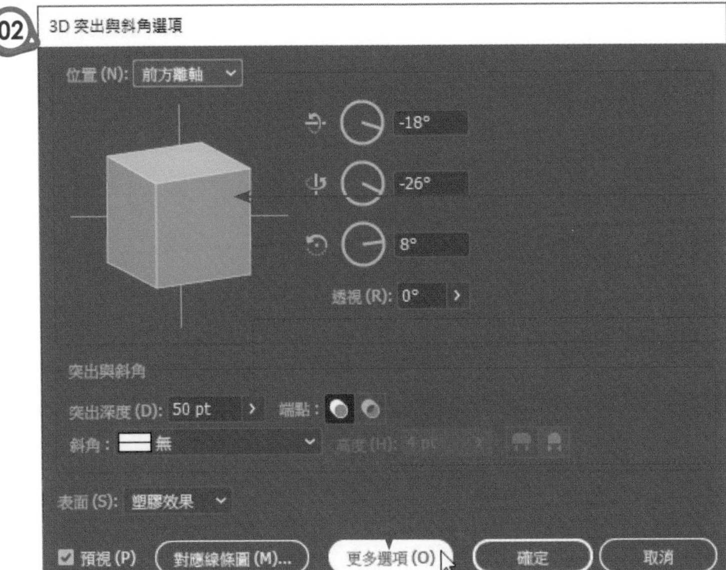

1. 由此可以旋轉文字的角度
2. 由此控制文字的厚度
3. 按「更多選項」鈕可以設定光線的位置

03

1. 拖曳此處可以調整光線照射的位置
2. 設定完成，按「確定」鈕離開

10-4-2 外光暈 / 陰影

「效果 / 風格化 / 外光暈」指令，可透過模式、不透明度、模糊度、色彩的設定，來產生向外的光暈效果。

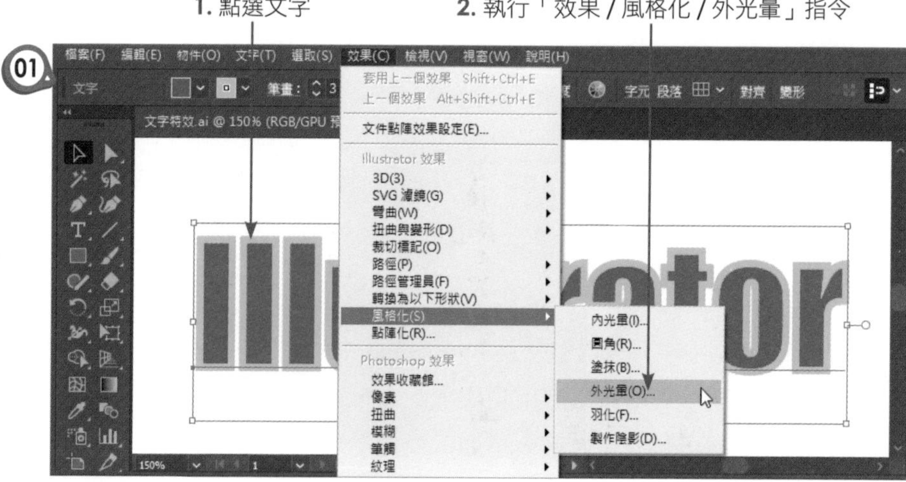

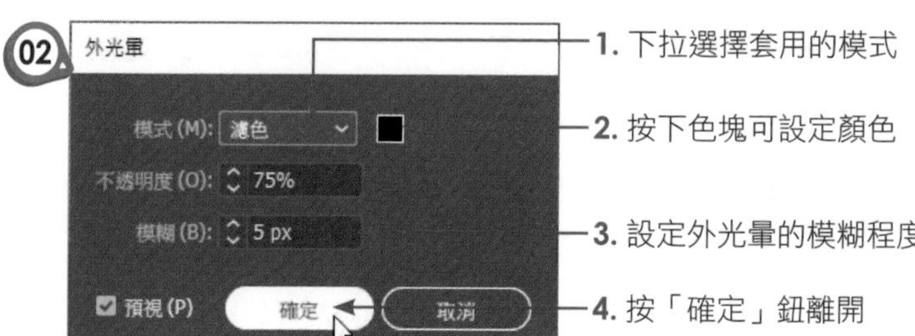

顯示外光暈的效果

如果選擇「效果 / 風格化 / 製作陰影」指令，其設定視窗與效果大致如下：

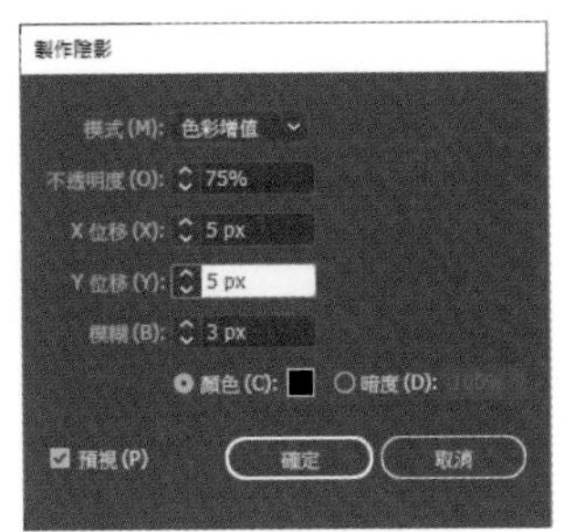

10-4-3 效果收藏館

在 Illustrator 中也可以輕鬆使用 Photoshop 中的特效，「效果」功能表中的「Photoshop 效果」不僅可以應用到點陣圖上，也可以使用在向量圖形或文字上。Photoshop 效果包含了像素、扭曲、模糊、筆觸、紋理、素描、藝術風…等各種的類別，由於功能和 Photoshop 軟體中的「濾鏡」功能相同，使用介面也相同，限於篇幅的關係，這裡僅示範「效果收藏館」的使用技巧，讓特效可以輕鬆加諸在文字上。

1. 點選文字物件　　**2.** 執行「效果 / 效果收藏館」指令使進入下圖視窗

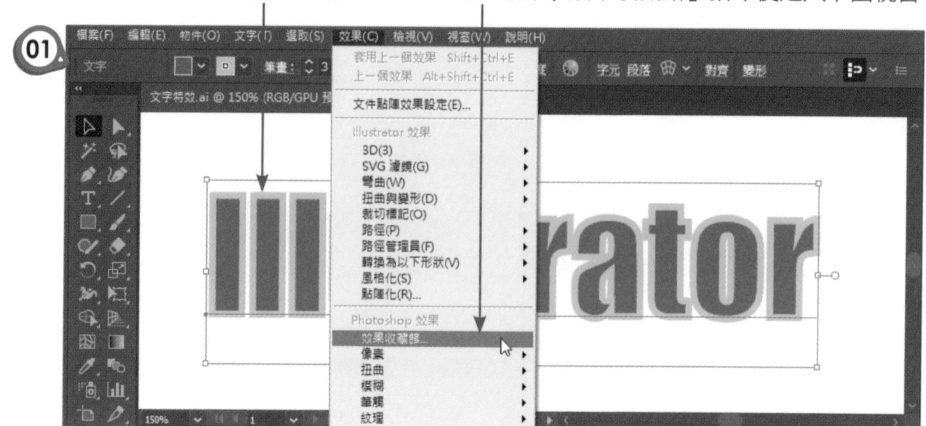

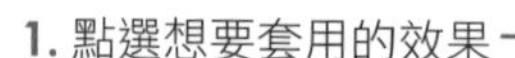

3. 設定完成按下「確定」鈕離開

2. 由此調整效果的屬性

文字加入紋理化的效果了

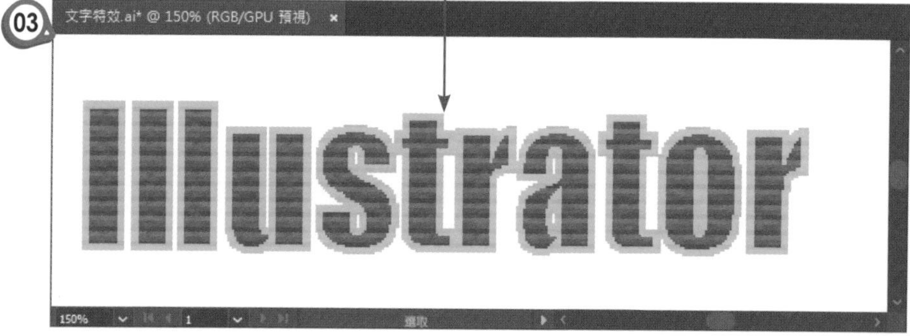

課後習題

【實作題】

1. 開啟「樣式設定練習 .ai」，依照下面的提示步驟，練習利用「段落樣式」面板加入「內文」與「標題」兩種樣式。

   來源檔案：樣式設定練習 .ai

內文：褐色，微軟雅黑體、14 級字，行距 18，首行左邊縮排 30pt

標題：紅色，Adobe 繁黑體 Std B，14 級字，行距 18，段前間距 5，段後間距 5

完成檔案：樣式設定練習 ok.ai

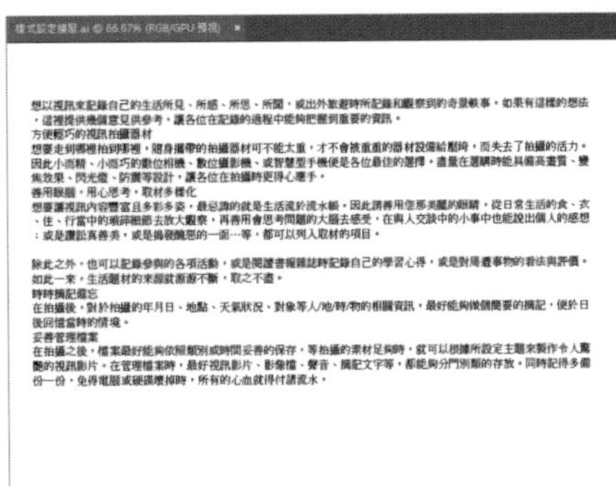

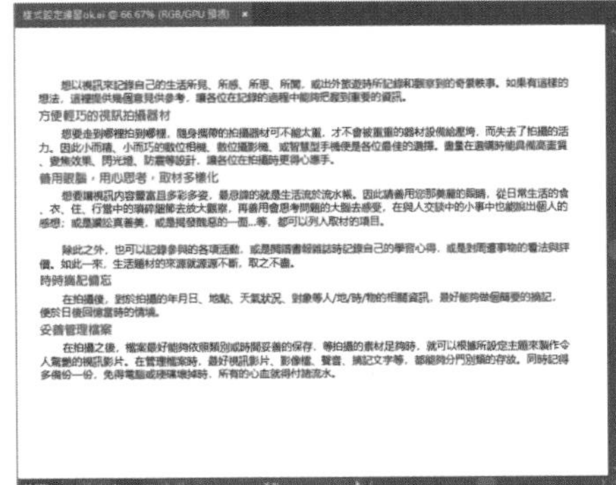

實作步驟：

(1) 選取內文字，由「字元」面板與「段落」面板先設定指定的字體大小與樣式。

(2) 開啟「段落樣式」面板，選取設定好的段落文字，由右側新增段落樣式「內文」，之後直接套用即可。

(3) 選取標題文字，由「字元」面板與「段落」面板先設定指定的字體大小與樣式。

(4) 開啟「段落樣式」面板，選取設定好的段落文字，由右側新增段落樣式「標」，之後直接套用即可。

實作應用－折疊式 DM

11-1 文件的新增與區域設定

11-2 置入插圖與底色

11-3 以文字工具加入文案

11-4 為標題字建立外框

Illustrator

在這個實作應用中，我們將製作一個單面的摺疊式廣告文宣，文宣摺疊起來時會看到右側的「掌中戲」標題與直排的展覽時間 / 地點，若翻開文宣則會看到左側的文字（解說文字與展覽時間地點）與右側的插圖 - 布袋戲人偶。範例中將運用文字「文字工具」和「垂直文字工具」來編排標題與文案，並將標題字建立外框，然後作造型的修正，使變成獨一無二的藝術文字。如圖示：

11-1 文件的新增與區域設定

首先要新增一份 A4 大小的文件，由於是印刷用途，所以必須設定出血的尺寸。加入文件後，請一併設定文件摺疊的參考線位置，設定方式如下：

1. 執行「檔案 / 新增」指令，進入此視窗　2. 點選「列印」標籤　4. 輸入文件名稱

3. 點選「A4」尺寸　5. 選擇橫式方向　6. 出血值設為 3 mm　7. 按下「建立」鈕

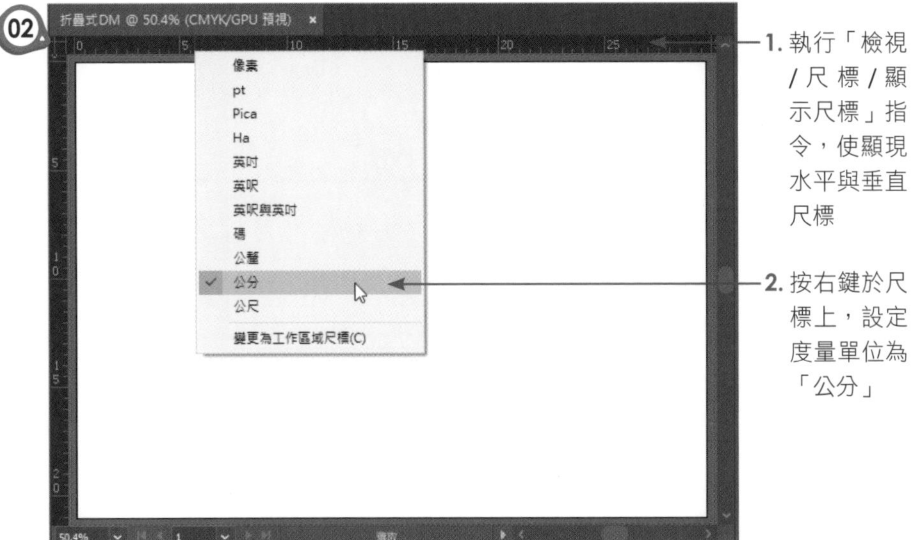

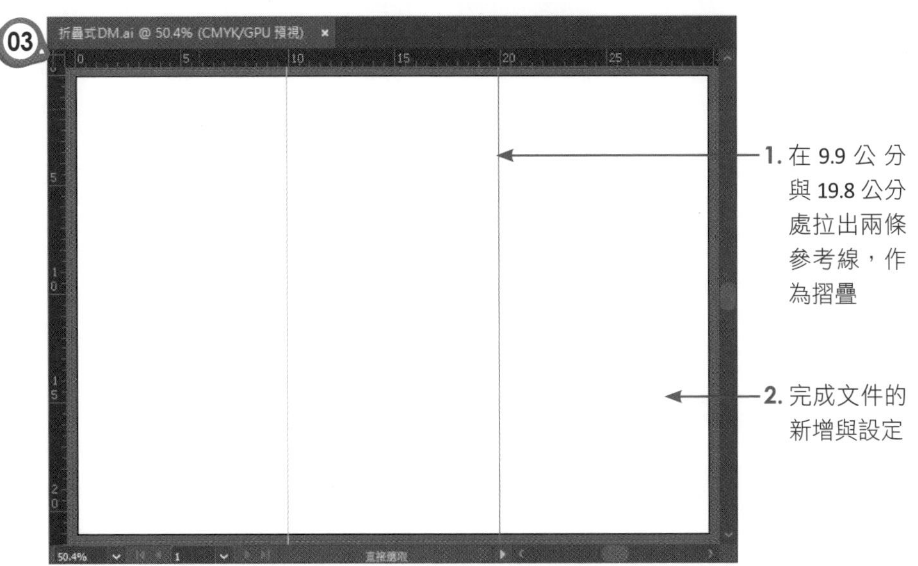

11-2 置入插圖與底色

文件尺寸設定好之後，現在先將要使用的布袋戲圖片，利用「檔案 / 置入」指令插入到文件中編排，同時為其餘區域加入期望的底色。

01

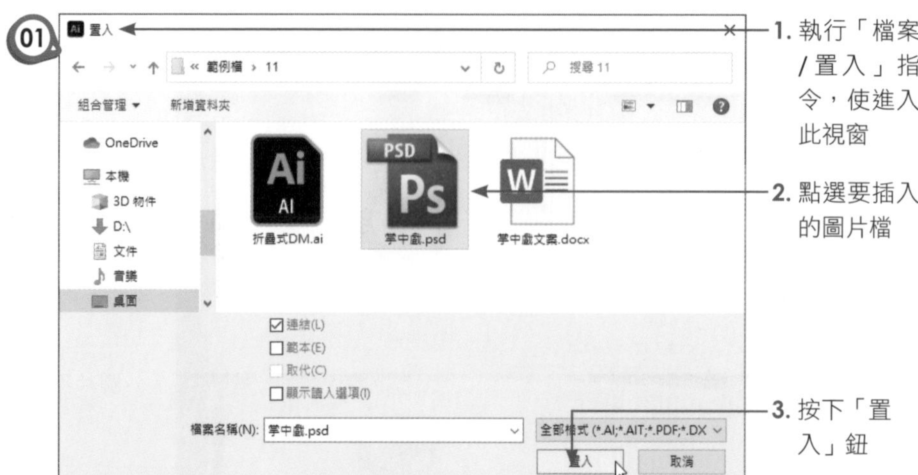

1. 執行「檔案/置入」指令，使進入此視窗
2. 點選要插入的圖片檔
3. 按下「置入」鈕

02

1. 點選「選取工具」
2. 加按「Shift」鍵以等比例縮放圖片，使中間的布袋戲人偶盡量完整地顯示在中間的區域中

03

2. 在期望使用的色彩處按下左鍵，使擷取該顏色
1. 點選「檢色滴管工具」

04

1. 改選「矩形工具」

2. 在左側拖曳出矩形，使剛剛擷取的色彩佈滿整個左側區域

3. 在右側拖曳出矩形，將圖片不足的區域填滿，以作為文字說明的底色

11-3 以文字工具加入文案

圖片位置確定後，接著要加入文案內容。各位可以開啟「掌中戲文案 .doc」檔，裡面已經包含所有的文字內容，只要選取文字後利用「複製」和「貼上」功能，即可貼入 Illustrator 中作編排。

01

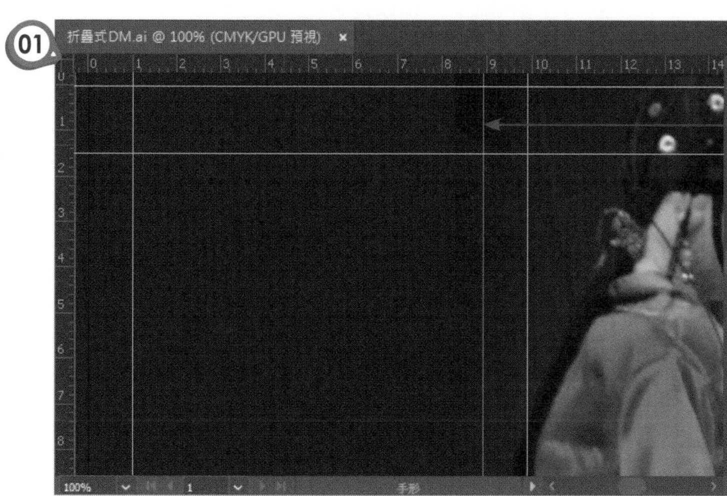

先在左側的摺疊區域中拖曳出左右各 1 公分的距離，上方為 1.5 公分的距離，以作為文字區域放置的範圍

02

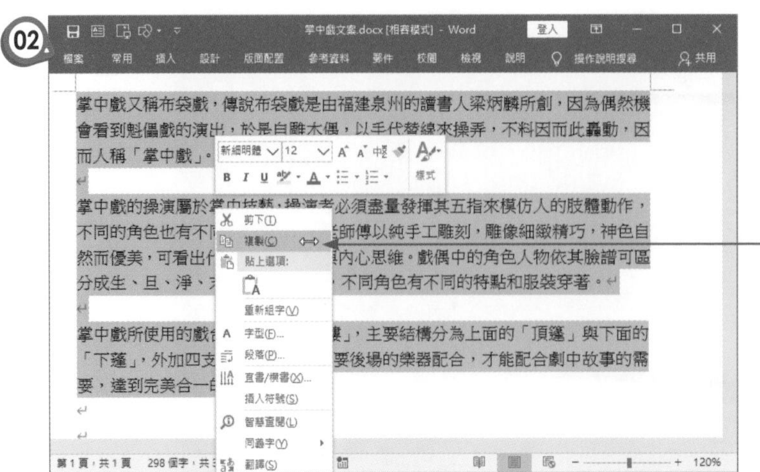

在文件中選取此三段文字，按右鍵執行「複製」指令

03

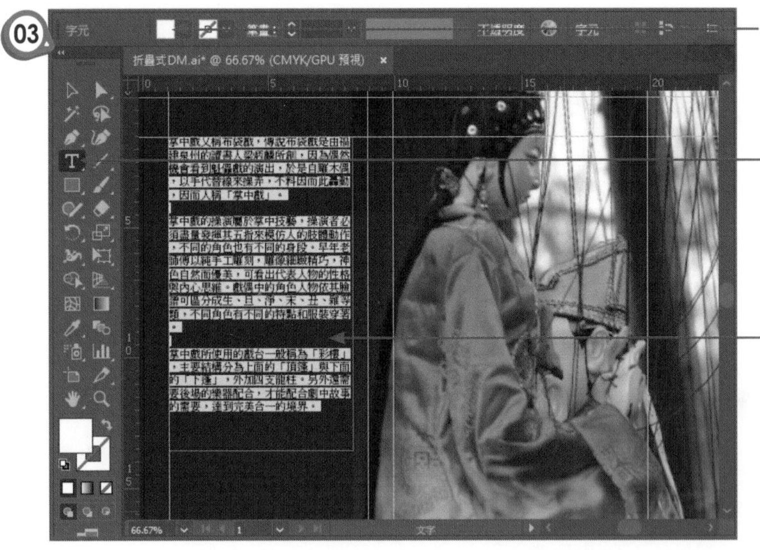

3. 全選文字後，由此更換為白色字

1. 點選「文字工具」，拖曳出文字區域

2. 按「Ctrl」+「V」鍵貼入文案

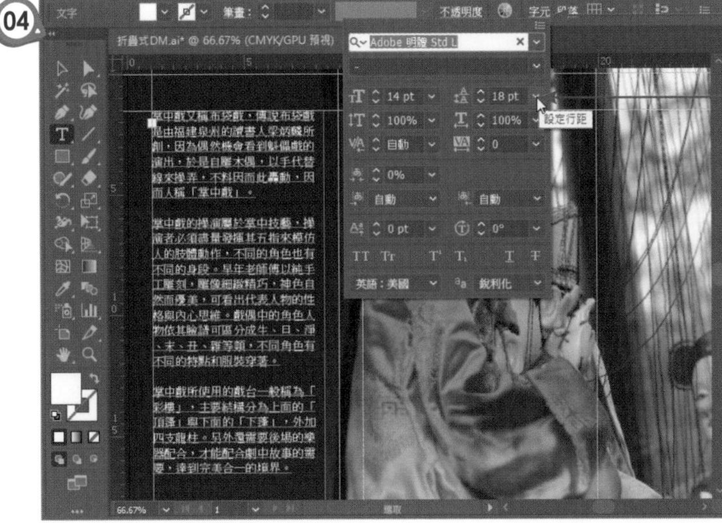

1. 按下「字元」鈕
2. 設定為「Adobe 明體 Std L」、「14」級字體，行距為「18」

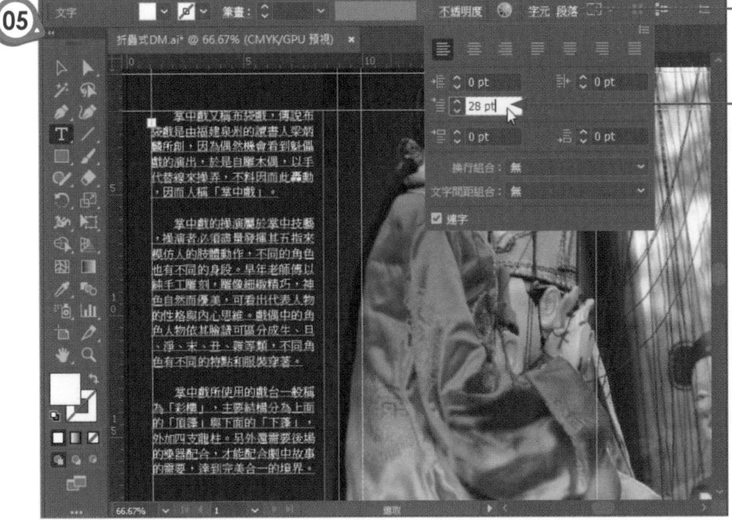

1. 按下「段落」鈕
2. 設定首行縮排為「28」

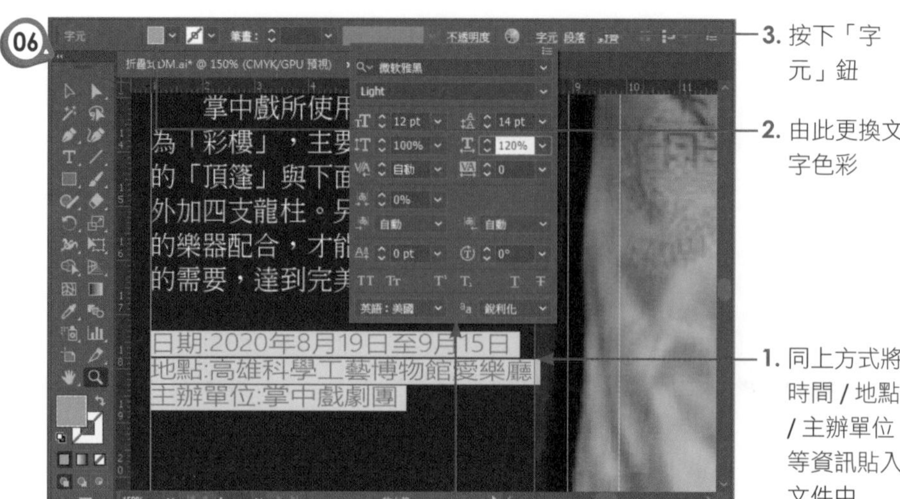

06

3. 按下「字元」鈕

2. 由此更換文字色彩

1. 同上方式將時間 / 地點 / 主辦單位等資訊貼入文件中

4. 設定「微軟雅黑體」的粗體，字體大小為「12」級，行距為「14」，水平縮放「120%」，另外，段落的首行縮排設為「0」

07

3. 文字顏色設為白色

1. 改選「垂直文字工具」

2. 按一下左鍵貼入文字內容，使文字顯現如圖

11-4 為標題字建立外框

文案完成後，最後只剩下標題字的部分，此處將為標題字建立外框，然後作路徑的修改，使文字顯得與眾不同。方式如下：

01

3. 設定為土黃色，白色框線，筆畫為「3」

4. 按此鈕設定字元，設定內容如圖

1. 點選「垂直文字工具」

2. 輸入「掌中戲」等字

02

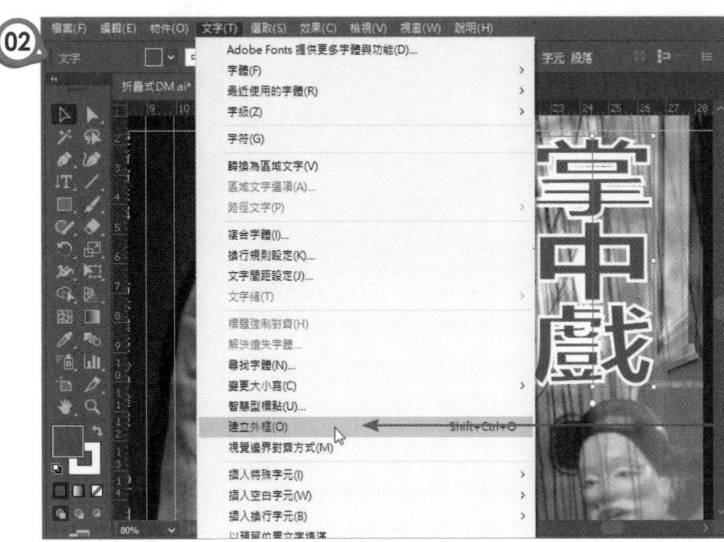

執行「文字 / 建立外框」指令，使文字變成路徑

03

1. 改選「直接選取工具」

2. 點選路徑上的錨點，即可變更造形如圖

04

瞧！折疊式 DM 完成了，摺疊位置即為藍色的參考線

課後習題

【實作題】

1. 請在下面的插圖中，加入「馬到成功」的標題文字。

   來源檔案：馬到成功 .ai

   完成檔案：馬到成功 ok.ai

   提示：

   (1) 開啟「馬到成功 .ai」檔，先以「鉛筆工具」在馬尾右側繪製一曲線弧度。

   (2) 點選「直式路徑文字工具」，按一下路徑，輸入「馬到成功」等字。

   (3) 文字設為「標楷體」、110 級、填色設為淡褐色，框線為淡褐色，筆畫為「2」。

2. 延續上一題的內容，請將「馬到成功」四字加入陰影的效果。

   完成檔案：馬到成功 -2ok.ai

   提示：

   (1) 選取文字後，執行「效果 / 風格化 / 製作陰影」指令。

   (2) 模式設為「色彩增值」，不透明度「75%」，位移「2」px、模糊「3」，顏色設為黑色。

3. 請在綠色的線條上加入如圖的文字內容。

來源檔案：寫字 .ai

完成檔案：寫字 ok.ai

提示：

(1) 選取線條後，加按「Alt」鍵拖曳線條，使之複製一份。

(2) 點選「路徑文字工具」，按一下複製的路徑，輸入文字內容，文字設為「微軟正黑體」、21 級字、字元的字距為「200」。

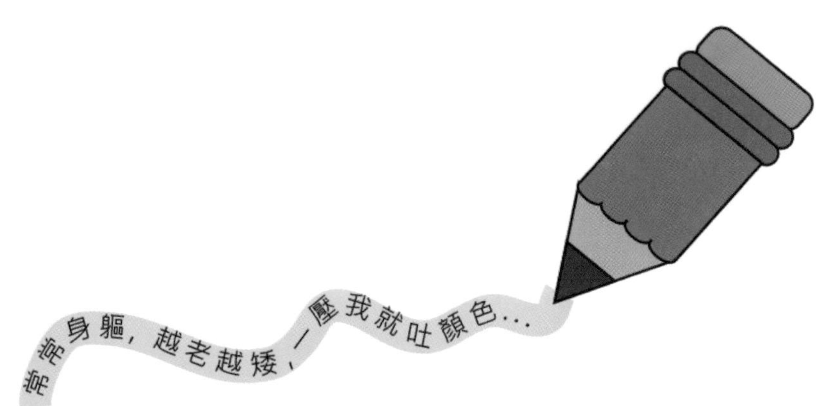

創意符號 / 3D / 特效

12-1 創意符號的應用

12-2 影像描圖

12-3 Photoshop 效果

12-4 3D 物件的建立

Illustrator

在 Illustrator 軟體裡，除了提供各位從無到有地做造形的繪製 / 編修外，它也內建各種的符號資料庫，諸如：3D 符號、圖表、自然、花朵、手機、慶祝、網頁按鈕和橫條、流行…. 等多達二十多種資料庫。只要開啟資料庫後，就可以從裡面選用想要的造型圖案，而且還可以針對畫面需要來對加入的符號進行壓縮、旋轉、縮放、著色…等處理，讓使用者可以輕鬆運用符號。因此這一章將著重這些符號資料庫作介紹。另外點陣圖影像的描繪、以及 Photoshop 效果的套用，也會在此章中一併作說明。

12-1 創意符號的應用

在 Illustrator 軟體中，有一項很特別的工具 -「符號噴灑器工具」，它可以將軟體裡內建的符號噴灑出來，再利用相關工具做縮放、壓縮、旋轉、著色，就可以快速組合畫面。如下圖所示，餐桌上豐盛的菜餚 - 壽司，都是運用「壽司」符號資料庫做出來的，完成這一張畫面只需幾分鐘的時間，就可以從無到有建立完成。

瞧！餐桌上豐盛的菜餚 - 壽司，都是運用「壽司」符號資料庫做出來的

12-1-1 開啟符號資料庫

想要使用 Illustrator 的創意符號，首先要將「符號」面板叫出來，請執行「視窗 / 符號」指令，即可看到如下的「符號」面板。

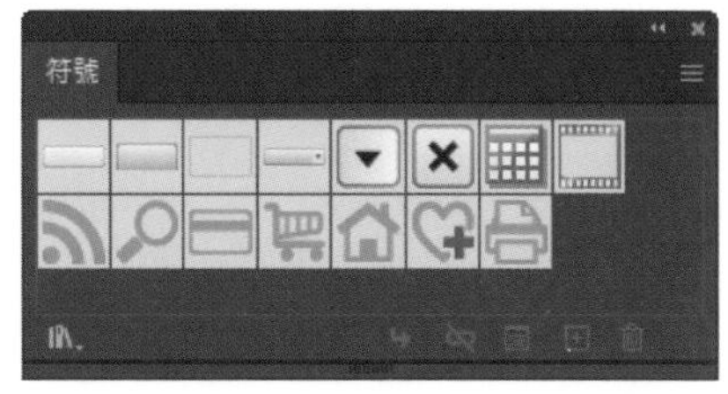

12-1-2 載入符號資料庫

各位可別以為「符號」面板中只有這些簡單的符號，事實上要選用或開啟符號資料庫，必須按下面板左下角的 IIN. 鈕，或是從右上角 ☰ 鈕做選擇。

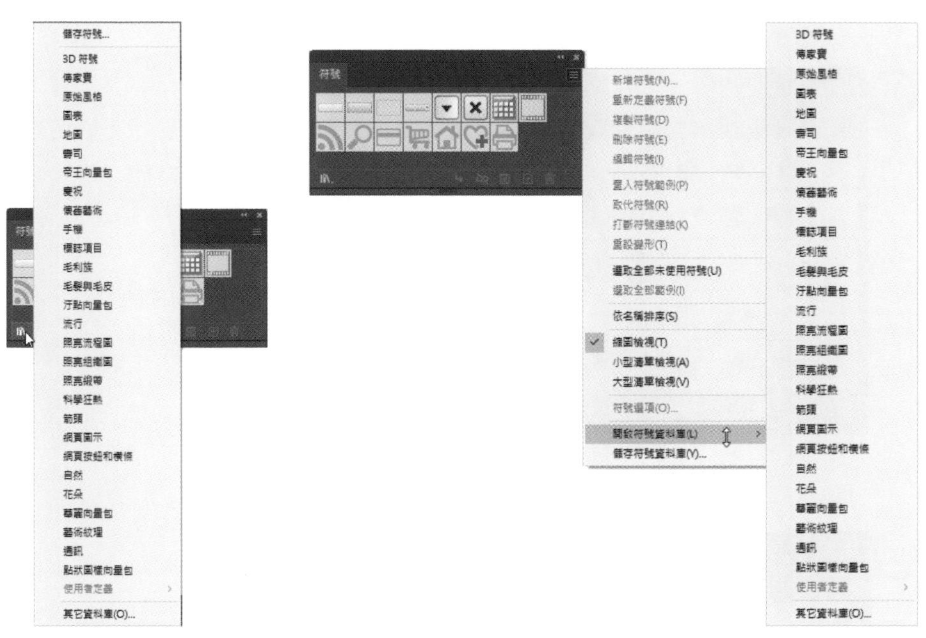

現在我們試著由 IIN. 鈕來開啟「自然」符號資料庫。

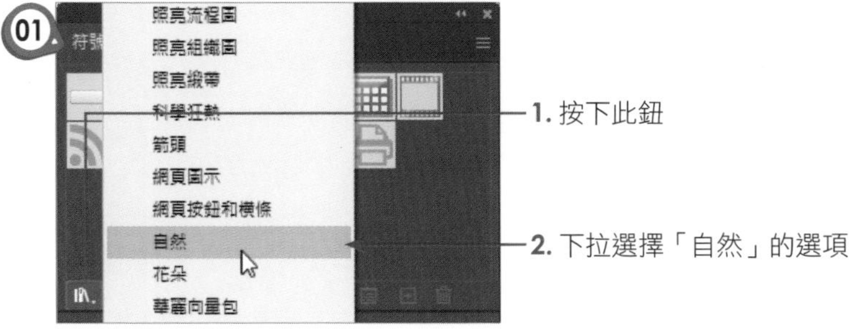

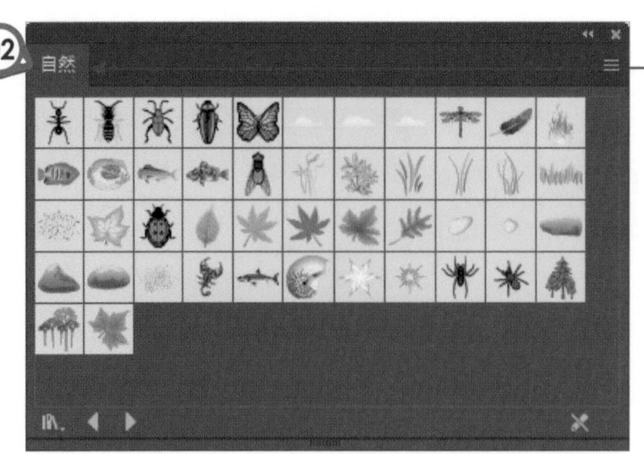

自動顯示另一個面板，「自然」以標籤頁顯示，下方則顯示所有的自然符號

如果各位想要載入其他的符號資料庫，可在此面板下方按下往前或往後的箭頭符號，如圖示：

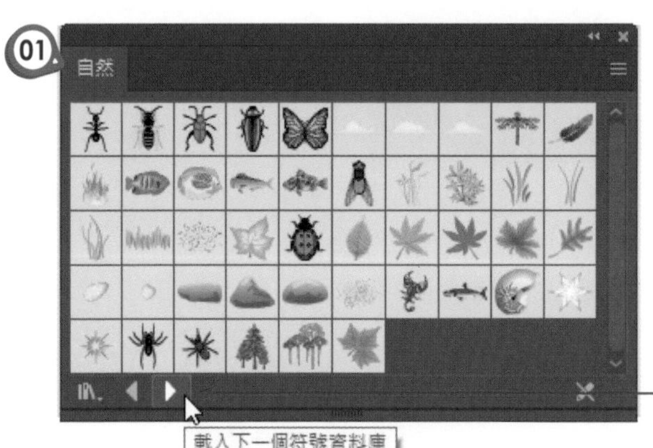

按下此鈕

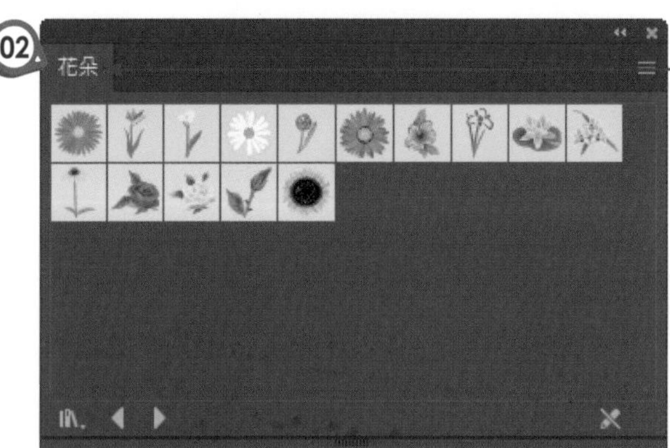

顯示「花朵」的符號資料庫

若是在「符號」面板中利用 鈕載入多個符號資料庫，則會以標籤頁的方式顯示。如圖示：

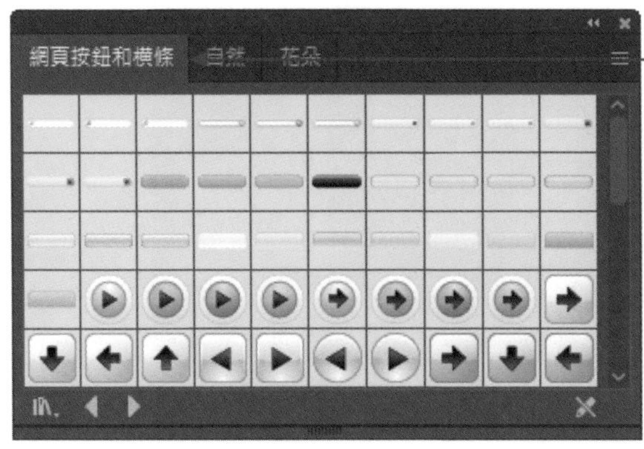

12-1-3 符號噴灑器工具

開啟符號資料庫後，接下來就可以選用「符號噴灑器工具」 來進行噴灑。各位可以利用滑鼠拖曳的方式，也可以按左鍵的方式來加入符號，它會自動變成一個符號組；如果同一個符號要做成多個不同的符號組，以方便位置的編排，可在前一個符號組取消選取後，再進行噴灑的動作就可以了。

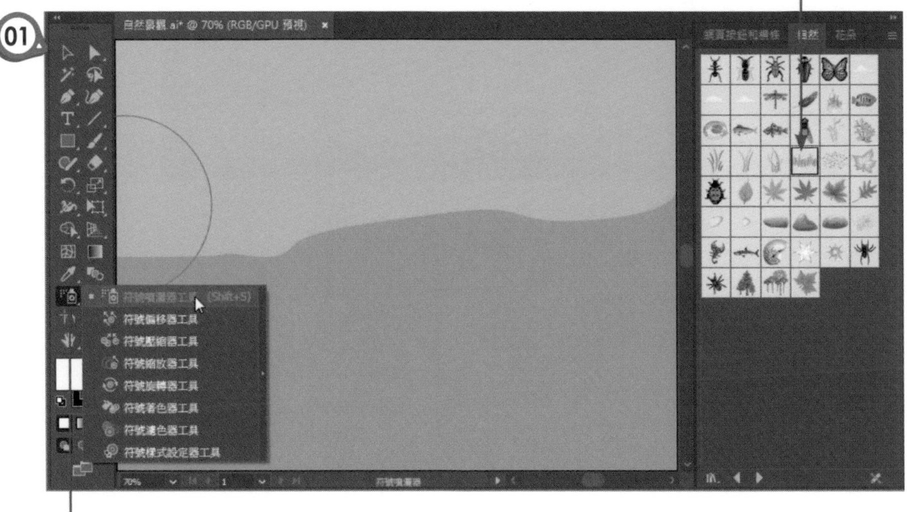

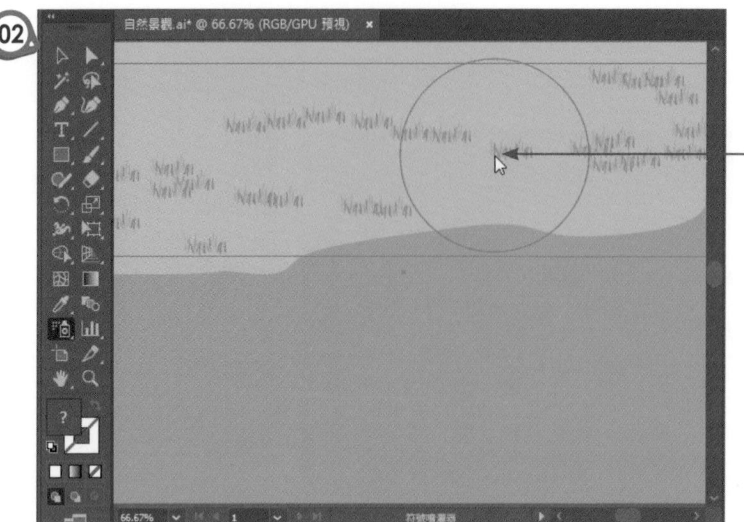
02
自然景觀.ai* @ 66.67% (RGB/GPU 預視)
以拖曳方式噴灑出草的符號

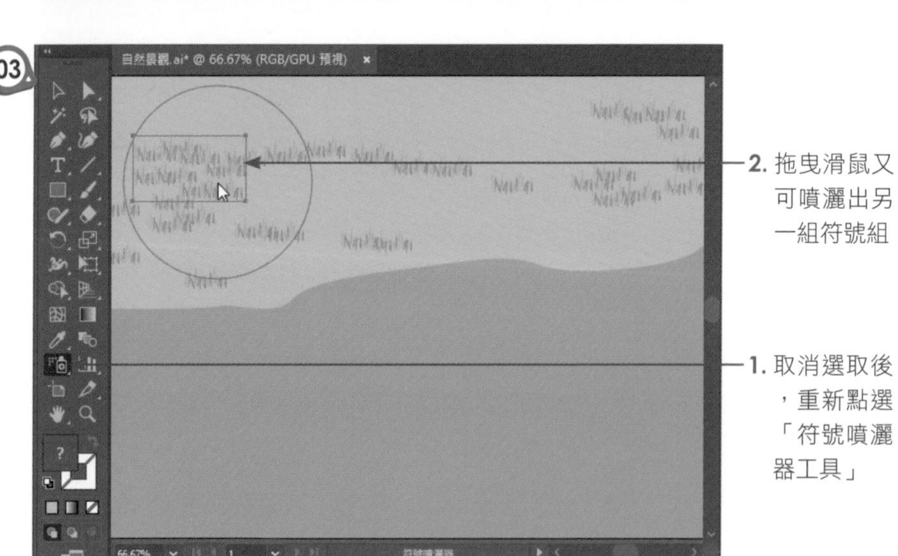
03
自然景觀.ai* @ 66.67% (RGB/GPU 預視)
2. 拖曳滑鼠又可噴灑出另一組符號組
1. 取消選取後，重新點選「符號噴灑器工具」

1. 重新點選「樹木 2」的符號

04

2. 在文件上噴灑出樹木

1. 瞧！圖層上顯示剛剛加入的三組符號組

05

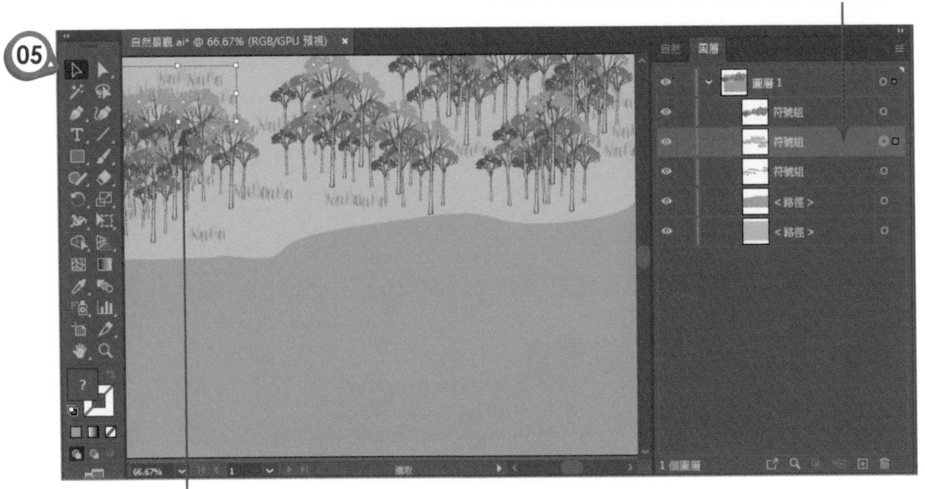

2. 選取符號組可以個別移動其位置

透過這樣的方式，設計者就可以快速在文件上加入自己喜歡的符號，兩三下就可以輕鬆完成一幅自然的景觀畫面。如圖示：

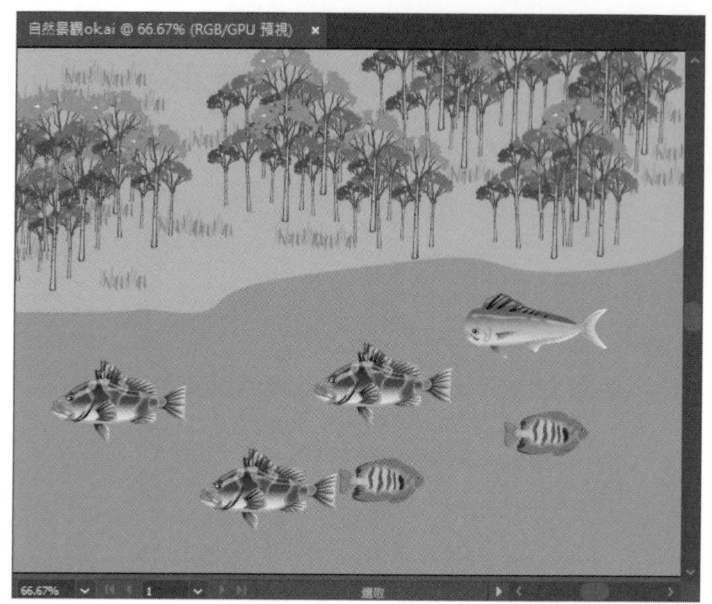

12-1-4 符號調整工具

雖然畫面很快就可以完成，但是噴灑出來的圖形似乎都一樣大，而且色彩也相同，如果你有這樣的感受的話，那麼就利用以下幾個工具來做調整吧！

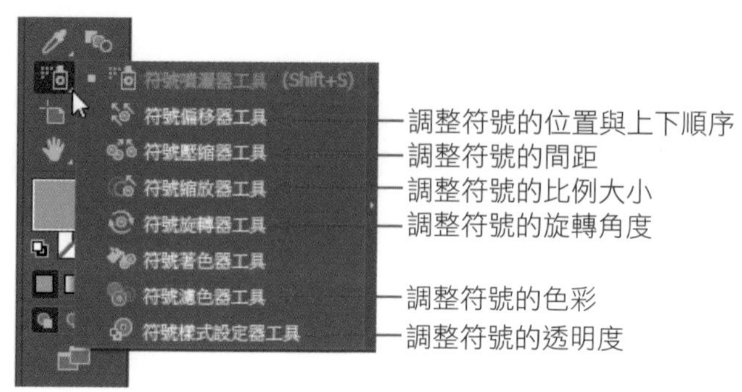

要使用這些調整工具非常簡單，只要點選符號組後，再點選要調整的工具鈕，然後以滑鼠按壓在想要調整的符號上，該符號就可以做調整。這裡就以「符號縮放器工具」和「符號著色器工具」為各位做示範說明。

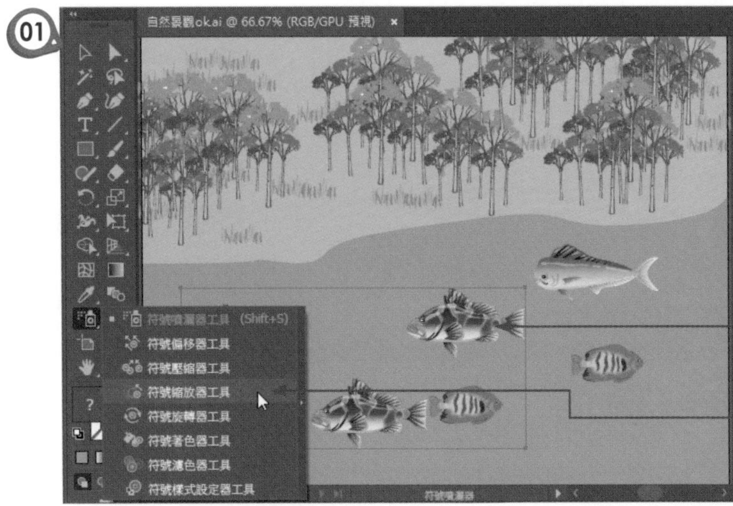

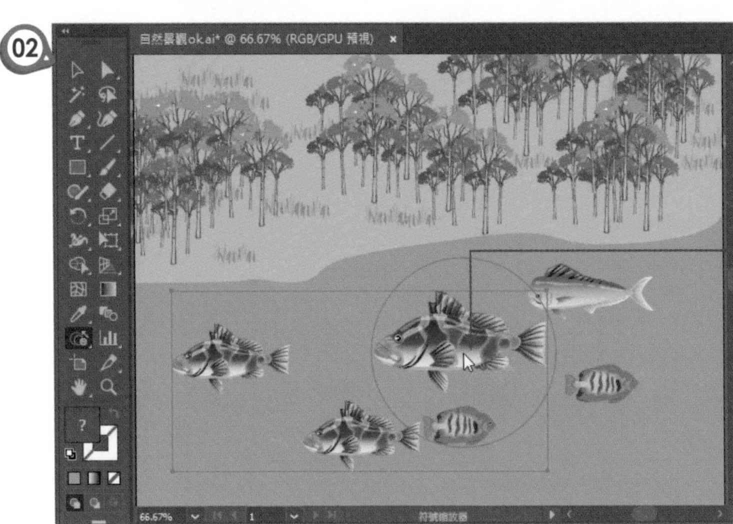

2. 開啟「顏色」面板，設定想要使用的色彩

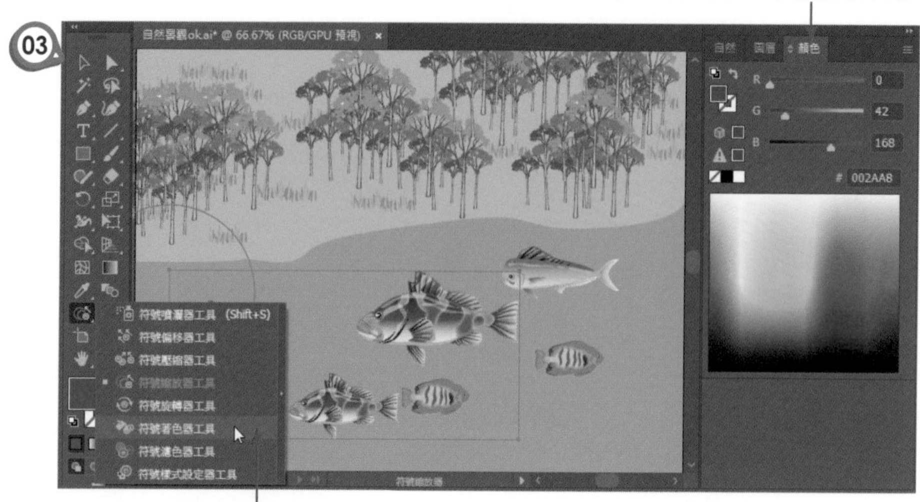

1. 改選「符號著色器工具」

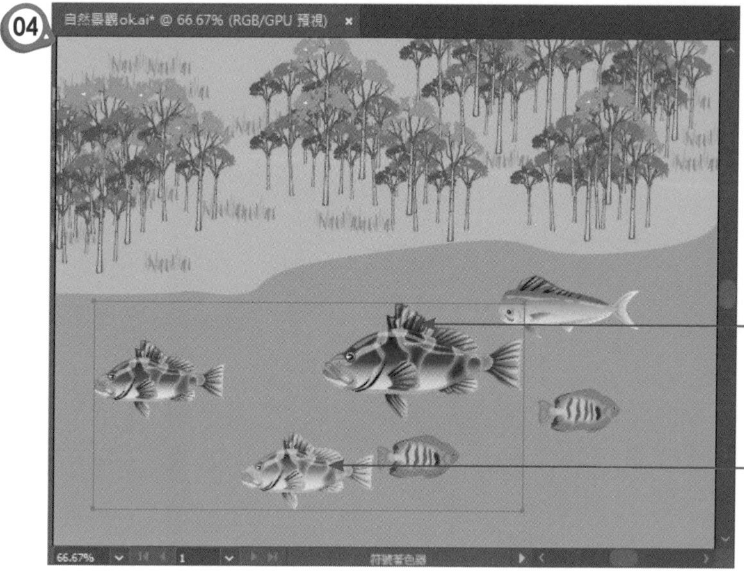

1. 按壓一下滑鼠，魚就變成藍色調了

2. 同上方是可改變為綠色魚

透過這樣的方式就可以輕鬆修正樹木或魚的大小，或是改變它們的顏色，相當方便。其餘的工具請各位自行嘗試看看。

12-2 影像描圖

「影像描圖」的作用是將點陣圖轉換成向量的圖形，透過 Illustrator 所預設的各種描圖模式，即可讓影像產生各種的變化效果，諸如：灰階濃度、素描圖、線條圖、16 色、低保真度相片、高保真度相片…等。當然經過描圖後，其色彩變化不會像點陣圖的效果那樣豐富，但是對於原先相片的尺寸過小，卻要用於較大尺寸的文件中，「影像描圖」的功能不失為解決之道。

12-2-1 製作影像描圖

要使用「影像描圖」的功能，各位可以執行「物件 / 影像描圖 / 製作」指令來描繪影像，也可以在選取圖片後，由「控制」面板上按下 影像描圖 鈕，或由該鈕下拉選擇描圖方式，Illustrator 就會開始進行運算。

01

2. 直接按下「影像描圖」鈕

1. 以「選取工具」點選相片

02

預設值是顯示黑白的效果

12-2-2 描圖預設集

在「控制」面板上所提供的預設集有 11 種，而各種的效果大致顯示如下：

高保真度相片

低保真度相片

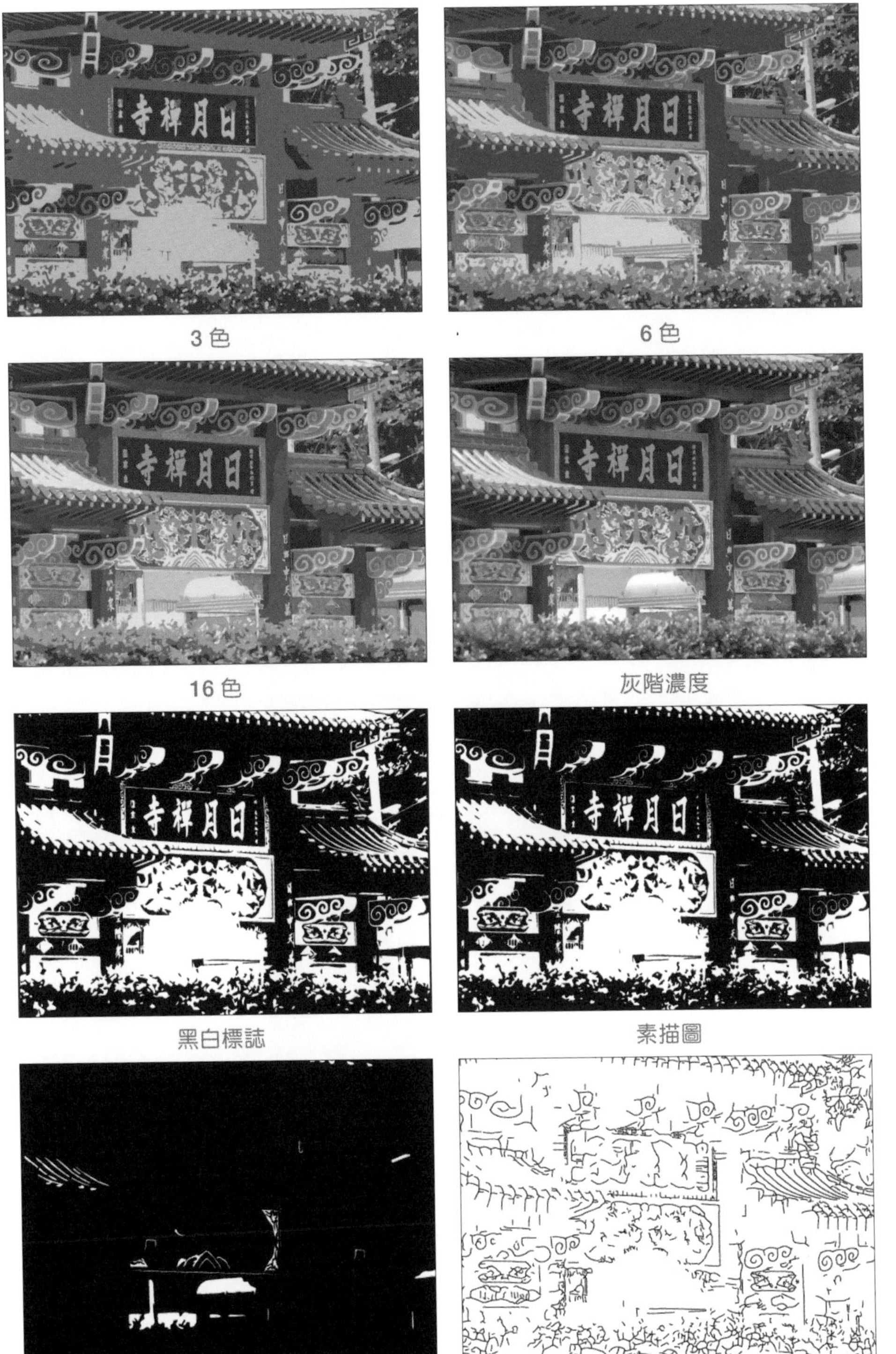

3 色

6 色

16 色

灰階濃度

黑白標誌

素描圖

剪影

線條圖

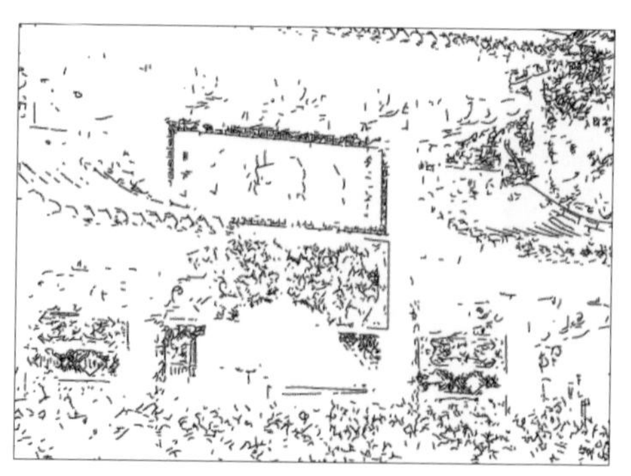

技術繪圖

12-2-3 影像描圖面板

各位除了從預設集中可以快速選用各種描圖的方式，如果還想要做進階的設定，那麼請開啟「影像描圖」面板來做設定，請執行「視窗 / 影像描圖」指令使顯現如下圖的視窗，使用時只要在上方選取描圖的方式，再由下方的選項做設定，它就會自動作運算。

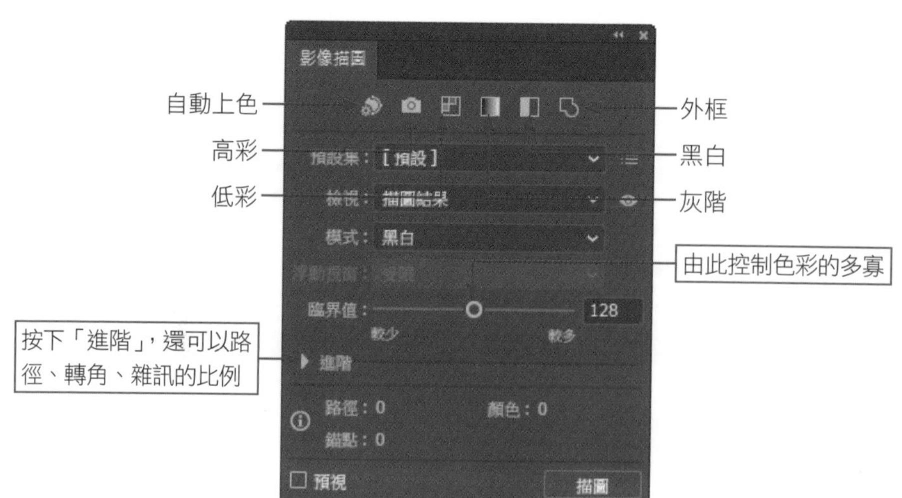

12-2-4 將描圖物件轉換為路徑

不管選用哪種描圖方式，描圖後的圖層會在「圖層」面板上顯示為「影像描圖」，如果各位執行「物件 / 影像描圖 / 展開」指令，或是在「控制」面板上按下 展開 鈕，就會將描圖的物件轉換成路徑的形式。

按下「展開」鈕

面板上顯示為「影像描圖」

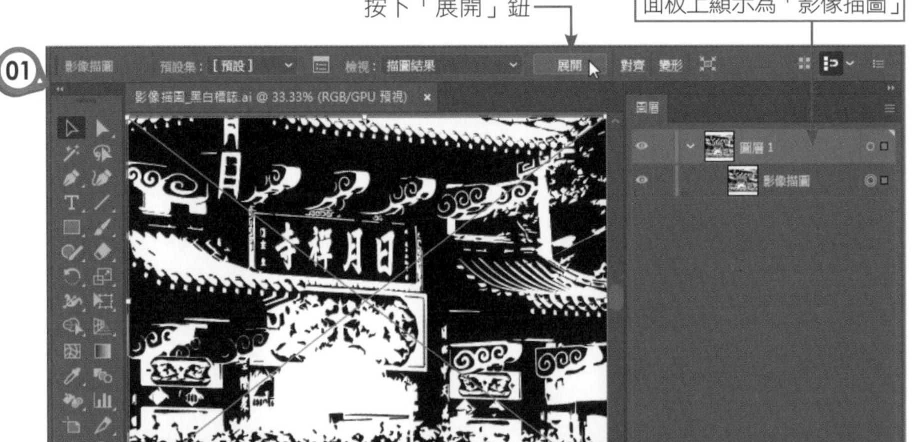

2. 點選「直接選取工具」

1. 瞧！圖層變為「群組」，內含一個個路徑

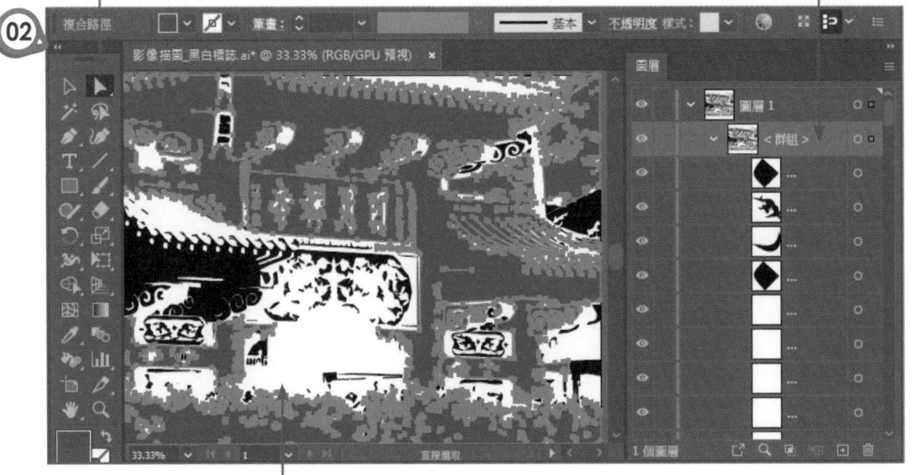

3. 點選路徑後，就可以個別將路徑替換顏色了

12-3 Photoshop 效果

Illustrator 雖然被歸類在向量式的繪圖的軟體，但是它也可以置入點陣圖檔，而且可以直接在軟體中套用 Photoshop 效果，這對美術設計師來說，可說是一大福利，這樣就不必像以往一樣為了某個效果而重複地往返於兩套軟體之間。

選取圖片後選擇「效果 / 效果收藏館」指令，可在開啟的視窗進行多種效果的比較，方便確認效果的選用，另外也可以由「效果」功能表選用個別的指令。

12-4 3D 物件的建立

Illustrator 也可以像 3D 繪圖軟體一樣建立簡單的 3D 物件，如此一來就不用為了簡單的 3D 物件而必須多次往返於各軟體間，增加製作的難度。Illustrator 的建立 3D 圖形方式和一般的 3D 軟體一樣，都是利用突出、迴轉、旋轉等方式來產生 3D 物件。因此這一小節將針對 3D 圖形的建立方式為各位作說明。

12-4-1 以「突出與斜角」方式建立 3D 物件

首先介紹的是將 2D 平面的曲線圖形，利用增加深度的方式而快速延展成 3D 物件。這種製作方式稱之為「Extrude」，在 Illustrator 中是利用「效果 /3D/突出與斜角」的指令來製作。設定方式如下：

01

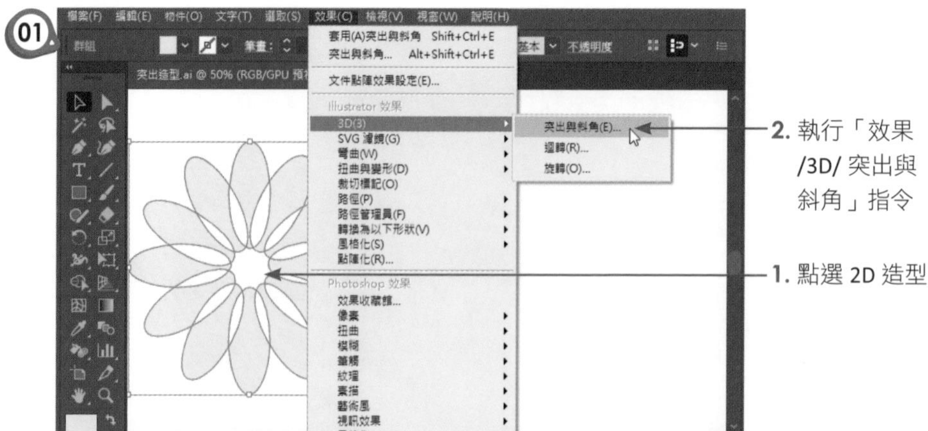

02

3D 突出與斜角選項

位置 (N): 自訂旋轉

0°

-44°

-13°

透視 (R): 0°

突出與斜角

突出深度 (D): 50 pt 端點:

斜角: 無 高度 (H): 4 pt

表面 (S): 塑膠效果

光源強度 (L): 100%

環境光 (A): 50%

反白強度 (I): 60%

反白大小 (Z): 90%

漸變階數 (B): 25

網底顏色 (C): 黑色

☐ 保留特別色 (V) ☐ 繪製隱藏表面 (W)

☑ 預視 (P) 對應線條圖 (M)... 較少選項 (O) 確定 取消

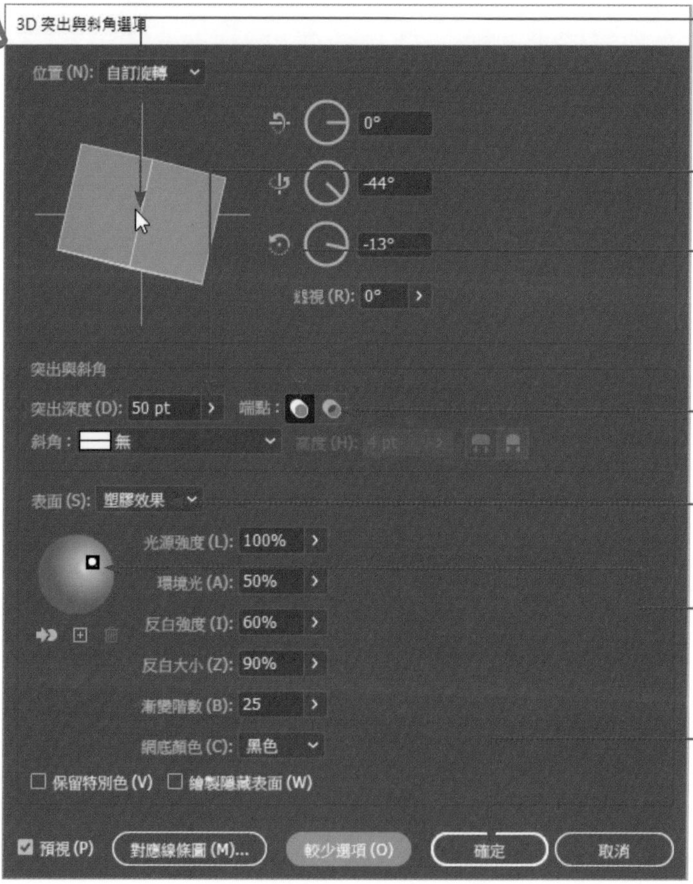

1. 以滑鼠拖曳此處，可以改變圖形的顯示角度

2. 由此設定擠出的深度

3. 點選此鈕會建立實心的外觀

若點選此鈕會建立空心的外觀

4. 設定表面效果

5. 由此處可以設定光源的位置

6. 設定完成，按此鈕離開

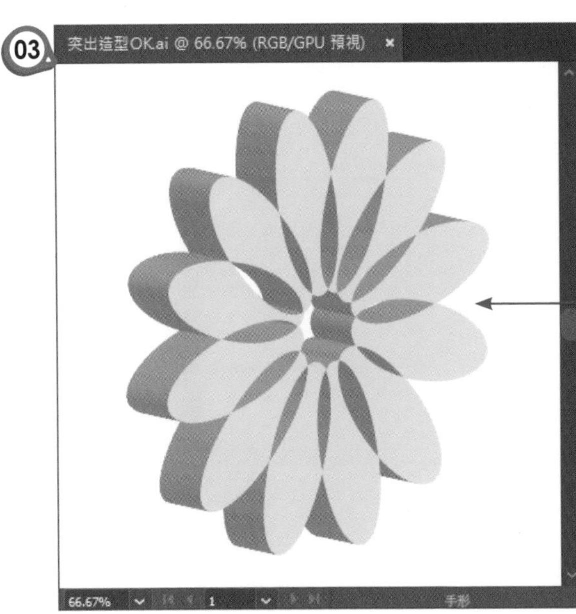

12-4-2 以「迴轉」方式建立 3D 物件

在 3D 軟體中有一種「Lathe」的建模方式，它是先繪製物件半側曲線的造型，接著利用物件中心為基準將模型旋轉建構出來。Illustrator 軟體裡也提供這樣的建構方式，只要以鋼筆工具繪製好路徑，即可利用「效果 /3D/ 迴轉」指令來建構模型。設定方式如下：

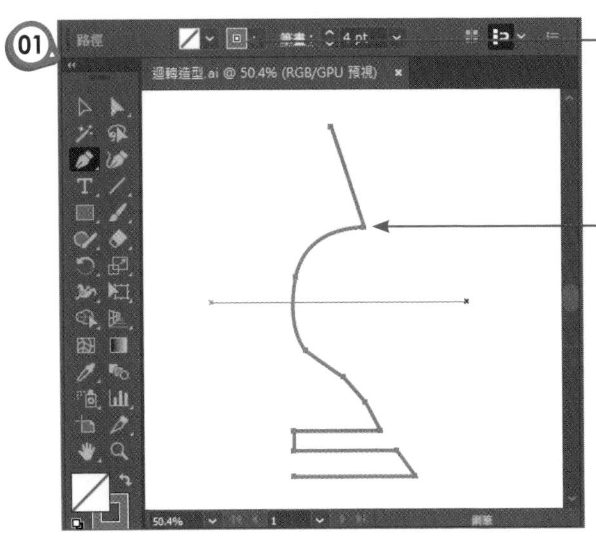

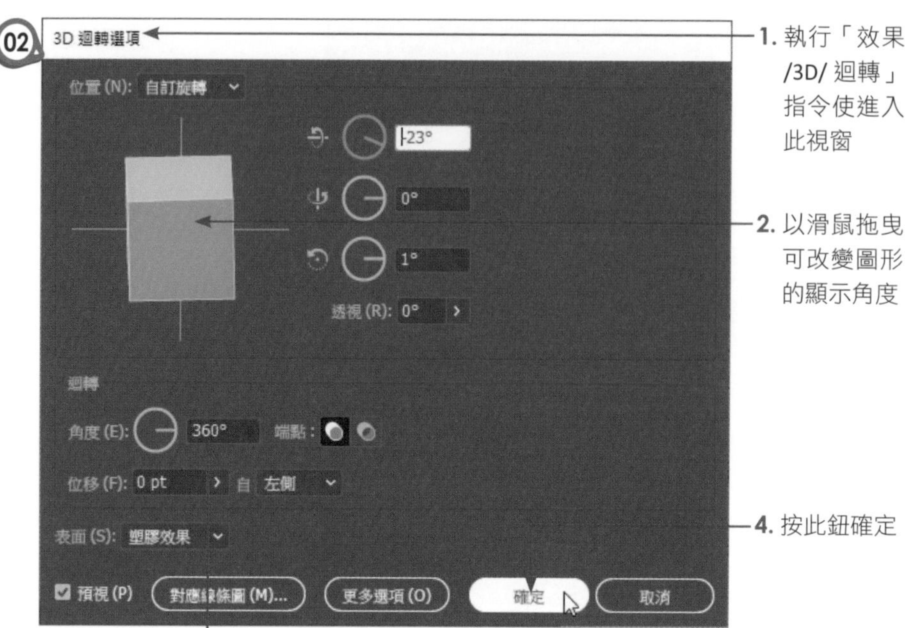
02
3D 迴轉選項
位置 (N): 自訂旋轉
-23°
0°
1°
透視 (R): 0°
迴轉
角度 (E): 360°
端點：
位移 (F): 0 pt
自
左側
表面 (S): 塑膠效果
預視 (P)
對應線條圖 (M)...
更多選項 (O)
確定
取消
1. 執行「效果/3D/ 迴轉」指令使進入此視窗
2. 以滑鼠拖曳可改變圖形的顯示角度
4. 按此鈕確定
3. 設定迴旋成形的角度（預設為 360 度）

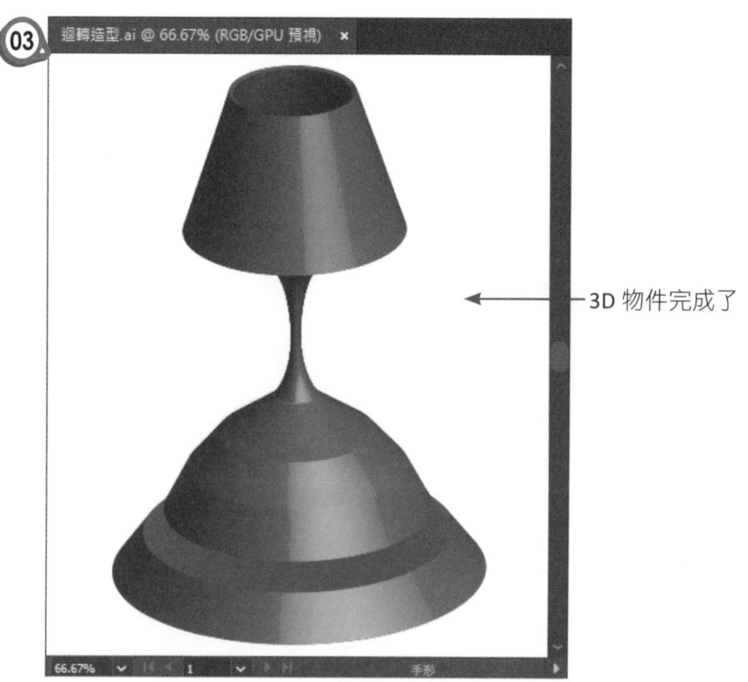
03
迴轉造型.ai @ 66.67% (RGB/GPU 預視)
66.67%
手形
3D 物件完成了

此外，你也可以繪製一半的封閉造型，只要物件群組後，也可以利用「效果 /3D/ 迴轉」指令來建立 3D 模型。如圖示：

參考檔案：迴旋造型 2.ai

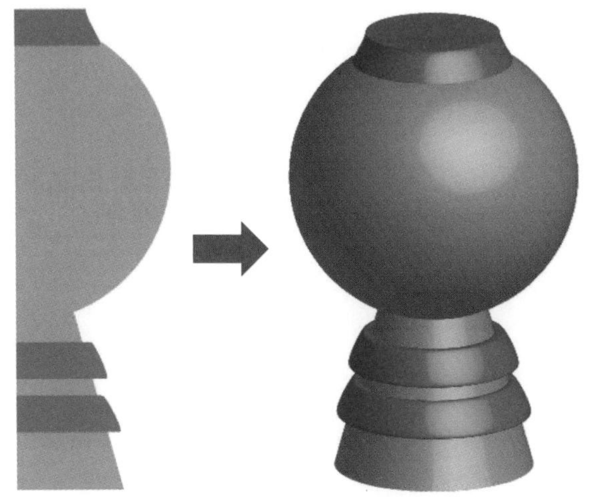

一半的封閉造型經過「迴轉」後變成 3D 造型

12-4-3 以「旋轉」方式建立 3D 物件

「效果 /3D/ 旋轉」指令是將 2D 造型物件在 3D 空間做旋轉，使它可以呈現透視的效果。

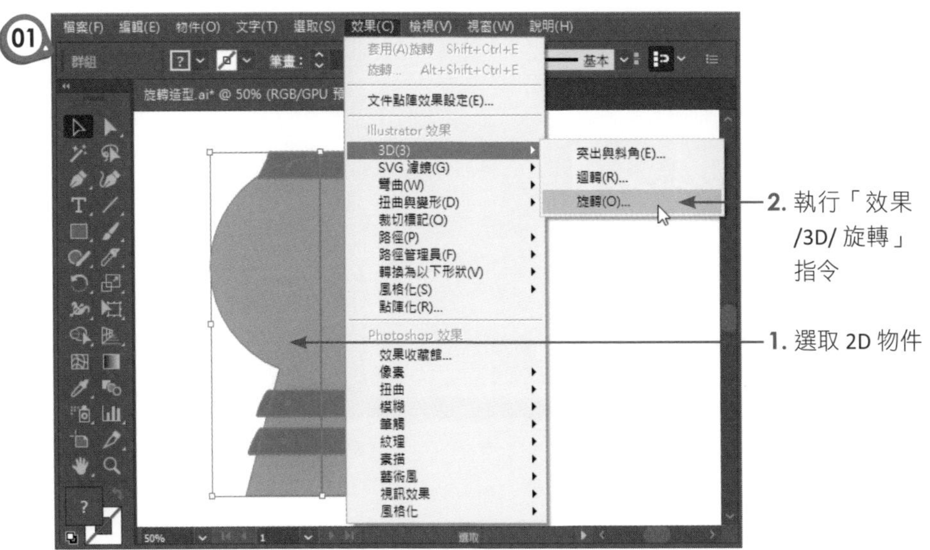

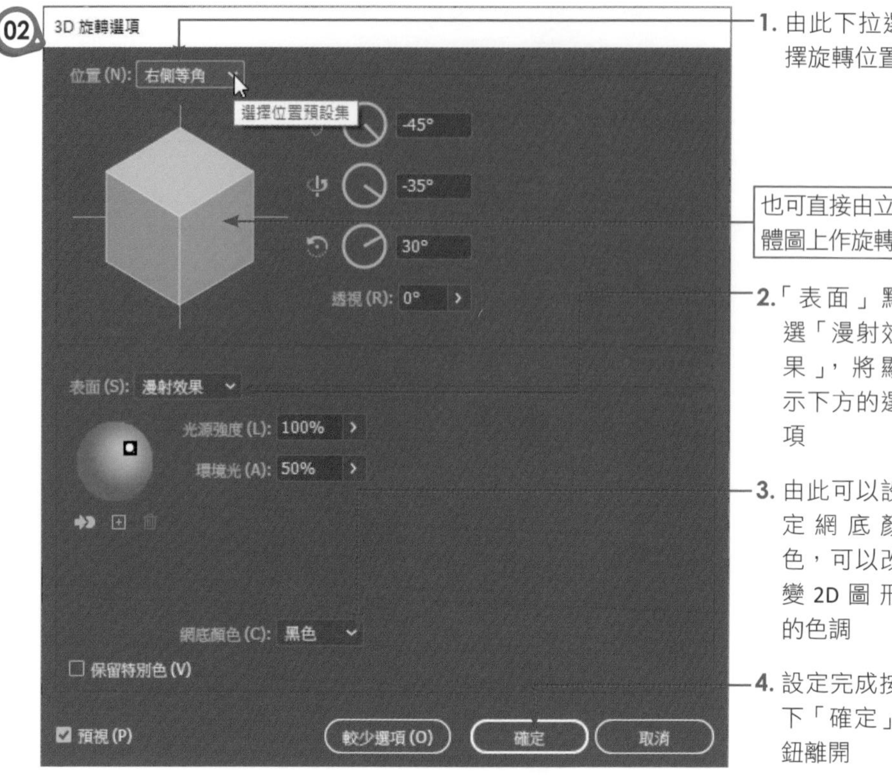
02
3D 旋轉選項
位置 (N): 右側等角
選擇位置預設集
-45°
-35°
30°
透視 (R): 0°
表面 (S): 漫射效果
光源強度 (L): 100%
環境光 (A): 50%
網底顏色 (C): 黑色
保留特別色 (V)
預視 (P)
較少選項 (O)
確定
取消
1. 由此下拉選擇旋轉位置
也可直接由立體圖上作旋轉
2.「表面」點選「漫射效果」，將顯示下方的選項
3. 由此可以設定網底顏色，可以改變 2D 圖形的色調
4. 設定完成按下「確定」鈕離開

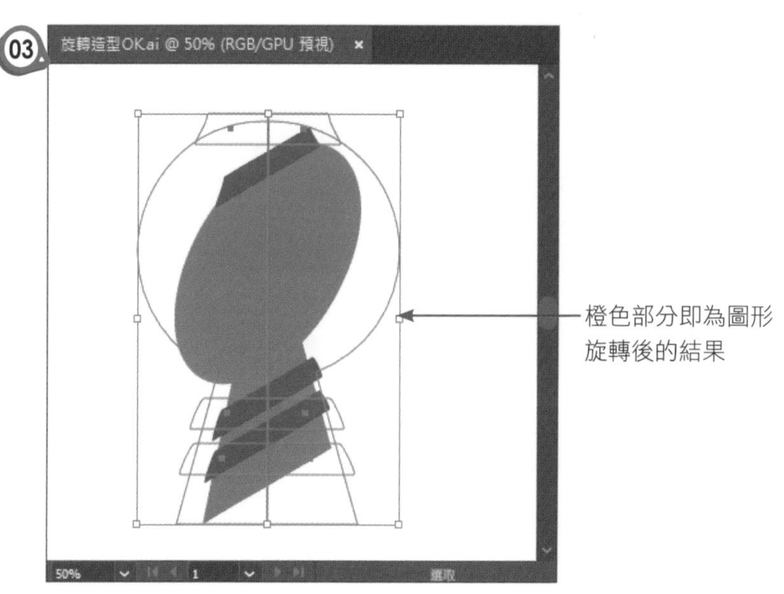
03
旋轉造型OK.ai @ 50% (RGB/GPU 預視)
50%
1
選取
橙色部分即為圖形旋轉後的結果

課後習題

【實作題】

1. 請將提供的「水邊 .psd」和「山 .psd」檔置入文件中，然後利用「影像描圖」功能完成如下的 16 色畫面效果。

   來源檔案：水邊 .psd、山 .psd

   完成檔案：水邊 ok.ai

   提示：

   (1) 執行「檔案 / 新增」指令，開啟 1024 x 768 像素的文件。

   (2) 執行「檔案 / 置入」指令，置入「水邊 .psd」檔，並置於下方。

   (3) 執行「檔案 / 置入」指令，置入「山 .psd」檔，並置於上方，略為壓扁畫面。

   (4) 分別由「控制」面板按下「影像描圖」鈕，下拉選擇「16 色」。

2. 請利用鋼筆工具繪製如下的包裝紙，再利用「花朵」符號資料庫中的「紅玫瑰」完成如下的花束，最後置入所提供的插圖 -「蝴蝶結 .psd」，使完成如下的畫面效果。

   來源檔案：蝴蝶結 .psd

   完成檔案：花束 ok.ai

   提示：

   (1) 執行「檔案 / 新增」指令，開啟 640 x480 像素的文件。

   (2) 開啟「符號」面板，開啟「花朵」符號資料庫，並點選「紅玫瑰」的符號。

   (3) 以「符號噴灑器工具」噴灑出符號後，利用「符號偏移器工具」作位置的偏移，以「符號縮放器工具」縮放大小，以「符號旋轉器工具」旋轉方向，以「符號壓縮器」壓扁部分符號。

   (4) 確定花朵擺放位置後，以「鋼筆工具」隨意繪製包裝紙的造型，並填入顏色。

   (5) 執行「檔案 / 置入」指令，置入「蝴蝶結 .psd」檔，然後旋轉置適當的位置。

CHAPTER

13

實作應用－創意月曆設計

Illustrator

在這個實作應用中將利用「符號」、「影像描圖」與「3D 迴轉」功能來完成如下的月曆設計。限於篇幅的關係，這裡已經預先將月曆中的表格和日期繪製完成，範例中僅就底圖與插圖的設計作說明。畫面效果如下：

13-1 影像的描圖處理

首先執行「檔案 / 開啟舊檔」指令，使開啟「月曆 .ai」檔，此文件大小為 1024 x 768 像素。

由於背景較為單調，因此要在此置入一張影像作為背景上方的局部裝飾，同時透過「影像描圖」功能來變成轉換影像效果。

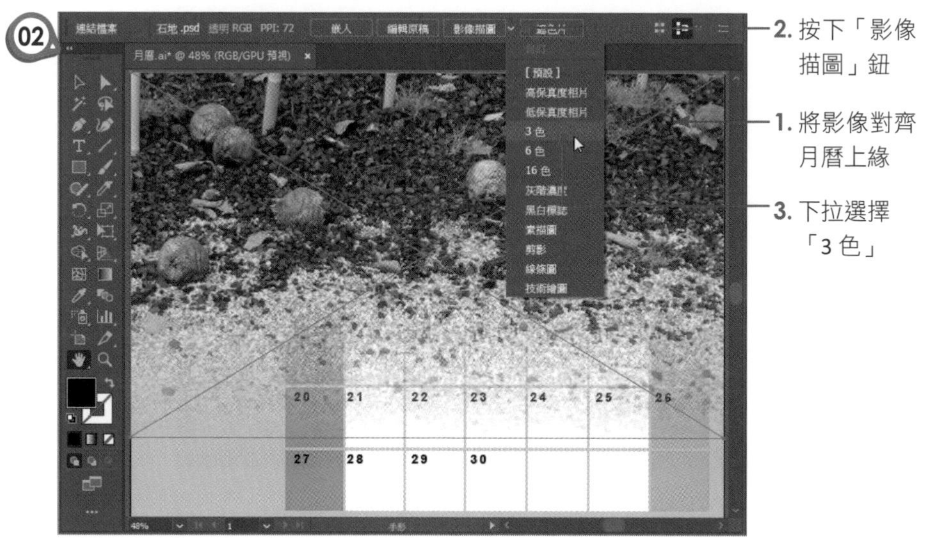

按下「展開」鈕，使描圖物件轉為路徑

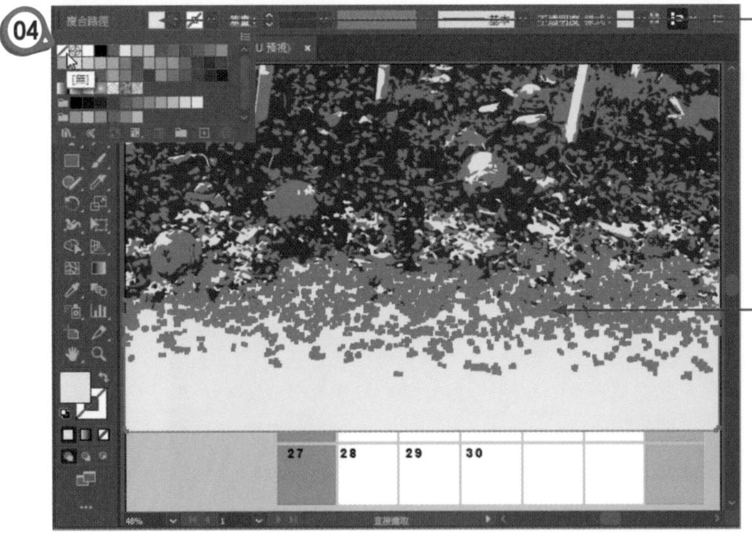

2. 由此下拉將顏色更換為無填色

1. 點選「直接選取工具」，然後點選此區域的路徑

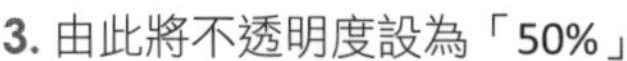

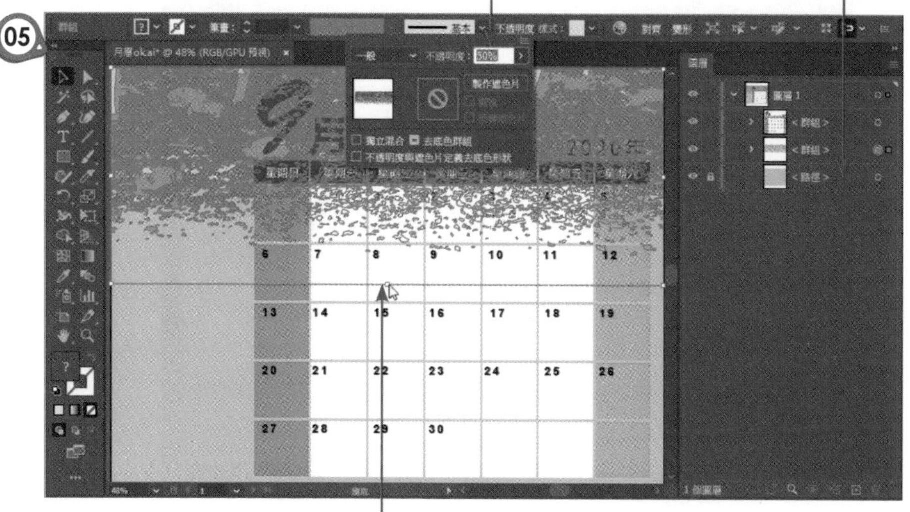

13-2 以「3D/ 迴轉」功能繪製花盆

完成底圖的裝飾後，接下來要來繪製花盆，這裡我們將運用鉛筆工具繪製一個輪廓線，再利用「效果 /3D/ 迴轉」功能旋轉 360 度，即可完成花盆的立體造型。

01

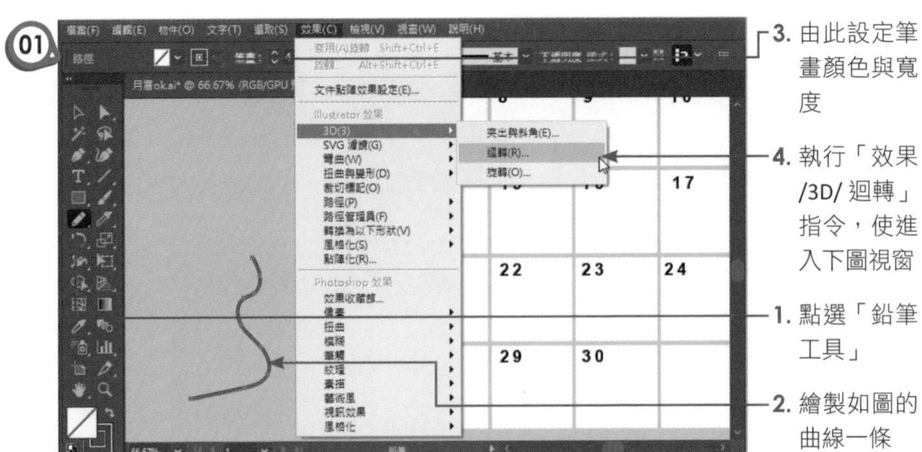

02

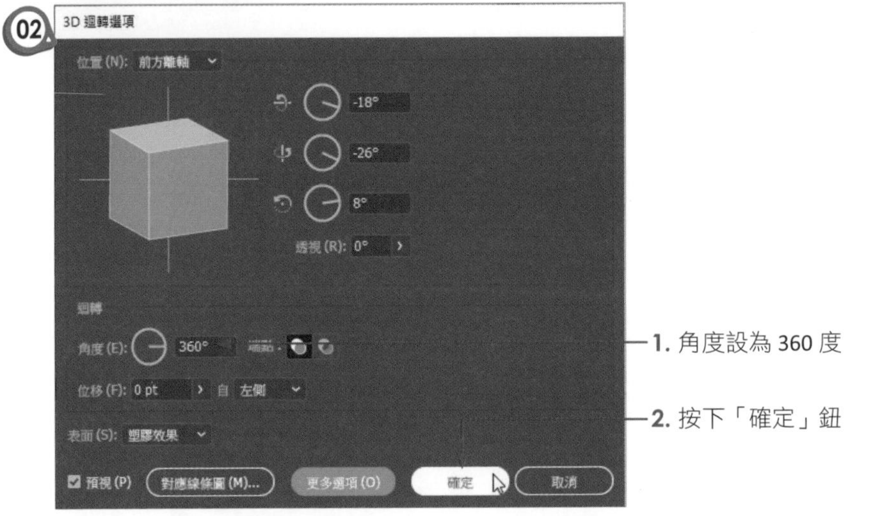

03

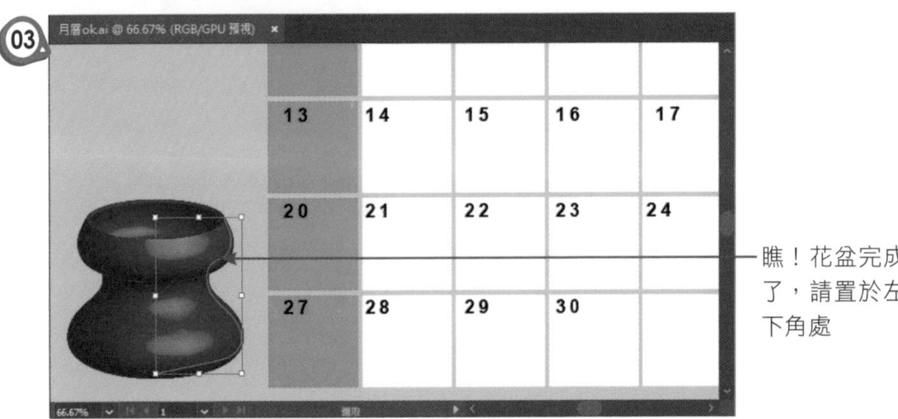

如果花盆過大，只要利用「選取工具」作縮小就可以了。

13-3 以「鉛筆工具」繪製枝幹

在花盆上方，我們將利用「鉛筆工具」來繪製樹的枝幹，為了讓樹枝太過呆版，可利用「控制」面板上的「變數寬度描述檔」來調整。方式如下：

13-4 以符號工具加入樹葉符號

完成樹枝的繪製後，接下來就是開啟「符號」面板，然後利用「符號噴灑器工具」來噴出「葉子 2」的符號，再利用「符號縮放器工具」來縮放符號的比例。

01

02

01 02 03 04 05 06 07 08 09 10 11 12 13 實作應用－創意月曆設計 14 15 16 17 A

課後習題

【實作題】

1. 請將如圖的圓形標誌圖案，透過 illustrator 的 3D 功能，變更成如圖的 3D 圖案。

   來源檔案：圓形標誌 .ai

   完成檔案：圓形標誌 _3D.ai

提示：

(1) 選取圖形後，按右鍵執行「群組」指令，使群組在一起。

(2) 執行「執行「效果 /3D/ 突出與斜角」指令，設定想要的顯示角度即可。

2. 請利用鋼筆工具繪製如圖的基本線條，運用 Illustrator 的 3D 功能，完成立體的造型設計。

   完成檔案：迴轉 3D.ai

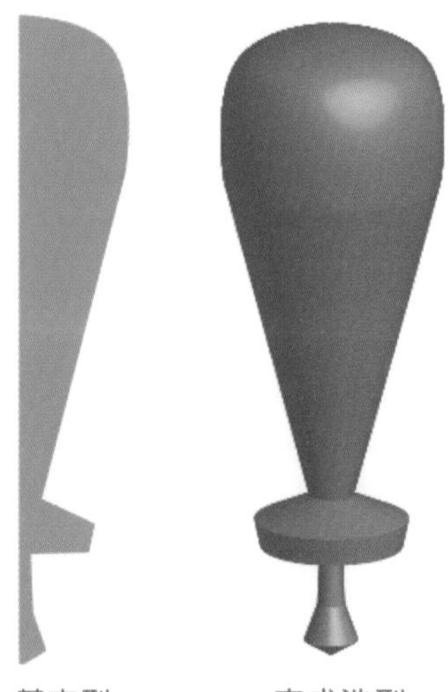

提示：

(1) 以「鋼筆工具」繪製如圖的路徑，然後執行「效果 /3D/ 迴轉」指令。

CHAPTER

14

圖表的設計製作

Illustrator

在 Illustrator 軟體裡想要製作各種的統計圖表並非難事，因為工具箱裡提供了各種的工具可供使用者選用。這一章裡我們將針對圖表的建立方式與編修技巧作說明，讓各位也可以輕鬆製作各種的統計圖。

統計圖表樣式

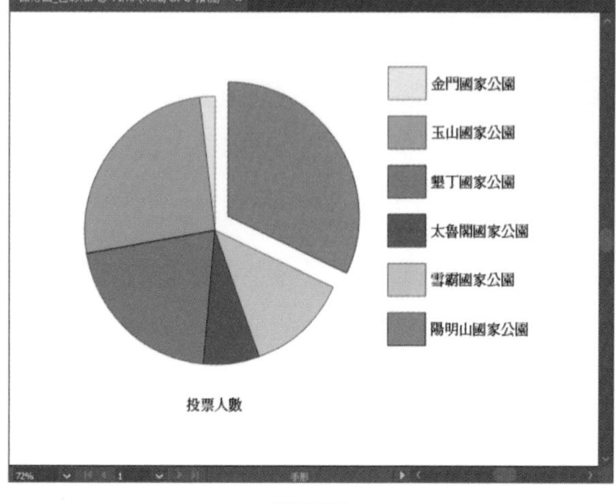

圓形圖

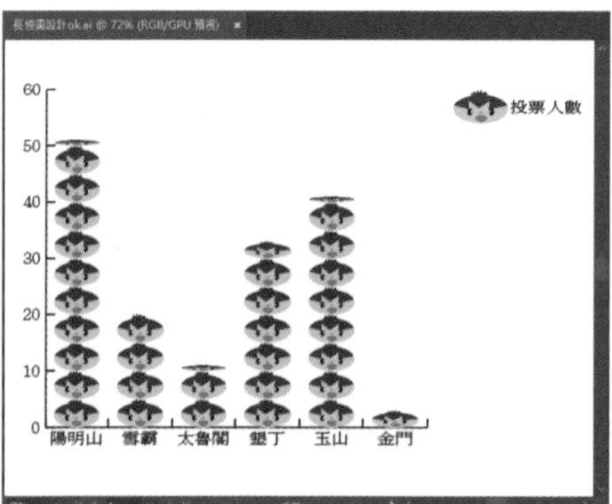

自訂圖案

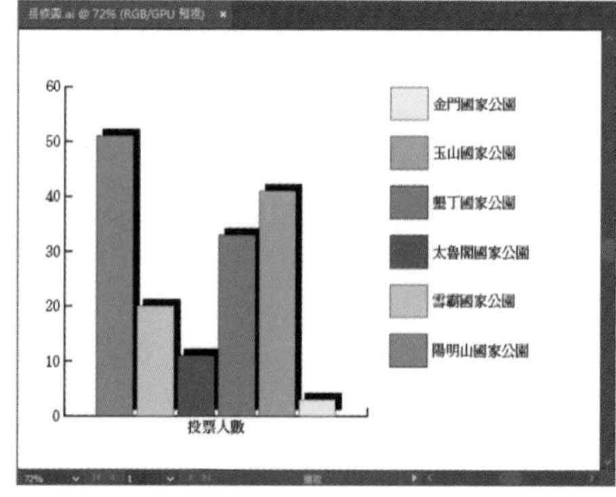

長條圖

14-1 建立圖表

Illustrator 中要建立圖表的方式有兩種：一種是從無到有在 Illustrator 中輸入資料，另一種則是將現有的檔案透過「讀入資料」的功能讀入 Illustrator 中。不管各位要建立哪一種類型的圖表，只要由工具箱中點選想要建立的圖表鈕，再到文件上拖曳出圖表的區域範圍，於資料表中建立資料後離開，圖表就可以建立成功。要注意的是，以滑鼠拖曳圖表範圍時，其區域範圍並不包括座標及圖說部分喔！

14-1-1 讀入資料

在 Illustrator 中可以將文字檔的圖表資料讀入，由於只能支援文字資料，如果原先的資料為 Excel 檔，請利用「檔案 / 另存新檔」指令將存檔類型更換為「文字檔（Tab 字元分隔）」就行了。

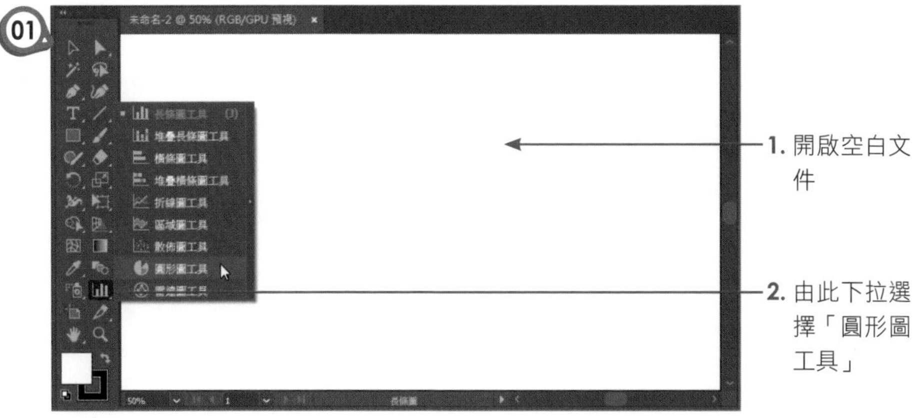

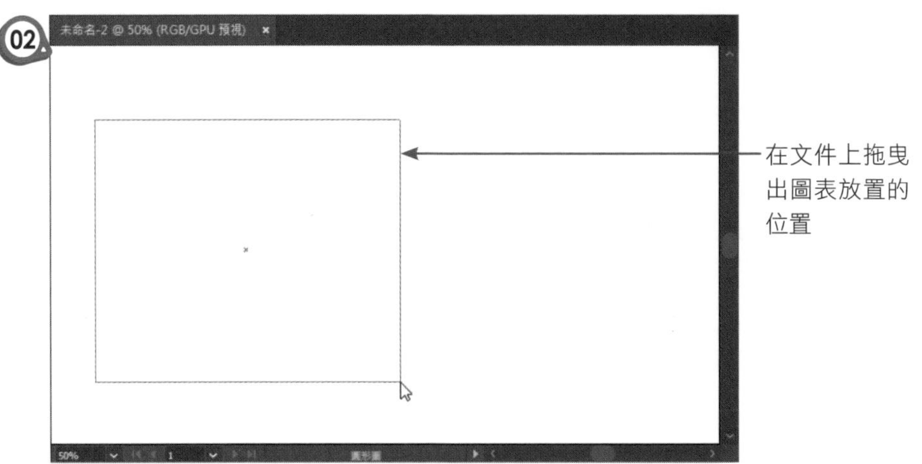

03

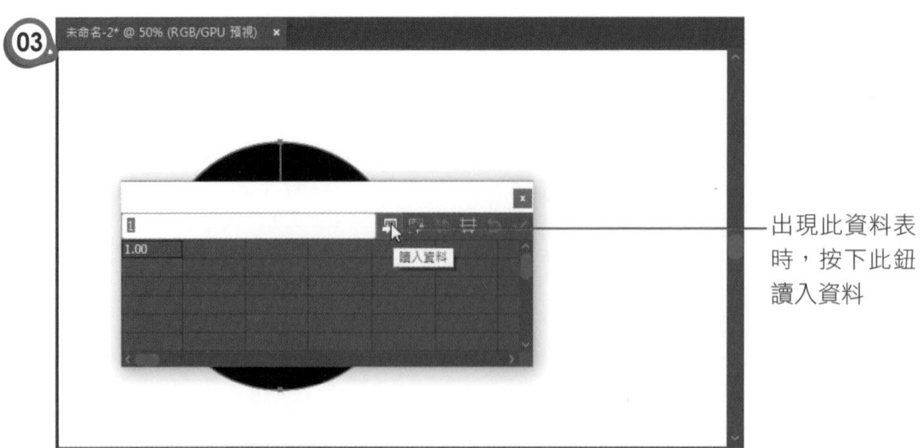

出現此資料表時，按下此鈕讀入資料

04

1. 點選檔案放置的資料夾位置

2. 點選檔案圖示

3. 按下「開啟」鈕

05

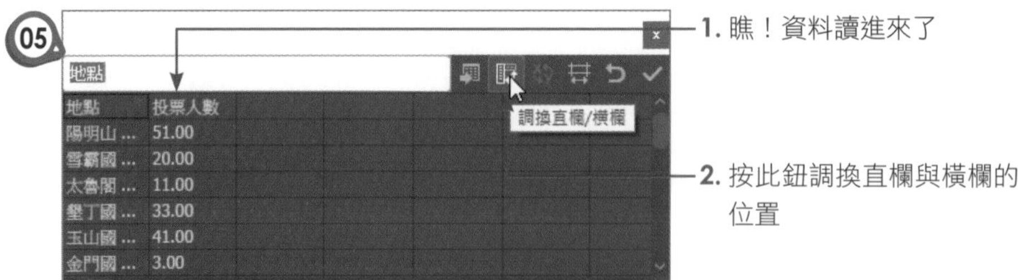

地點	投票人數
陽明山 ...	51.00
雪霸國 ...	20.00
太魯閣 ...	11.00
墾丁國 ...	33.00
玉山國 ...	41.00
金門國 ...	3.00

1. 瞧！資料讀進來了

2. 按此鈕調換直欄與橫欄的位置

06

地點	陽明山 ...	雪霸國 ...	太魯閣 ...	墾丁國 ...	玉山國 ...	金門國 ...
投票人數	51.00	20.00	11.00	33.00	41.00	3.00

按此鈕套用資料

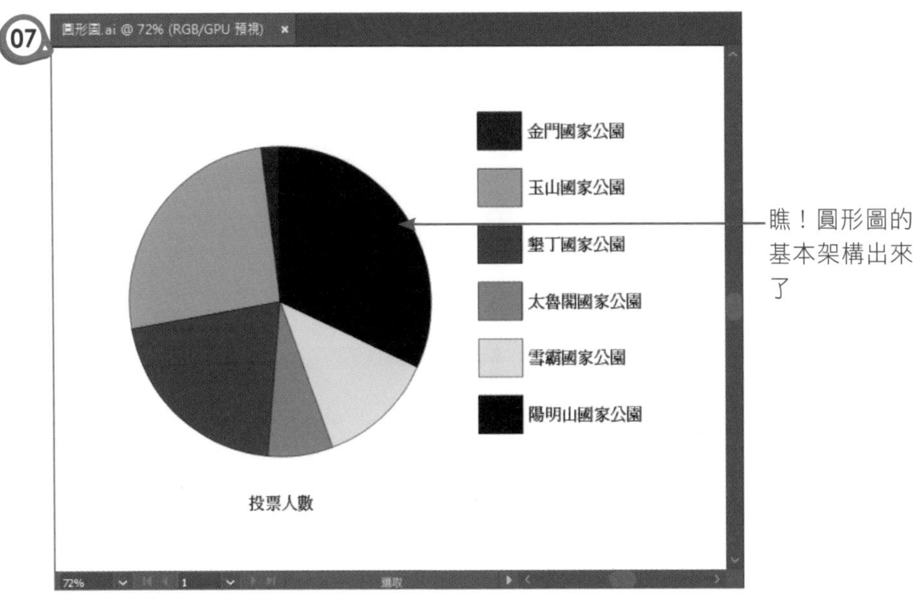

14-1-2 從無到有建立新圖表

如果沒有現成的文字檔資料，那麼只好一個個的在資料表中輸入。以下我們以此表格作說明：

地點	陽明山 國家公園	雪霸 國家公園	太魯閣 國家公園	墾丁 國家公園	玉山 國家公園	金門 國家公園
投票人數	51	20	11	33	41	3

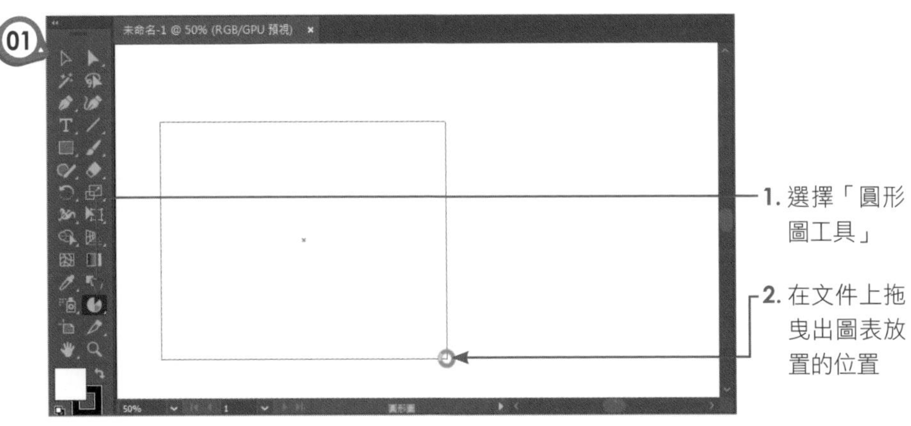

02

2. 在此欄位輸入文字內容，輸入完畢按「Enter」確定

1. 點選儲存格

03

2. 按此鈕套用

1. 依序輸入資料如圖

04

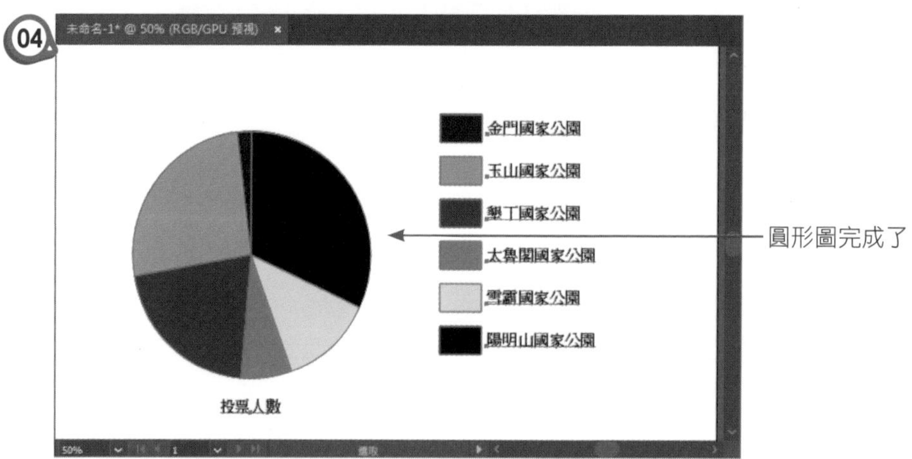

圓形圖完成了

14-2 圖表編修

剛剛建立完成的圓形圖表看起來毫無生氣，黯淡無光，接下來要告訴各位如何作編修，讓圖表的視覺效果可以符合各位的需要。這裡將學到色彩的修改、資料的變更、圖表類型的更換，以及如何變更成自己訂定的圖案，讓圖表變得有朝氣和色彩。

14-2-1 修改圖表色彩

首先要來替換圖表的顏色。請利用「群組選取工具」 來選取圖例，它會自動選取圖例與其數列，透過「控制」面板即可變更顏色。

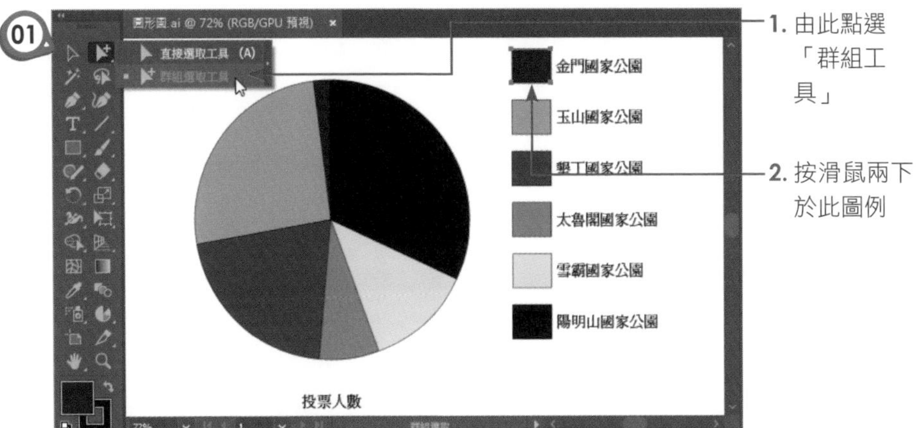

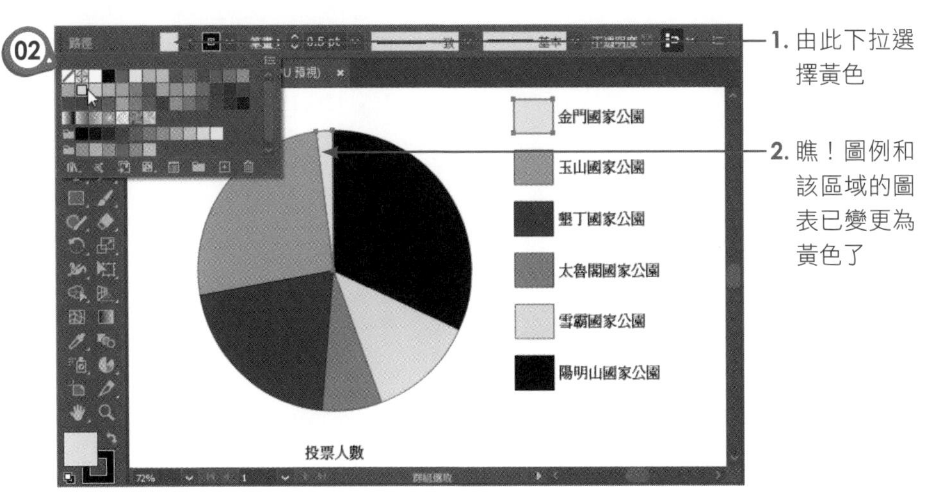

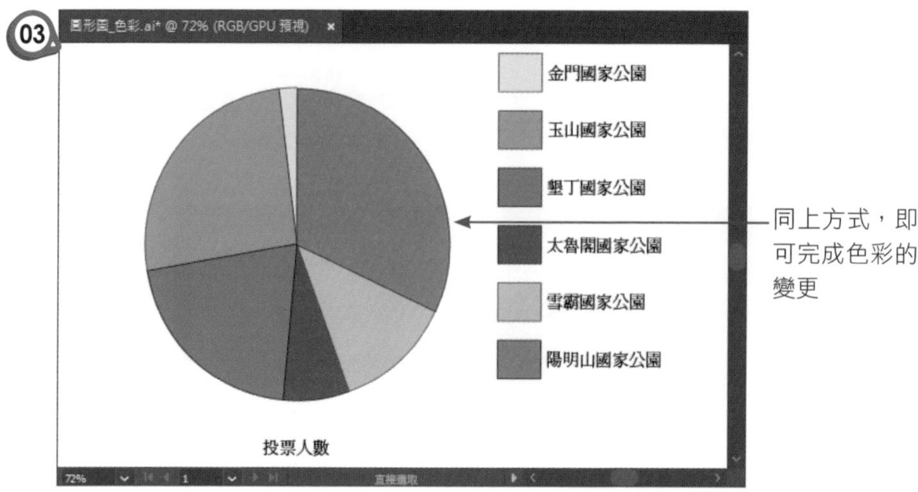

在圓形圖表中，如果想要特別強調某一個區塊，可以利用「直接選取工具」來移動它。如圖示：

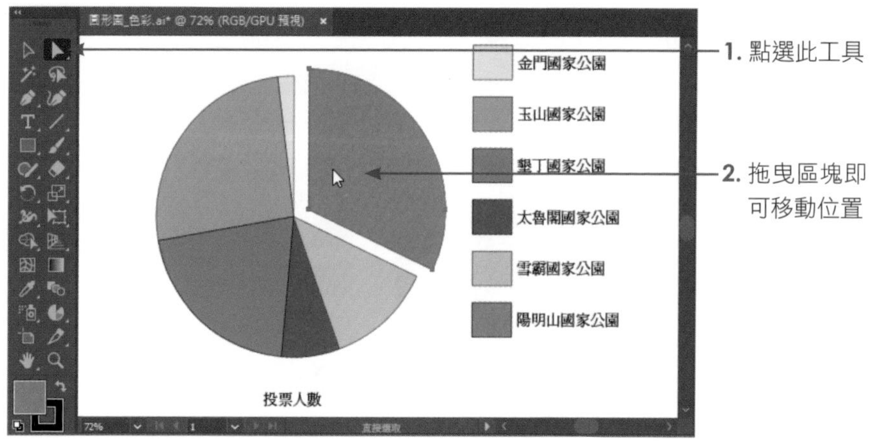

14-2-2 變更圖表類型

在建立圖表後，萬一想要更換成其他的圖表類型，不用重頭開始建立，只要按右鍵於圖表上，由快顯功能表中選擇「類型」的指令就可以更換。

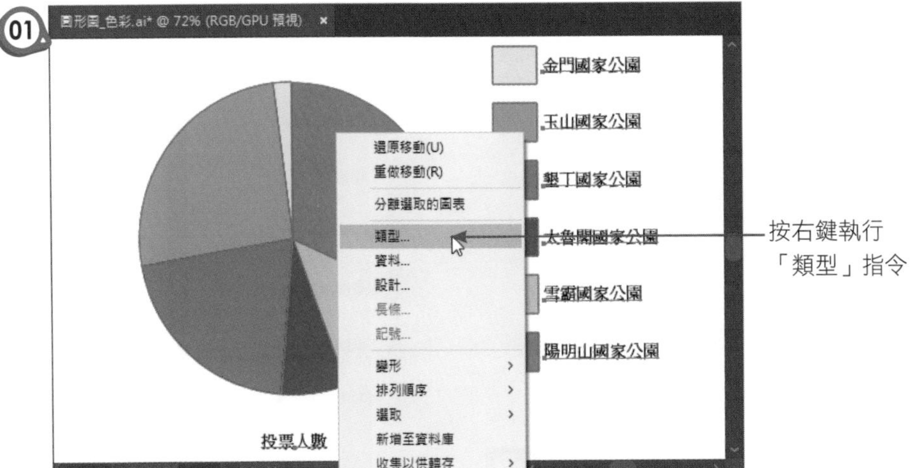
01
圓形圖_色彩.ai* @ 72% (RGB/GPU 預視)
金門國家公園
玉山國家公園
墾丁國家公園
太魯閣國家公園
雪霸國家公園
陽明山國家公園
還原移動(U)
重做移動(R)
分離選取的圖表
類型...
資料...
設計...
長條...
記號...
變形
排列順序
選取
新增至資料庫
收集以供轉存
投票人數
72%
按右鍵執行
「類型」指令

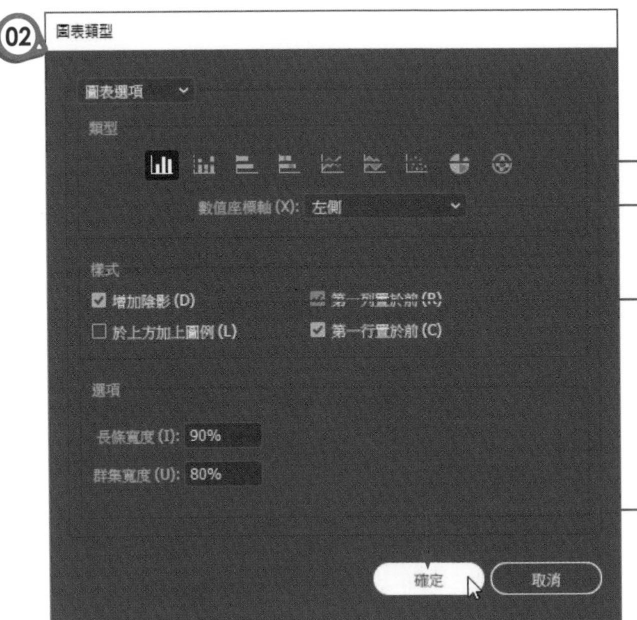
02
圖表類型
圖表選項
類型
數值座標軸 (X): 左側
樣式
增加陰影 (D)
於上方加上圖例 (L)
第一列置於前 (R)
第一行置於前 (C)
選項
長條寬度 (I): 90%
群集寬度 (U): 80%
確定
取消
1. 重新選擇要使用的類型
2. 由此可設定數值座標軸
的位置
3. 勾選此項可加入陰影
4. 按此鈕確定

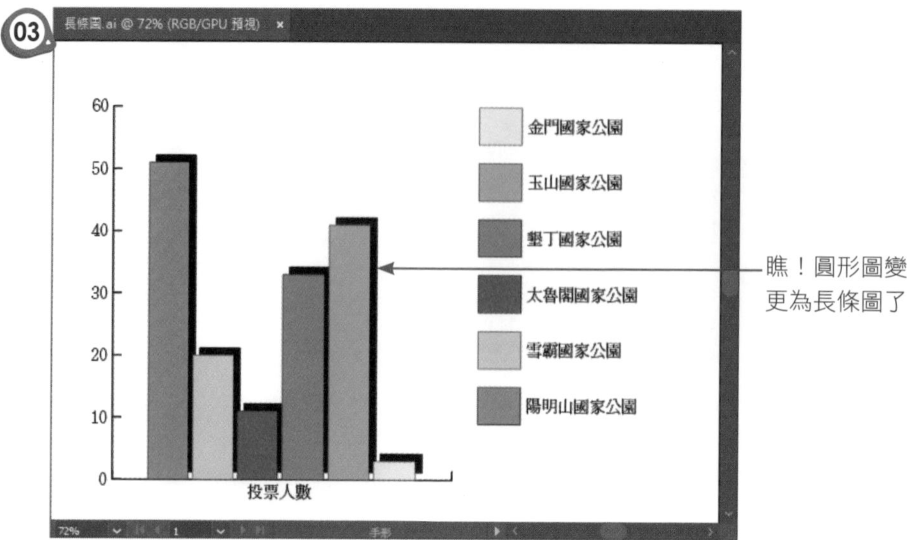

14-2-3 變更圖表資料

好不容易完成圖表的設計，萬一資料有需要做更動，這時也可以利用滑鼠右鍵選擇「資料」來做變更。

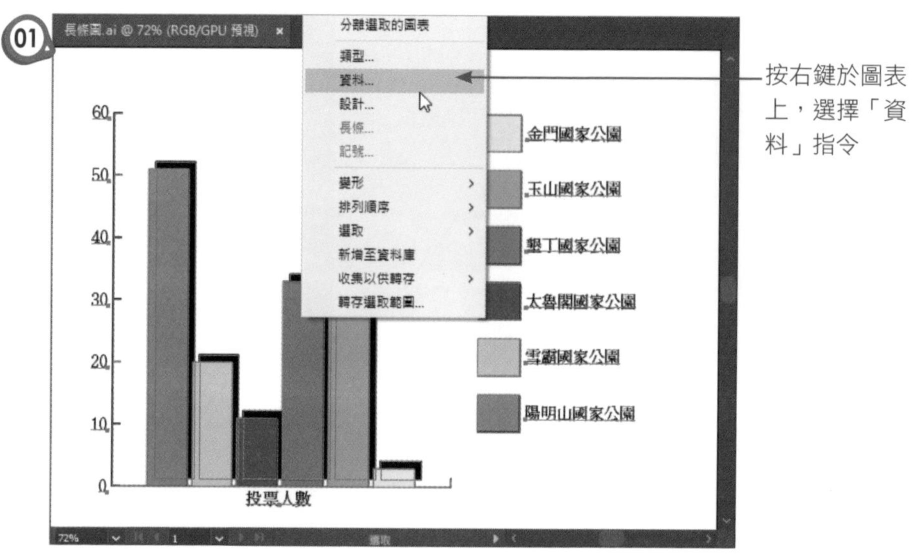

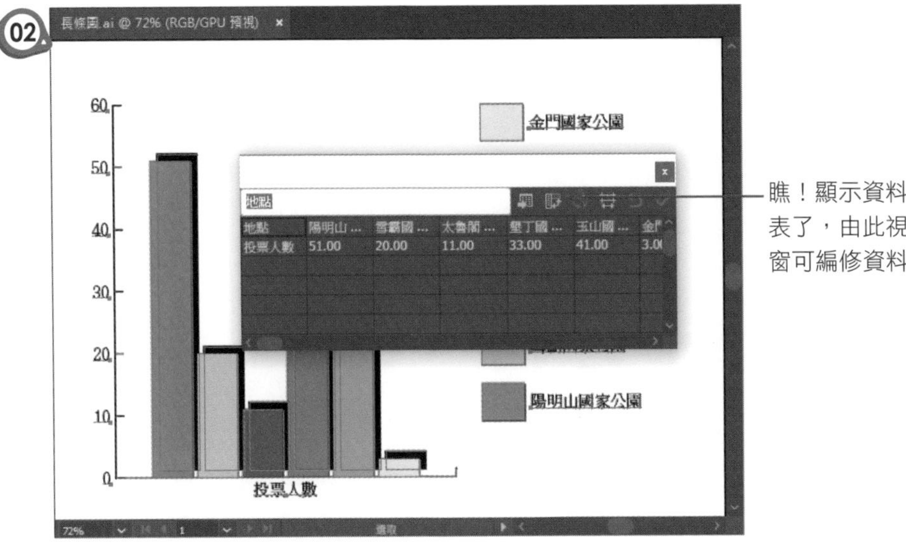

14-2-4 更改圖表文字格式

有時候因為畫面的需求，如果預設的文字色彩效果不明顯，也可以利用「直接選取工具」來做變更。如下圖示：

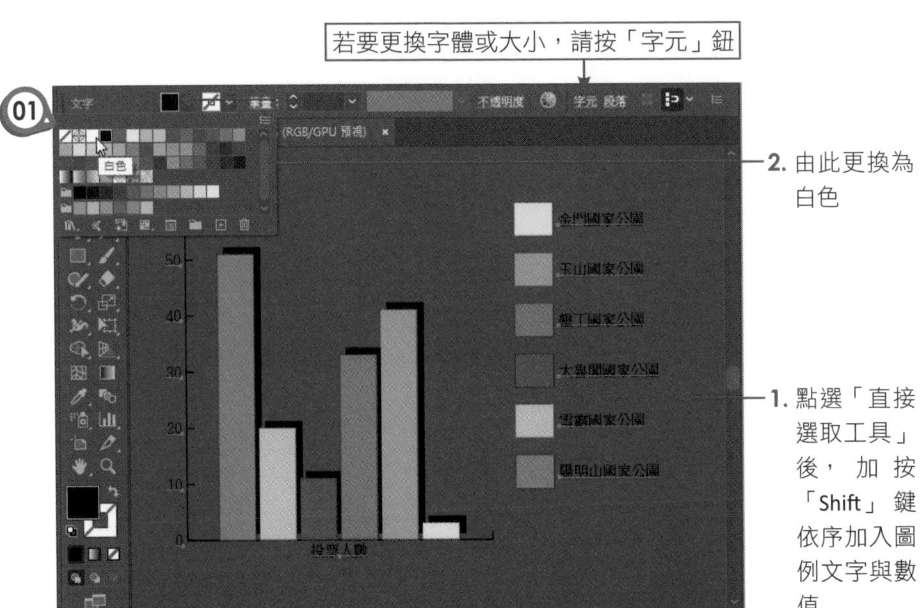

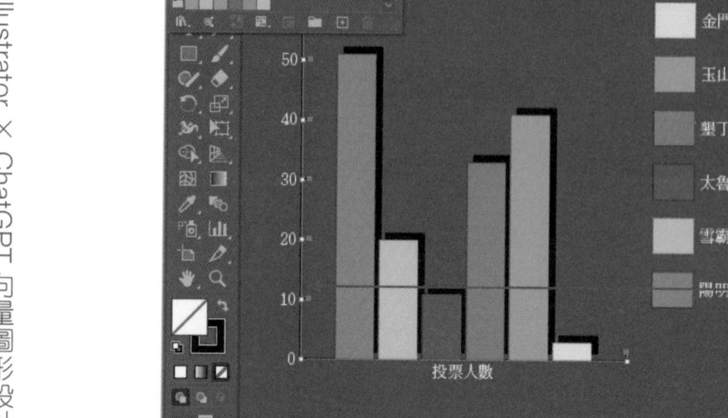

3. 由此更換框線色彩

1. 瞧！文字更換為白色了

2. 加按「Shift」鍵點選線條的部分

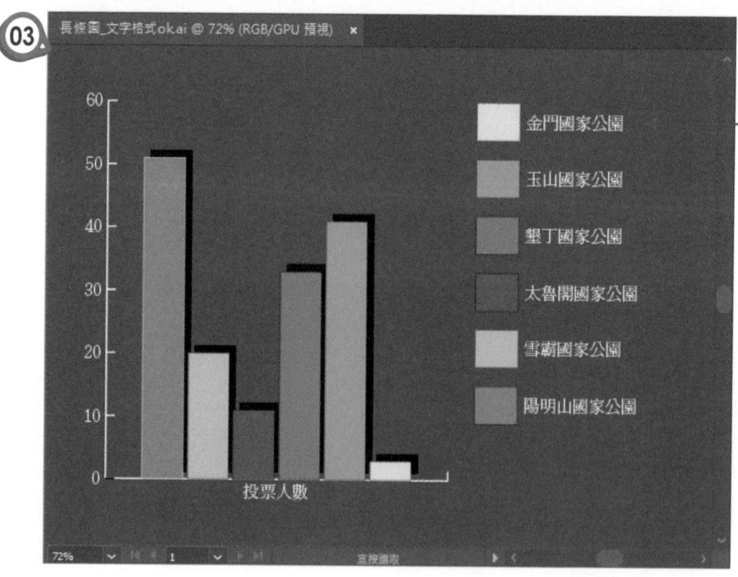

色彩更換後，圖表文字變清楚了

14-2-5 自訂圖案做為圖表設計

除了利用簡單的色彩來區分圖表內容外，也可以設計一些特殊的造型來當作圖例。此處我們就以人頭 來當作圖例說明。請執行「物件 / 圖表 / 設計」指令，我們先來新增設計。

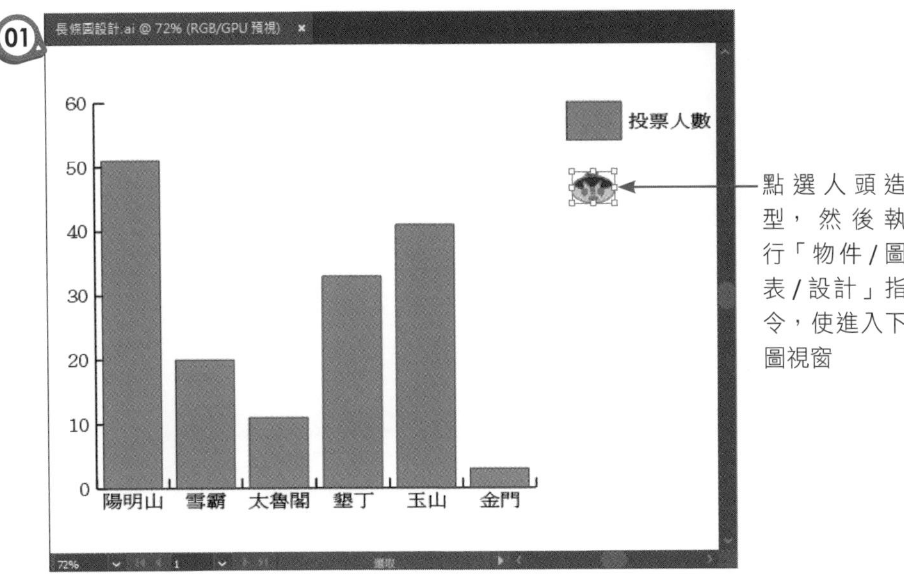

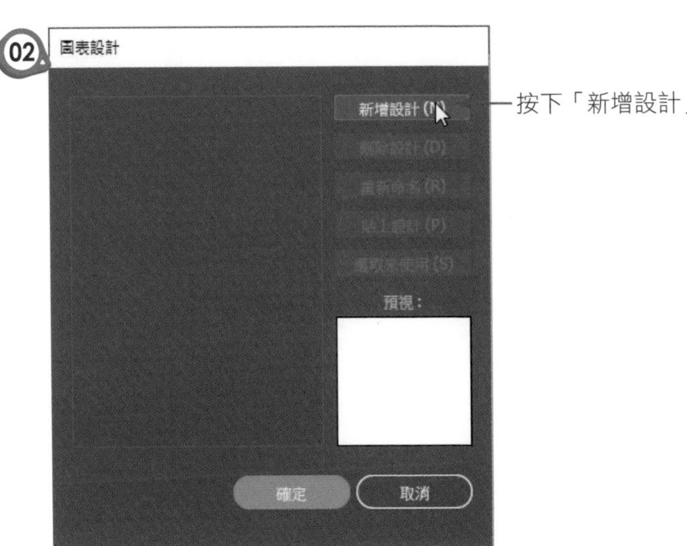

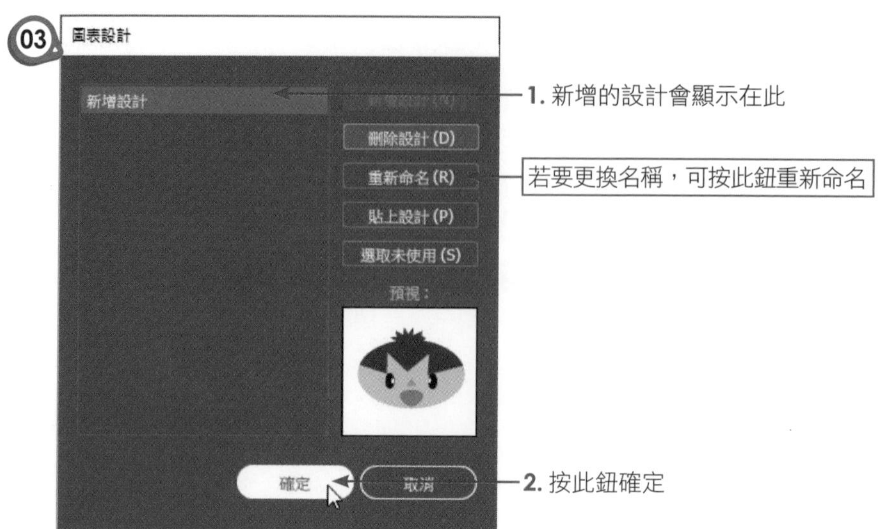

新的造型加入後，現在準備選取圖例，然後更換成人頭的造型。

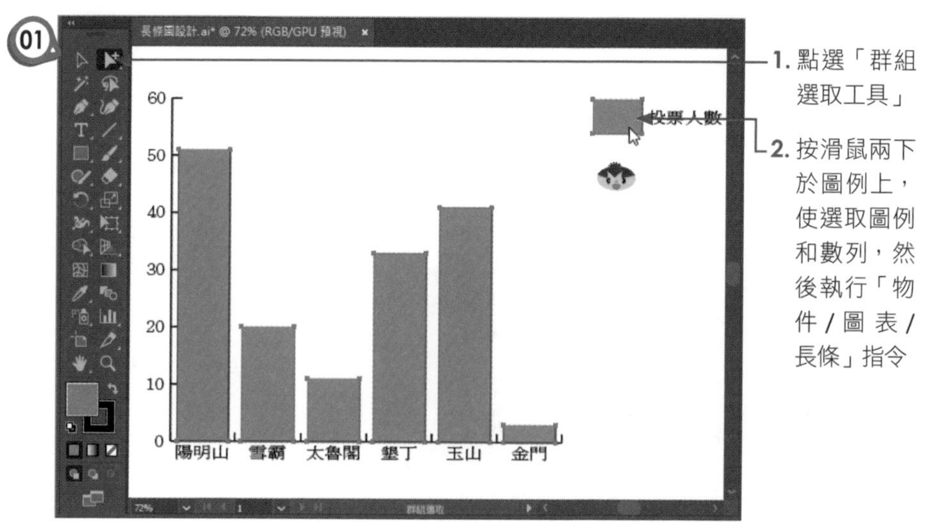

02
長條圖
選擇長條設計：
無
新增設計
長條類型 (C): 重複
旋轉圖例設計 (R)
個別設計代表 (E): 5
個單位
不完整圖案 (F): 縮放設計
截斷設計
縮放設計
確定
取消
1. 點選剛剛新增的設計
2. 下拉選擇「重複」的長條類型
3. 設定每個圖案代表的單位數
4. 設定不完整的圖案，以「縮放」的方式呈現
5. 按此鈕確定

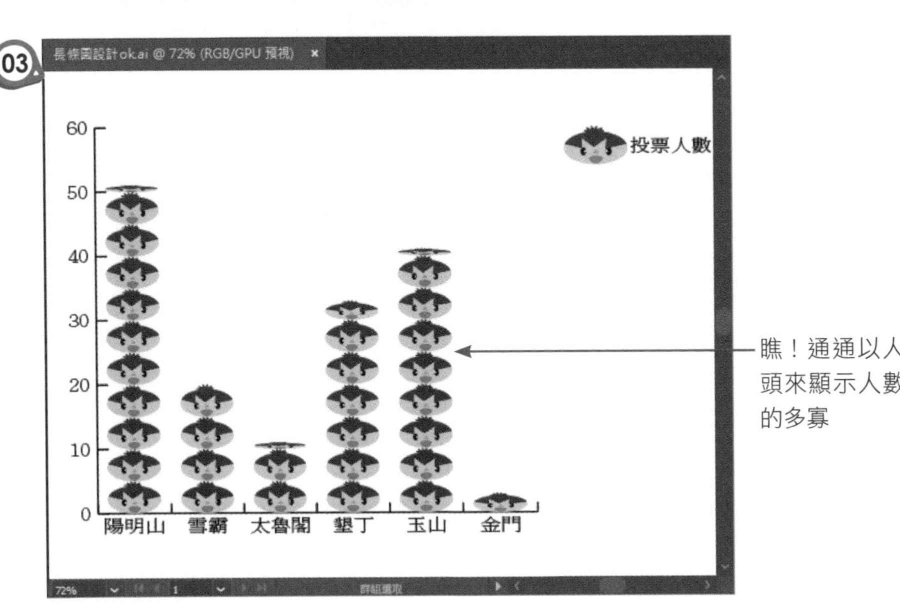
03
長條圖設計ok.ai @ 72% (RGB/GPU 預視)
60
50
40
30
20
10
0
投票人數
陽明山
雪霸
太魯閣
墾丁
玉山
金門
瞧！通通以人頭來顯示人數的多寡

課後習題

【實作題】

1. 請將所提供的「學生人數統計 .txt」檔，利用「堆疊橫條圖工具」讀入資料，使排列成如下的畫面。

   來源檔案：學生人數統計 .txt

   完成檔案：學生人數統計 ok.ai

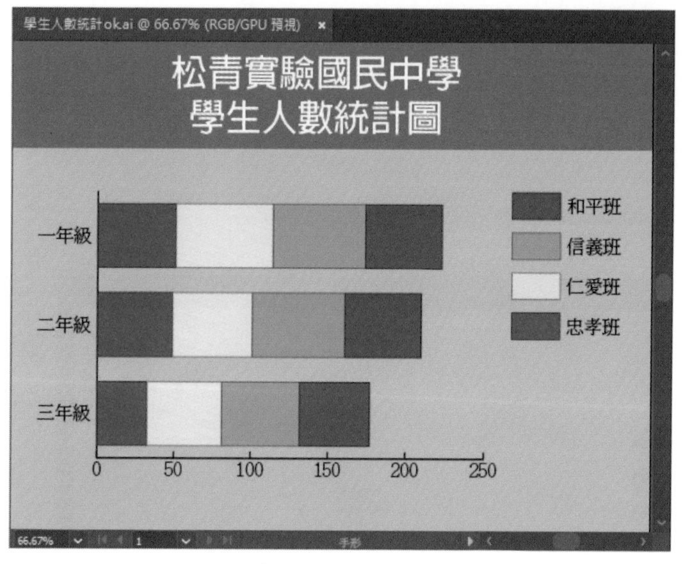

提示：

(1) 點選「堆疊橫條圖工具」，在文件拖曳出區域範圍，按下「讀入資料」鈕，使讀入「學生人數統計 .txt」檔，調換直欄 / 橫欄後，按下「套用」鈕離開。

(2) 以「群組選取工具」分別點選圖例，再由「控制」面板更換顏色。

(3) 以「矩形工具」分別繪製藍色和淡藍色的矩形，按滑鼠右鍵使排列順序移到最後。

(4) 以「文字工具」輸入標題文字，設定為 36 級的「Adobe 繁黑體 Std B」。

2. 請將下列的資訊，利用「折線圖工具」完成如下的圖表製作。

來源資料：

	06/02	06/09	06/16	06/23
聯電	13.35	10.55	9.21	11.90
日月光	25.22	26.33	27.12	28.01
勤益	16.30	16.22	16.91	17.01
威盛	20.35	18.51	18.22	21.59

完成檔案：折線圖 ok.ai

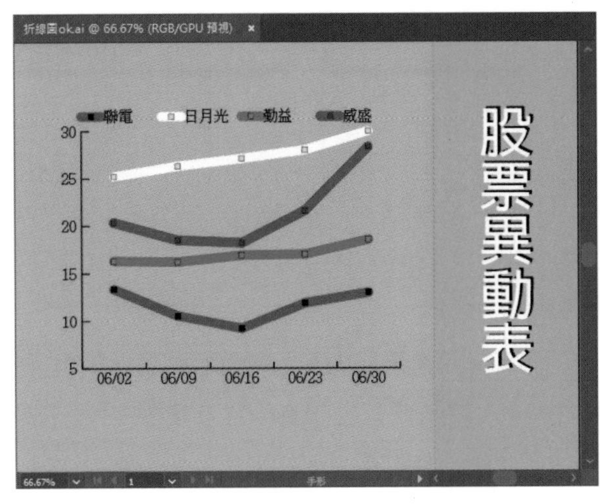

提示：

(1) 點選「堆疊橫條圖工具」，在文件拖曳出區域範圍，輸入如上的圖表資料後，調換直欄 / 橫欄的位置，按下「套用」鈕離開。

(2) 按右鍵執行「類型」指令，在「樣式」處勾選「於上方加入圖例」的選項。

(3) 以「群組選取工具」分別點選圖例，再由「控制」面板更換筆畫顏色，而筆畫寬度設為「10」。

(4) 以「矩形工具」分別繪製橙色和綠色的矩形，按滑鼠右鍵使排列順序移到最後。

(5) 以「垂直文字工具」輸入標題文字，文字先設為黑色，再製一份後更換為白色，並做些許位移。

3. 開啟「自訂圖表圖示 .ai」檔，請將圖表中的圖例與圖表，更換成所指定的圖案。

   來源檔案：自訂圖表圖示 .ai

   完成檔案：自訂圖表圖示 ok.ai

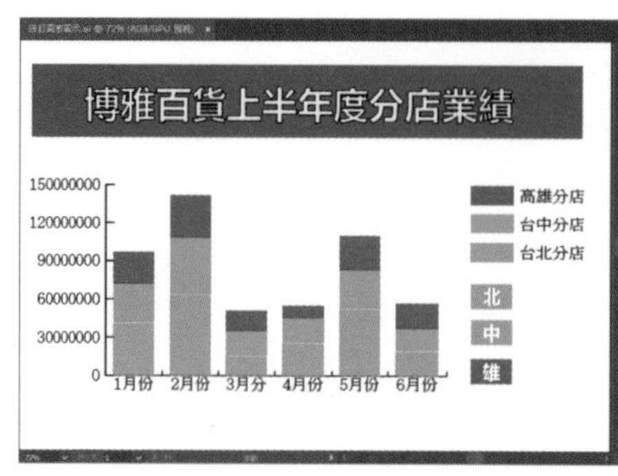

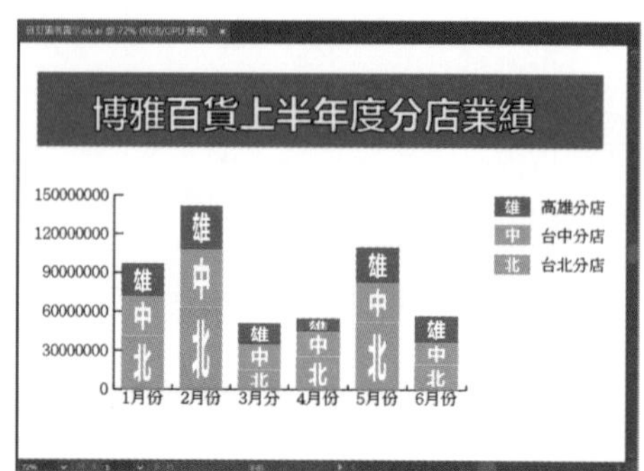

提示：

(1) 分別點選「北」、「中」、「雄」的圖案，執行「物件 / 圖表 / 設計」指令，依序新增設計，並將名稱重新命名為「台北分店」、「台中分店」、「高雄分店」。

(2)「群組選取工具」分別按滑鼠兩下，使分別點選各圖例，執行「物件 / 圖表 / 長條」指令，將長條類型設為「垂直縮放」，不勾選「旋轉圖例設計」，再按「確定」鈕離開即可。

CHAPTER

15

必學的列印與輸出技巧

Illustrator

前面的章節中已經學會了 Illustrator 的各種編輯技巧，辛苦完成的各種文件編輯後，最終的目的不外乎將它列印出來、輸出、或放置於網頁上，因此本書的最後就針對這部分來做說明，讓辛苦完成的作品也能夠與他人分享。

15-1 文件列印

要將文件列印出來，執行「檔案 / 列印」指令，即可進入「列印」視窗。在一般狀態下，使用者只要在「一般」類別中設定列印的份數、方向、以及是否做縮放處理後，即可按下「列印」鈕列印文件。

1. 設定列印份數　**2.** 勾選此項會自動旋轉文件方向

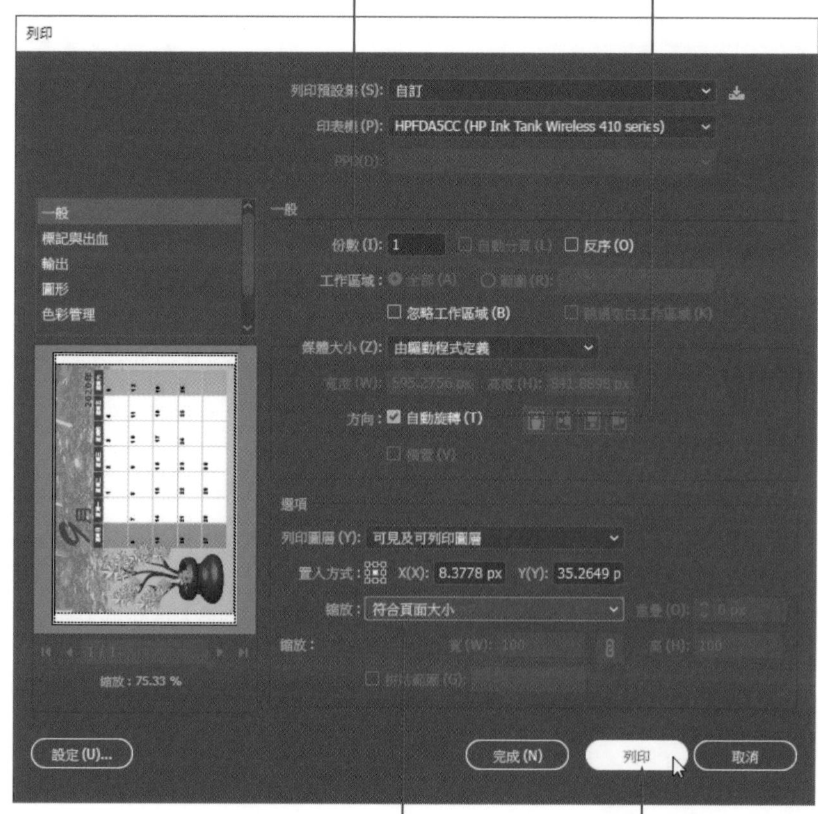

3. 下拉設定是否縮放文件　**4.** 按此鈕進行列印

如果列印時需要顯示剪裁、對齊、色彩導表、頁面資訊等標記符號，那麼請切換到「標記與出血」，再勾選想要顯示的標記選項。

1. 切換到「標記與出血」的類別

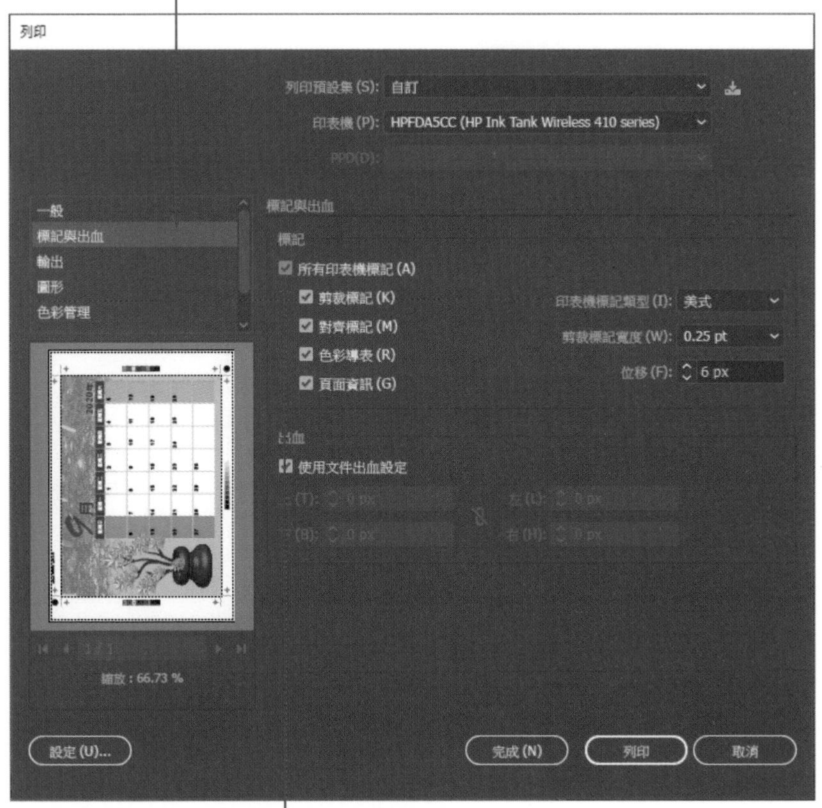

2. 勾選此處，會同時勾選下方的四個選項

15-2 轉存圖檔

想要儲存文件，一般利用「檔案 / 另存新檔」指令，除了 Adobe Illustrator 特有的 AI 格式外，還可以選擇儲存為 PDF（Adobe PDF）、EPS（Illustrator EPS）、AIT（Illustrator Template）、SVG、SVGZ（SVG 已壓縮）等格式。

如果您的文件需要轉存為其他的格式類型，那麼請執行「檔案 / 轉存」指令，就會看到如右的三種方式：

15-2-1 轉存為螢幕適用

執行「檔案 / 轉存 / 轉存為螢幕適用」指令後，將進入此視窗，可針對檔案範圍進行選擇、可加入出血、可選用 PNG/JPG/SVG/PDF 等格式、或是新增 iOS/Android 等裝置的預設集。

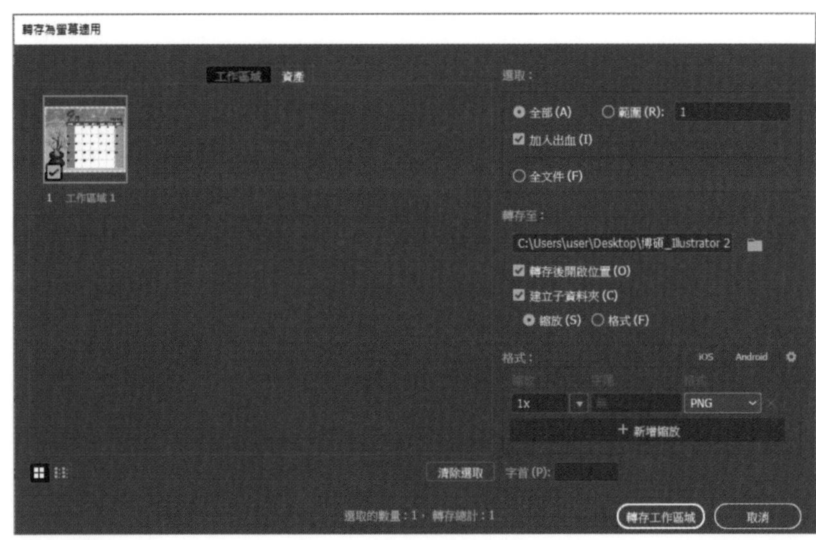

15-2-2 轉存為

「檔案 / 轉存 / 轉存為」指令所提供的檔案格式相當多，除了一般常看到的 bmp、pct、png、psd、tif、tga 等點陣圖格式外，wmf、emf 等向量圖格式也可以在此進行轉存。

如果你的文件要進行印刷出版，通常會轉存為 TIF 格式，此格式為非破壞性壓縮模式，支援儲存 CMYK 的色彩模式與 256 色，也能儲存 Alpha 色版。其檔案量較大，是文件排版軟體的專用格式。

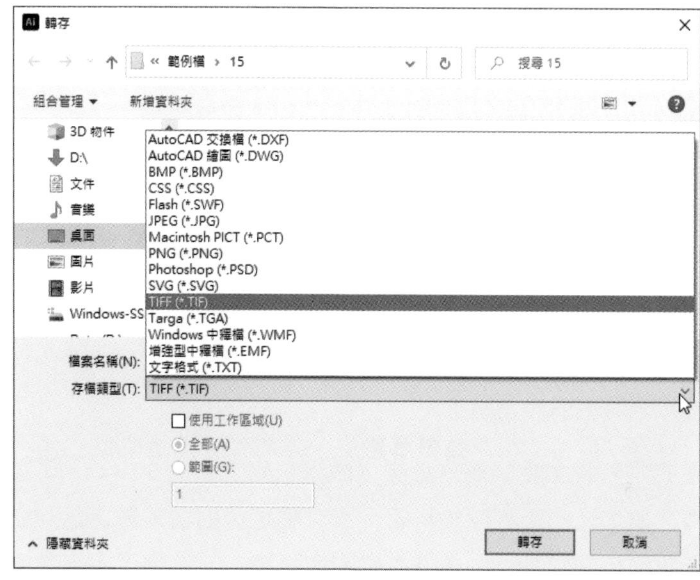

15-2-3 轉存為網頁用

「檔案 / 轉存 / 轉存為網頁用」指令，可從預設集中選擇各種 PNG、GIF、JPEG 格式，讓使用者輕鬆比較出原始文件與輸出後的差異性。

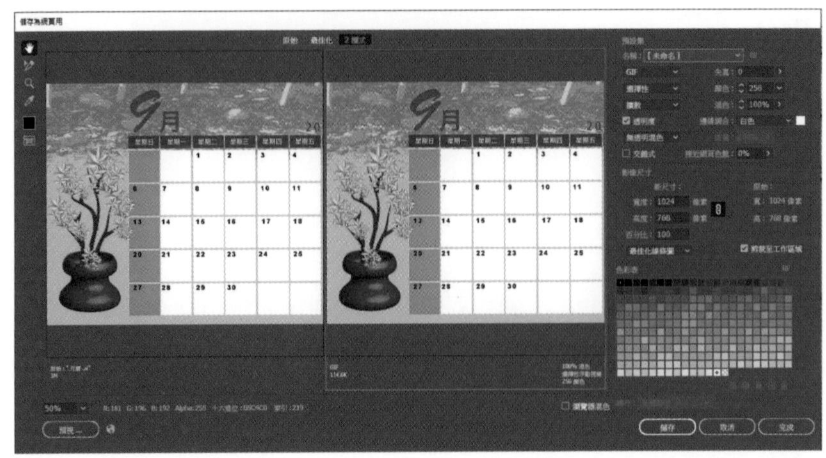

JPEG（Joint Photographic Experts Group）屬於破壞性壓縮的全彩影像格式，採用犧牲影像的品質來換得更大的壓縮空間，所以檔案容量比一般的圖檔格式來的小，儲存時還可根據需求來設定品質的高低。

GIF 圖檔是為了以最小的磁碟空間來儲存影像資料，以節省網路傳輸的時間。這種格式為無失真的壓縮方式，色彩只限於 256 色，支援透明背景圖與動畫。檔案本身有一個索引色色盤來決定影像本身的顏色內容，適合卡通類小型圖片或色塊線條為主的手繪圖案。

PNG 格式是較晚開發的網頁影像格式，它包含了 JPG 與 GIF 兩種格式的特點。是一種非破壞性的影像壓縮格式，所以壓縮後的檔案量會比 JPG 來的大，但它具有全彩顏色的特點，能支援交錯圖的效果，又可製作透明背景的特性，檔案本身可儲存 Alpha 色版以做為去背的依據。

15-3 匯出成 PDF 格式

PDF（Portable Document Format）是 Adobe 所開發的跨平台格式，主要用來做交換和瀏覽檔案之用，由於它能保留檔案原有的編排，所以被使用率相當高。要將檔案匯出成 PDF 格式，除了利用「檔案 / 另存新檔」指令可以儲存成 PDF 格式外，執行「檔案 / 指令集 / 將文件儲存成 PDF」指令也可以辦到。

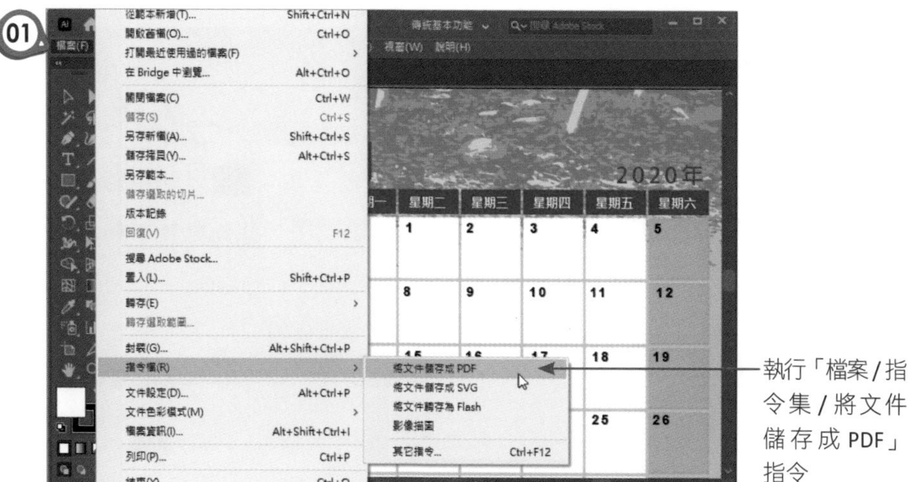
01
執行「檔案/指令集/將文件儲存成 PDF」指令

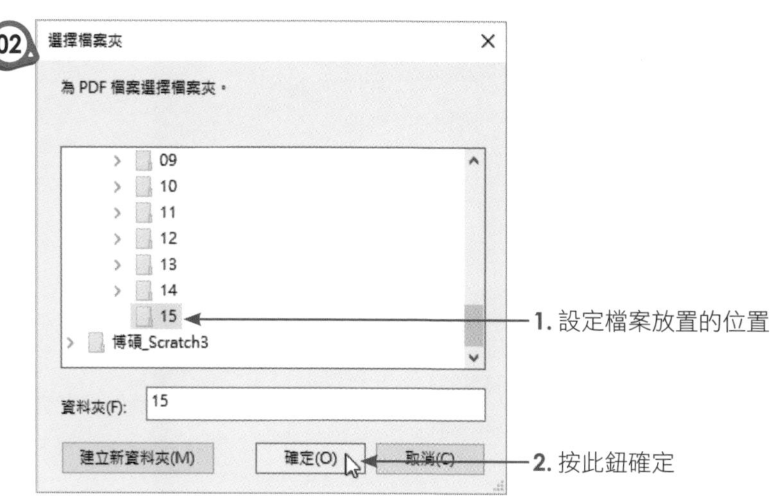
02
選擇檔案夾
為 PDF 檔案選擇檔案夾。
1. 設定檔案放置的位置
資料夾(F): 15
建立新資料夾(M)
確定(O)
取消(C)
2. 按此鈕確定

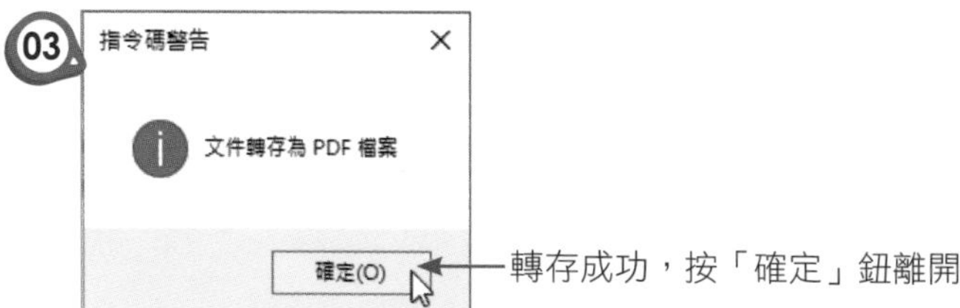
03
指令碼警告
文件轉存為 PDF 檔案
確定(O)
轉存成功，按「確定」鈕離開

15-4 建立影像切片

如果完成的文件要放置在網頁上，為了加快網頁圖片的顯示，通常都會對畫面進行切片。Illustrator 的工具中有提供「切片工具」可切割畫面，另外「物件」功能表中也有提供各種的切片指令可以選用，此處就針對切片的各種建立方式做介紹。

15-4-1 使用「切片工具」切割影像

想要切割網頁畫面，最簡單的方式就是利用「切片工具」。只要選取工具後，在畫面上拖曳出要切割的區塊，就能切割畫面。

01

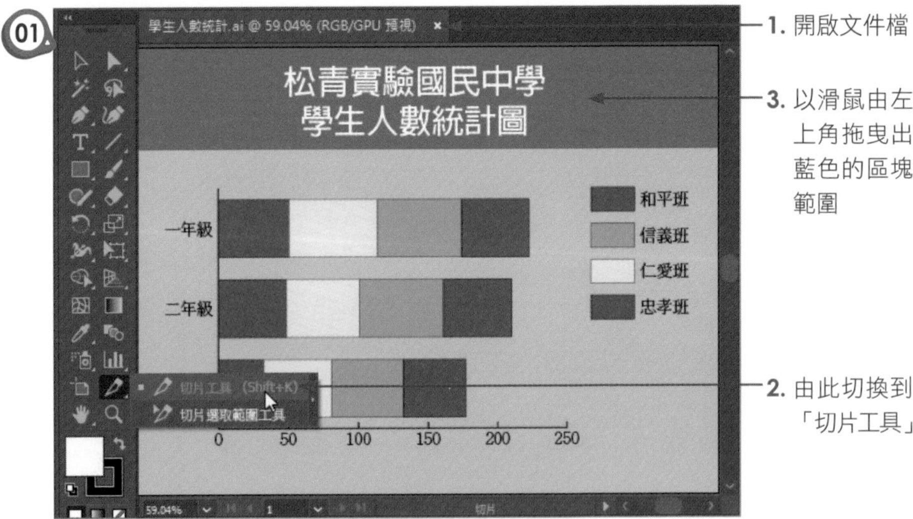

02

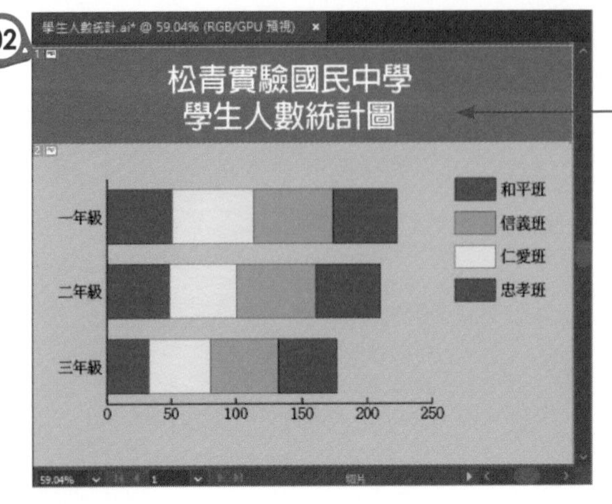

15-4-2 從選取範圍進行切片

在「物件」功能表中也有「切片」的功能，只要選取範圍後，執行「物件 / 切片 / 製作」指令，它就會自動進行畫面的切割。

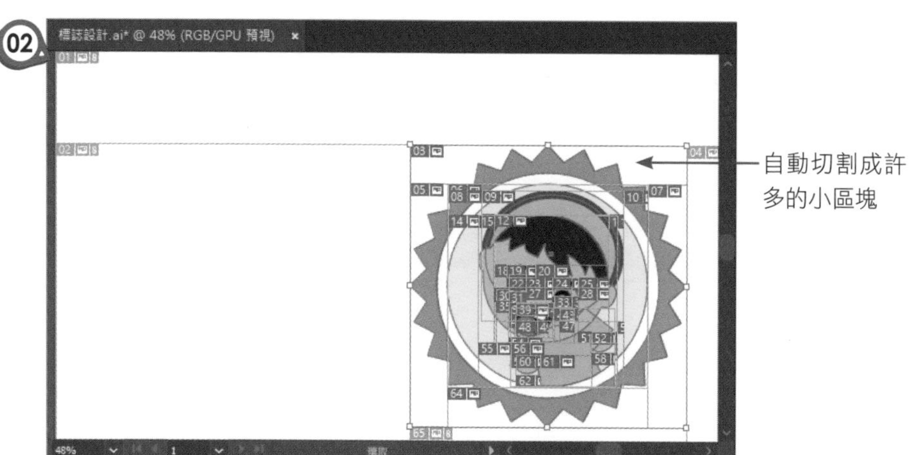

哇塞！一個標誌切片成六十多份的區塊，那麼要組合也會困難重重吧！事實上像這樣的畫面，可以利用「物件 / 切片 / 從選取範圍建立」指令，這樣它會將選取的標誌切割成一份完整的區塊，如以下步驟所示：

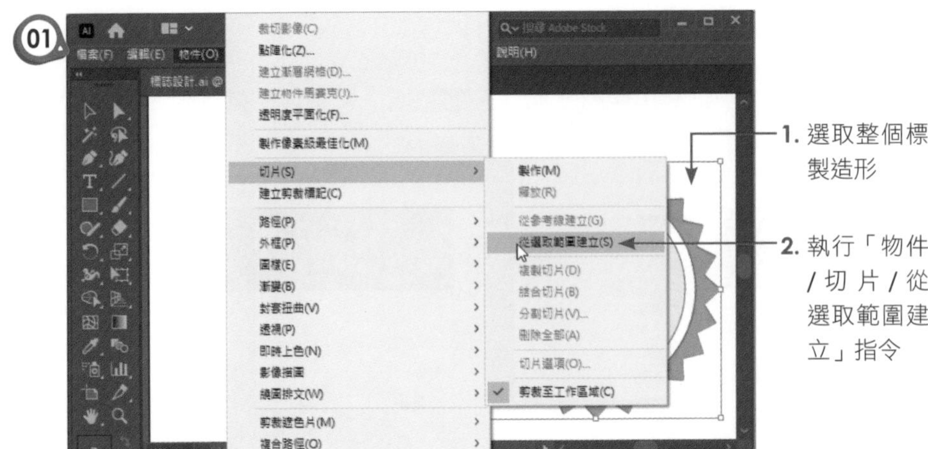

15-4-3 分割切片

萬一各位製作的文件很大張，想要將文件分割成若干欄或列，那麼可將文件中的物件選取起來，先從選取範圍建立切片後，再利用「物件 / 切片 / 分割切片」指令來設定分割的數目。設定方式如下：

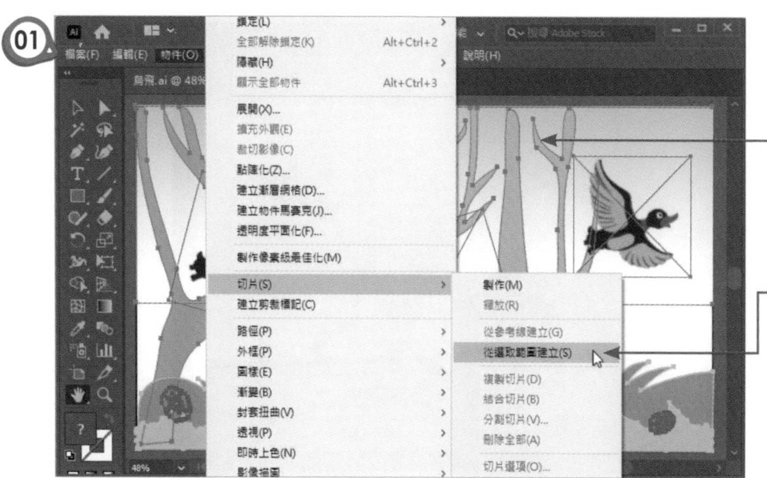

1. 以滑鼠拖曳出文件中的所有物件
2. 執行「物件/切片/從選取範圍建立」指令，使變成一個完整的切片

1. 瞧！文件變成一個切片了
2. 執行「物件/切片/分割切片」指令

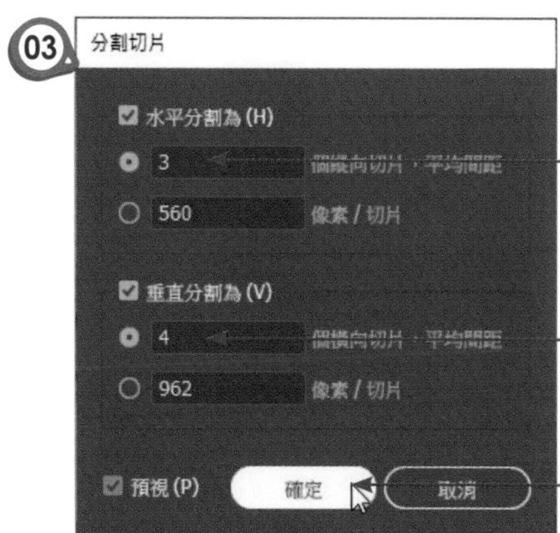

1. 設定水平分割的數目
2. 設定垂直分割的數目
3. 按下「確定」鈕離開

15-4-4 從參考線建立切片

除了利用水平或垂直的分割數目的來切片網頁外，也可以從參考線來建立切片。方式如下：

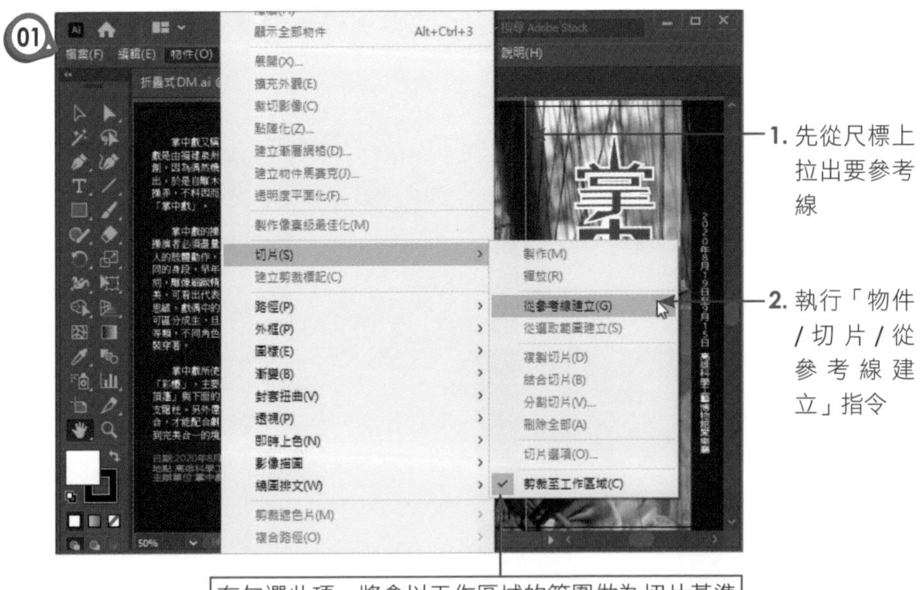

瞧！依參考線建立成三個切片

特別注意的是，如果未勾選「剪裁至工作區域」，則在切片時，它會連同出血的區域一併切片喔！

15-5 儲存為網頁用影像或網頁檔

當各位利用「切片工具」或「切片」功能完成畫面的切割後，接著就可以利用「檔案 / 轉存 / 儲存為網頁用」的指令來儲存網頁影像或網頁檔。一般網頁常用的檔案格式有三種：GIF、JPG 和 PNG，這裡就以 JPG 格式做示範。

切片後，執行「檔案 / 轉存 / 儲存為網頁用」指令，使進入下圖視窗

02
2. 由此可設定品質的高低
1. 下拉選擇「JPG 格式」
3. 這裡選擇「全部切片」
4. 按下「儲存」鈕

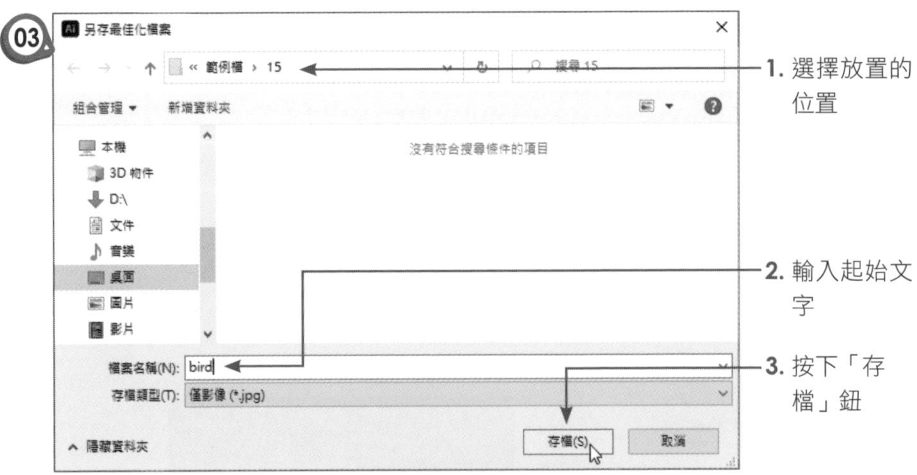
03
另存最佳化檔案
« 範例檔 › 15
組合管理
新增資料夾
本機
3D 物件
D:\
文件
音樂
桌面
圖片
影片
沒有符合搜尋條件的項目
檔案名稱(N): bird
存檔類型(T): 僅影像 (*.jpg)
隱藏資料夾
存檔(S)
取消
1. 選擇放置的位置
2. 輸入起始文字
3. 按下「存檔」鈕

04
Adobe Illustrator
某些檔案名稱包含非拉丁文字元， 這些檔案名稱與某些網頁瀏覽器及伺服器不相容。
不要再顯示 (D)
確定
取消
按「確定」鈕離開

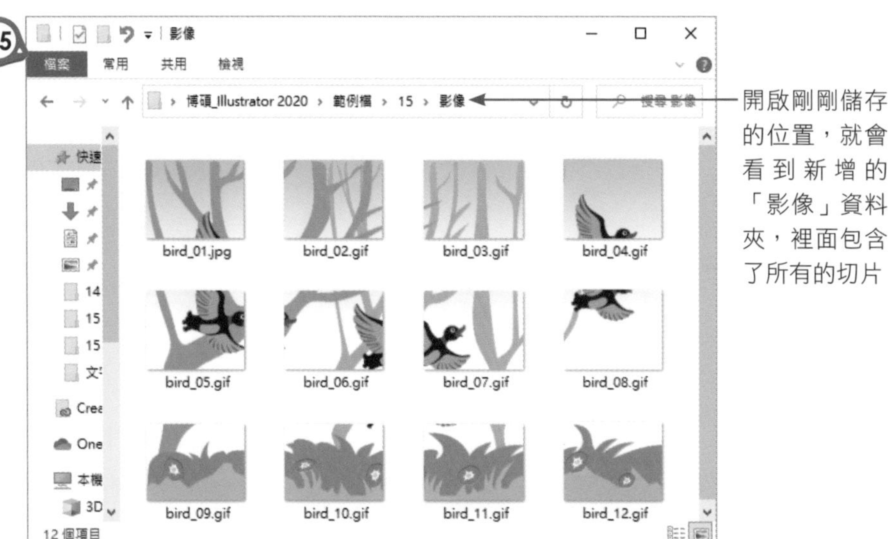

如果只有部分的切片需要轉存為網頁用途，或是想要做透明背景的處理，那麼可依照下面的方式進行設定。

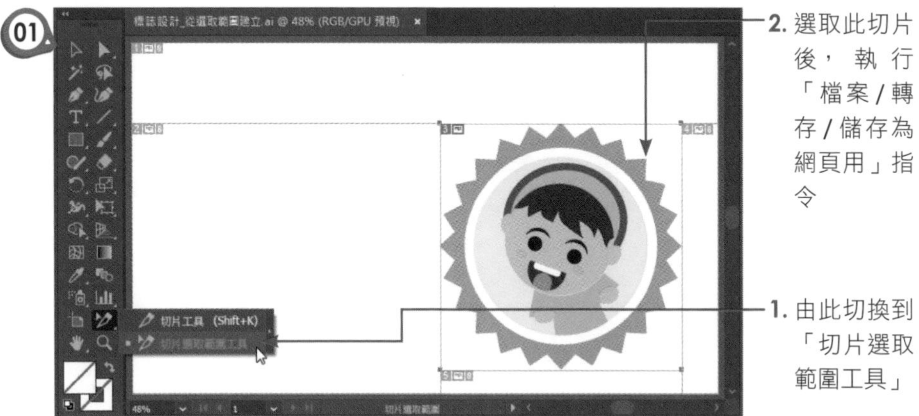

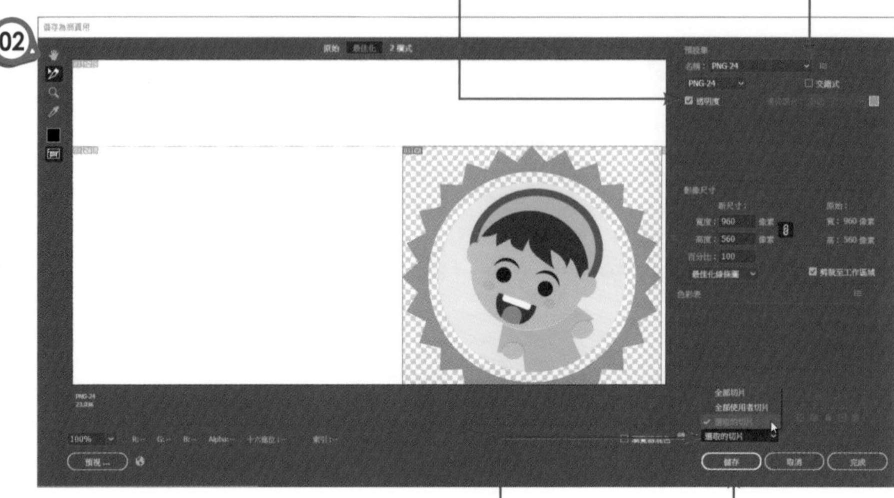
02
2. 勾選「透明度」的選項，則沒有填入顏色的地方就會變成透明
1. 下拉選擇「PNG」格式
3. 這裡設定為「選取的切片」
4. 按下「儲存」鈕

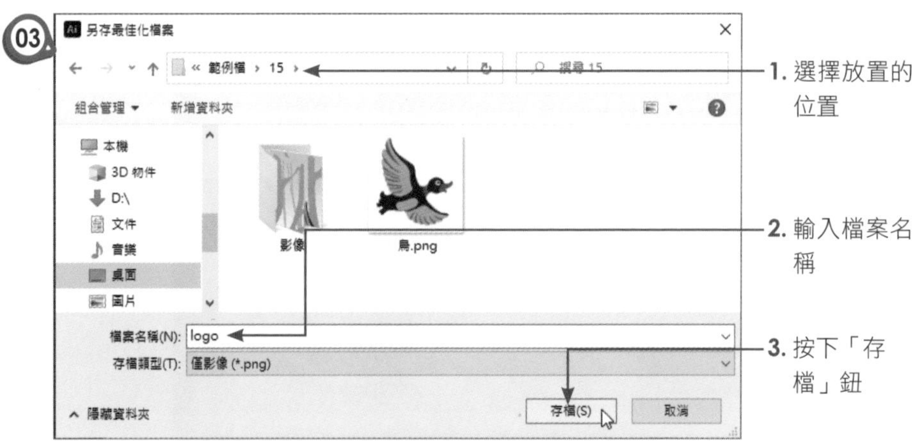
03
另存最佳化檔案
範例檔 › 15
組合管理
新增資料夾
本機
3D 物件
D:\
文件
音樂
桌面
圖片
影像
鳥.png
檔案名稱(N): logo
存檔類型(T): 僅影像 (*.png)
隱藏資料夾
存檔(S)
取消
1. 選擇放置的位置
2. 輸入檔案名稱
3. 按下「存檔」鈕

04
Adobe Illustrator
某些檔案名稱包含非拉丁文字元， 這些檔案名稱與某些網頁瀏覽器及伺服器不相容。
不要再顯示 (D)
確定
取消
按「確定」鈕離開

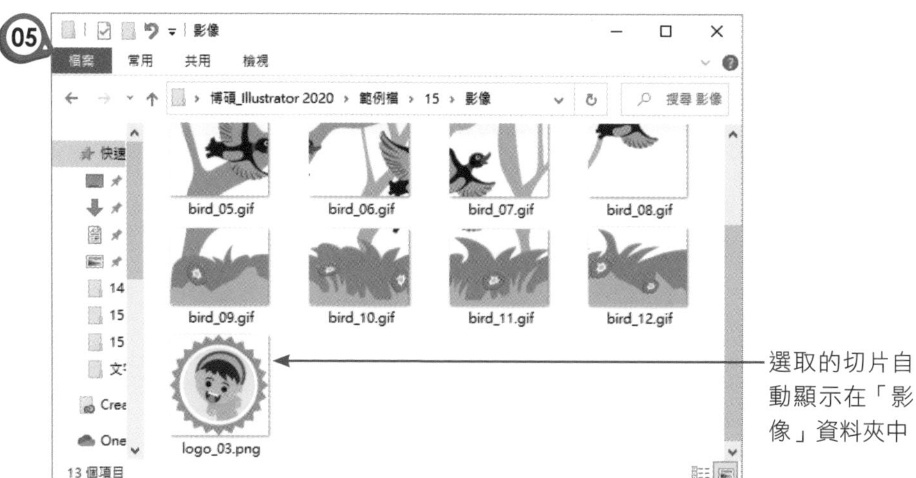

選取的切片自動顯示在「影像」資料夾中

15-6 檔案封裝

「檔案 / 封裝」指令是將文件中所連結的圖檔或使用中的字體等，一併封裝在一個資料夾中，方便設計者將檔案轉交給印刷廠商做輸出處理，以避免因一時疏忽而遺漏檔案，造成印刷時間的延遲。

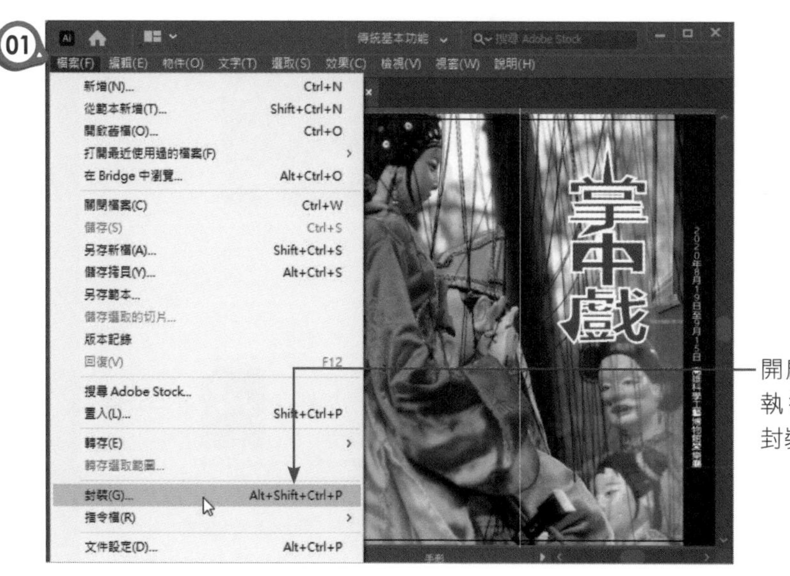

開啟檔案後，執行「檔案 / 封裝」指令

02

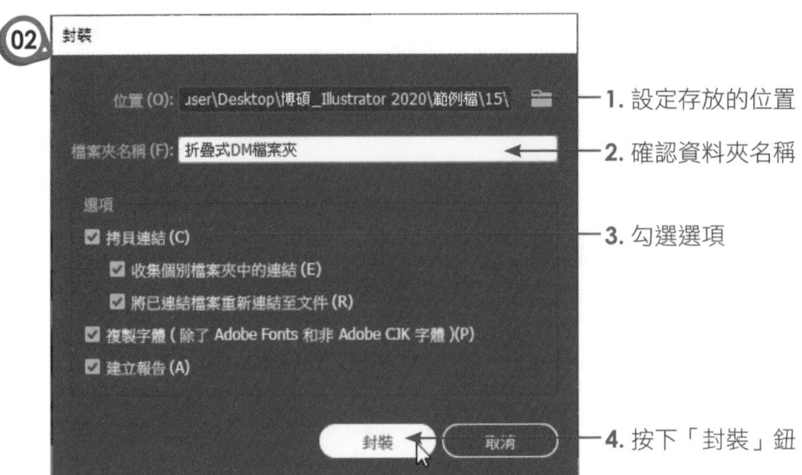
封裝
位置 (O): ser\Desktop\博碩_Illustrator 2020\範例檔\15\
檔案夾名稱 (F): 折疊式DM檔案夾
選項
拷貝連結 (C)
收集個別檔案夾中的連結 (E)
將已連結檔案重新連結至文件 (R)
複製字體 (除了 Adobe Fonts 和非 Adobe CJK 字體)(P)
建立報告 (A)
封裝
取消
1. 設定存放的位置
2. 確認資料夾名稱
3. 勾選選項
4. 按下「封裝」鈕

03

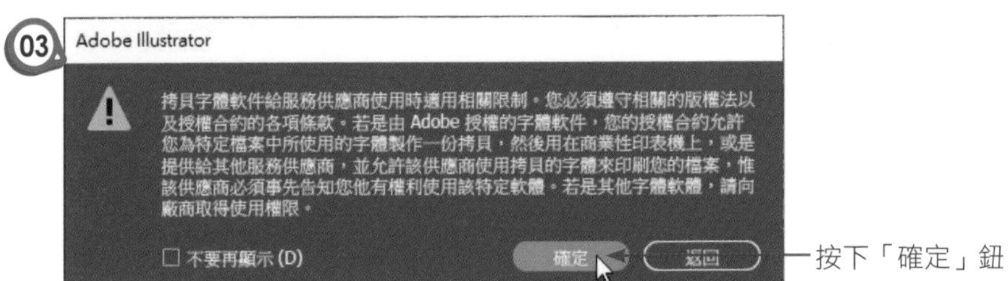
Adobe Illustrator
拷貝字體軟件給服務供應商使用時適用相關限制。您必須遵守相關的版權法以及授權合約的各項條款。若是由 Adobe 授權的字體軟件，您的授權合約允許您為特定檔案中所使用的字體製作一份拷貝，然後用在商業性印表機上，或是提供給其他服務供應商，並允許該供應商使用拷貝的字體來印刷您的檔案，惟該供應商必須事先告知您他有權利使用該特定軟體。若是其他字體軟體，請向廠商取得使用權限。
不要再顯示 (D)
確定
返回
按下「確定」鈕

04

Adobe Illustrator
封裝已成功建立。若要檢視封裝內容，請按一下「顯示封裝」按鈕。
不要再顯示 (D)
顯示封裝
確定
按此鈕顯示封裝

05

折疊式DM檔案夾
檔案
常用
共用
檢視
« 博碩_Illustrator 2020 › 範例檔 › 15 › 折疊式DM檔案夾 ›
搜尋 折...
14圖
15
15圖
文字檔
Creative Cloud Files
OneDrive
Fonts
Links
折疊式DM 報告.txt
折疊式DM.ai
4 個項目
封裝內容包含字體、連結檔…等相關檔案

課後習題

【實作題】

1. 請將提供的「馬 .ai」轉存成去背的 PNG 格式。

   來源檔案：馬 .ai

   完成檔案：馬 _03.png

提示：

(1) 選取所有物件，先執行「物件 / 切片 / 從選取範圍建立」指令。

(2) 切換到「切片選取範圍工具」，選取該切片後，執行「檔案 / 轉存 / 儲存為網頁用」指令，下拉選擇「PNG」格式，勾選「透明度」，並設定為「選取的切片」，按下「儲存」鈕。

2. 請將提供的「花朵 .ai」切片成 2 x3 片，並儲存為 JPEG 的檔案格式。

   來源檔案：花朵 .ai

   完成檔案：花朵 ok.ai、花朵 _01.jpg 至花朵 _06.jpg

提示：

(1) 選取所有物件，先執行「物件 / 切片 / 從選取範圍建立」指令。

(2) 執行「物件 / 切片 / 分割切片」指令，將水平分割為「2」，垂直分割為「3」。

(3) 執行「檔案 / 轉存 / 儲存為網頁用」指令，下拉選擇「JPEG」格式，轉存設定為「全部切片」，按下「儲存」鈕。

Illustrator 向量圖形設計的線上指導員——ChatGPT

16-1 認識聊天機器人

16-2 ChatGPT 初體驗

16-3 利用 ChatGPT 認識繪圖知識

16-4 利用 ChatGPT 在 Illustrator 繪製圖形

16-5 ChatGPT 在 Illustrator 向量圖形設計範例集

今年度最火紅的話題絕對離不開 ChatGPT，ChatGPT 引爆生成式 AI 革命，首當其衝的就是社群行銷，目前網路、社群上對於 ChatGPT 的討論已經沸沸揚揚。ChatGPT 是由 OpenAI 所開發的一款基於生成式 AI 的免費聊天機器人，擁有強大的自然語言生成能力，可以根據上下文進行對話，並進行多種應用，包括客戶服務、銷售、產品行銷等，短短 2 個月全球用戶超過 1 億，超過抖音的用戶量。ChatGPT 是由 OpenAI 公司開發的最新版本，該技術是建立在深度學習（Deep Learning）和自然語言處理技術（Natural Language Processing, NLP）的基礎上。由於 ChatGPT 基於開放式網絡的大量數據進行訓練，使其能夠產生高度精確、自然流暢的對話回應，與人進行交流。如下圖所示：

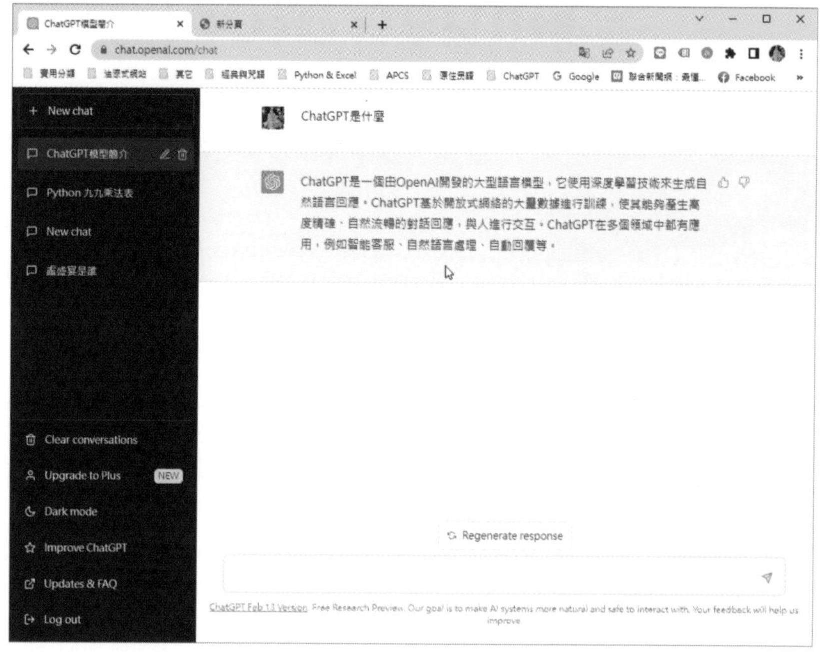

ChatGPT 能和人類以一般人的對話方式與使用者互動，例如提供建議、寫作輔助、寫程式、寫文章、寫信、寫論文、劇本小說等，而且所回答的內容有模有樣，除了可以給予各種問題的建議，也可以幫忙下達影像處理的指導步驟，例如以下的回答內容：

TX 請問如何在illustrotor進行不規則形狀選取

在 Adobe Illustrator 中進行不規則形狀的選取，你可以使用以下幾種方法：

1. 直接選取工具（Selection Tool）：使用這個工具，你可以單擊並拖動來框選要選取的不規則形狀。這將選擇在框選範圍內的所有物件。
2. 魔術棒工具（Magic Wand Tool）：這個工具可以根據顏色或外觀特徵選擇物件。單擊不規則形狀上的一個點，魔術棒工具將根據相似的顏色或外觀選擇相鄰的區域。你可以在選單中調整魔術棒工具的靈敏度，以使其更適合你的需求。
3. 套索工具（Lasso Tool）：使用這個工具，你可以手繪不規則形狀的輪廓來進行選取。按住鍵盤上的「L」鍵，然後單擊並拖動鼠標以繪製不規則形狀的選取範圍。
4. 快速選擇工具（Quick Selection Tool）：這個工具可以根據你的操作來選擇類似的區域。使用這個工具，你可以單擊和拖動以選擇不規則形狀的部分。根據你的操作，這個工具會自動檢測並選擇相似的區域。

請注意，以上方法適用於 Adobe Illustrator 的大多數版本，但根據你使用的軟件版本，某些工具的位置和功能可能會有所不同。

ChatGPT 之所以強大，是因為它背後有難以數計的資料庫，任何食衣住行育樂的各種生活問題或學科都可以問 ChatGPT，而 ChatGPT 也會以類似人類會寫出來的文字，給予相當到位的回答。與 ChatGPT 互動是一種雙向學習的過程，在用戶獲得想要資訊內容文本的過程中，ChatGPT 也不斷在吸收與學習。根據國外報導，很多亞馬遜上的店家和品牌紛紛轉向 ChatGPT。因為 ChatGPT 用途非常廣泛多元，可以幫助店家或品牌在進行社群行銷時，為他們的產品生成吸引人的標題和尋找宣傳方法，進而與廣大的目標受眾產生共鳴，從而提高客戶參與度和轉換率。

16-1 認識聊天機器人

人工智慧行銷自本世紀以來，一直都是店家或品牌尋求擴大影響力以及與客戶互動的強大工具。過去企業為了與消費者互動，需聘請專人全天候在電話或通訊平台前待命，不僅耗費人力成本，也無法妥善地處理龐大的客戶量與資訊，聊天機器人（Chatbot）則是目前許多店家客服的創意新玩法。背後的核心技術即是以自然語言處理（Natural Language Processing, NLP）中的一種模型（Generative Pre-Trained Transformer, GPT）為主，利用電腦模擬與使用者互動對話，算是由對話或文字進行交談的電腦程式，並讓用戶體驗像與真人一樣的對話。聊天機器人能夠全天候地提供即時服務，與自設不同的流程來達到想要的目的，協助企業輕鬆獲取第一手消費者偏好資訊，有助於公司精準行銷、強化顧客體驗與個人化的服務。這對許多粉絲專頁的經營者或是想增加客戶名單的行銷人員來說，聊天機器人就相當適用。

AI 電話客服也是自然語言的應用之一

圖片來源：https://www.digiwin.com/tw/blog/5/index/2578.html

TIPS

電腦科學家通常將人類的語言稱為自然語言 NL（Natural Language），比如說中文、英文、日文、韓文、泰文等，這也使得自然語言處理（Natural Language Processing, NLP）範圍非常廣泛。所謂 NLP就是讓電腦擁有理解人類語言的能力，也就是一種藉由大量的文本資料搭配音訊數據，並透過複雜的數學聲學模型（Acoustic model）及演算法來讓機器去認知、理解、分類並運用人類日常語言的技術。

GPT 是「生成型預訓練變換模型（Generative Pre-trained Transformer）」的縮寫，是一種語言模型，可以執行非常複雜的任務，會根據輸入的問題自動生成答案，並具有編寫和除錯電腦程式的能力，如回覆問題、生成文章和程式碼，或者翻譯文章內容等。

16-1-1　聊天機器人的種類

例如以往店家或品牌進行行銷推廣時，必須大費周章取得用戶的電子郵件，不但耗費成本，而且郵件的開信率低。反觀聊天機器人的應用方式多元、效果容易展現，可以直觀且方便的透過互動貼標來收集消費者第一方數據，直接幫你獲取客戶的資料，例如：姓名、性別、年齡等臉書所允許的公開資料，驅動更具效力的消費者回饋。

臉書的聊天機器人就是一種自然語言的典型應用

聊天機器人主要有兩種類型：一種是以工作目的為導向，這類聊天機器人是一種專注於執行一項功能的單一用途程式。例如 LINE 的自動訊息回覆，就是一種簡單型聊天機器人。

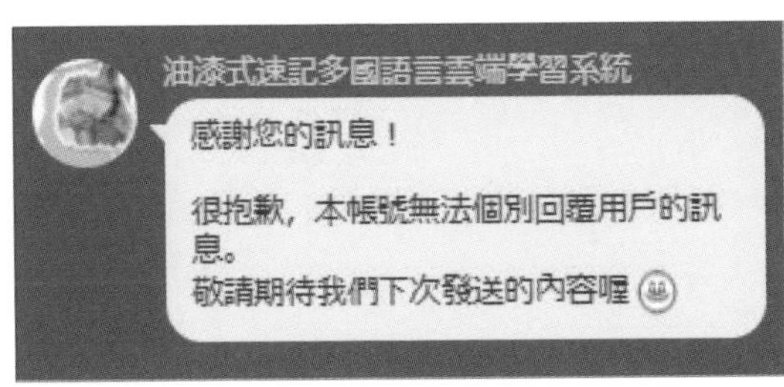

另外一種聊天機器人則是一種資料驅動的模式，能具備預測性的回答能力，這類聊天機器人，就如同 Apple 的 Siri 就是屬於這一種類型的聊天機器人。

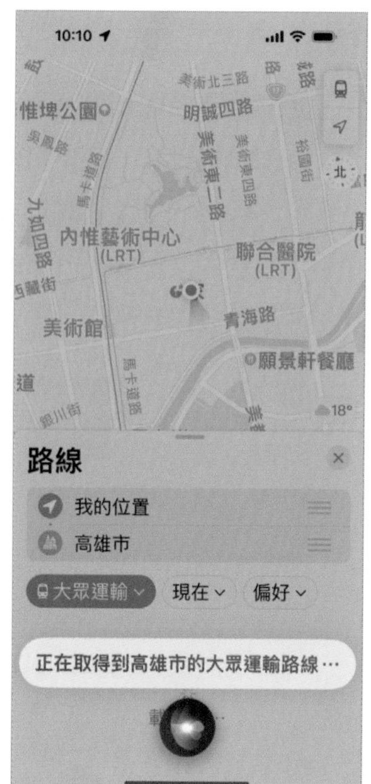

例如在 IG 粉絲專頁常見有包含留言自動回覆、聊天或私訊互動等各種類型的機器人，其實這一類具備自然語言對話功能的聊天機器人也可以利用 NLP 分析方式進行打造，也就是說，聊天機器人是一種自動的問答系統，它會模仿人的語言習慣，也可以和你「正常聊天」，就像人與人的聊天互動，而 NLP 方式來讓聊天機器人可以根據訪客輸入的留言或私訊，以自動回覆的方式與訪客進行對話，也會成為企業豐富消費者體驗的強大工具。

16-2 ChatGPT 初體驗

從技術的角度來看，ChatGPT 是根據從網路上獲取的大量文本樣本進行機器人工智慧的訓練，與一般聊天機器人的相異之處在於 ChatGPT 有豐富的知識庫以及強大的自然語言處理能力，使得 ChatGPT 能夠充分理解並自然地回應訊息，不管你有什麼疑難雜症，你都可以詢問它。國外許多專家都一致認為 ChatGPT 聊天機器人比 Apple Siri 語音助理或 Google 助理更聰明，當用戶不斷以問答的方式和 ChatGPT 進行互動對話，聊天機器人就會根據你的問題進行相對應的回答，並提升這個 AI 的邏輯與智慧。

登入 Chat GPT 網站註冊的過程中雖然是全英文介面，但是註冊過後在與 Chat GPT 聊天機器人互動發問問題時，可以直接使用中文的方式來輸入，而且回答的內容的專業性也不失水準，甚至不亞於人類的回答內容。

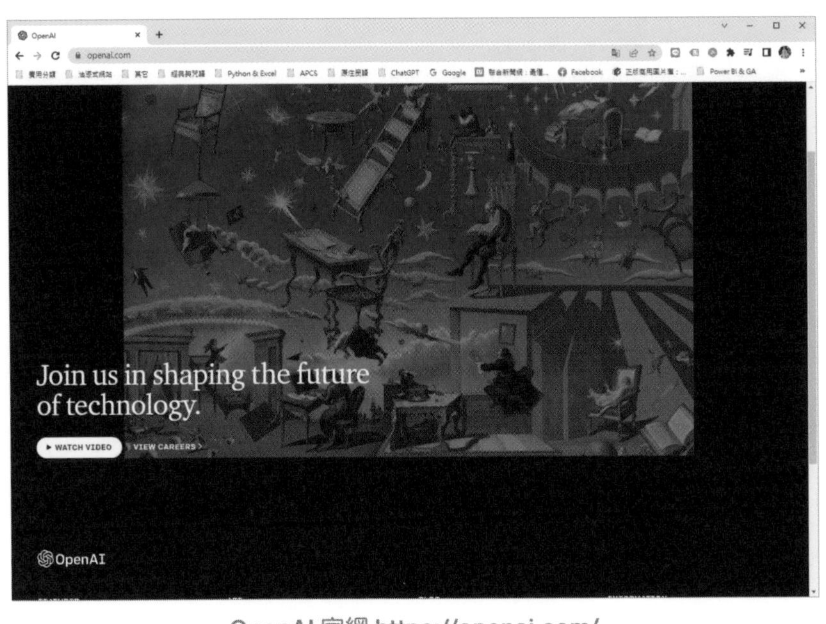

OpenAI 官網 https://openai.com/

目前 ChatGPT 可以辨識中文、英文、日文或西班牙等多國語言，透過人性化的回應方式來回答各種問題。這些問題甚至含括了各種專業技術領域或學科的問題，可以說是樣樣精通的百科全書。不過 ChatGPT 的資料來源並非 100% 正確，在使用 ChatGPT 時所獲得的回答可能會有偏誤，為了得到的答案更準確，當使用 ChatGPT 回答問題時，應避免使用模糊的詞語或縮寫。「問對問題」不僅能夠幫助用戶獲得更好的回答，ChatGPT 也會藉此不斷精進優化，AI 工具的魅力就在於它的學習能力及彈性，尤其目前的 ChatGPT 版本已經可以累積與儲存學習紀錄。切記！清晰具體的提問才是與 ChatGPT 的最佳互動。如果需要知道更多內容，除了盡量提供夠多的訊息之外，還要提供足夠的細節和上下文。

16-2-1 註冊免費 ChatGPT 帳號

首先我們就先來示範如何註冊免費的 ChatGPT 帳號。請先登入 ChatGPT 官網，它的網址為 https://chat.openai.com/，登入官網後，若沒有帳號的使用者，可以直接點選畫面中的「Sign up」按鈕註冊一個免費的 ChatGPT 帳號：

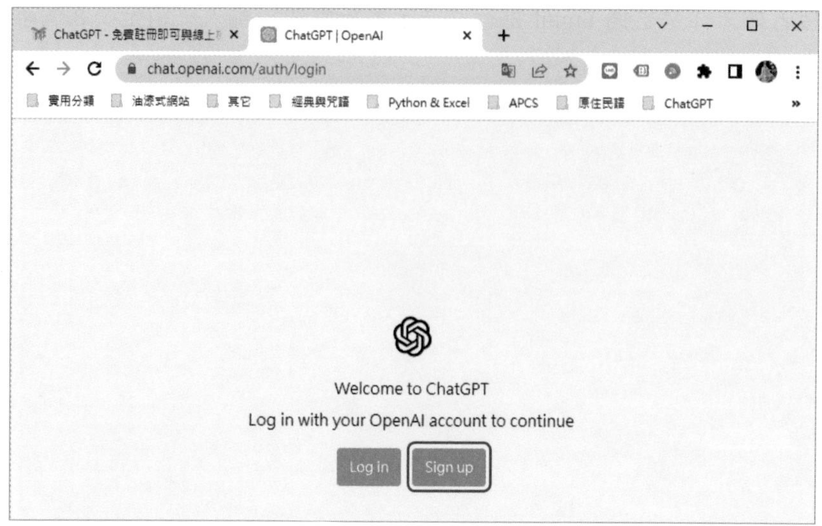

接著請各位輸入 Email 帳號，或是如果各位已有 Google 帳號或是 Microsoft 帳號，你也可以透過 Google 帳號或是 Microsoft 帳號進行註冊登入。此處我們直接示範以輸入 Email 帳號的方式來建立帳號，請在下圖視窗中間的文字輸入方塊中輸入要註冊的電子郵件，輸入完畢後，請接著按下「Continue」鈕。

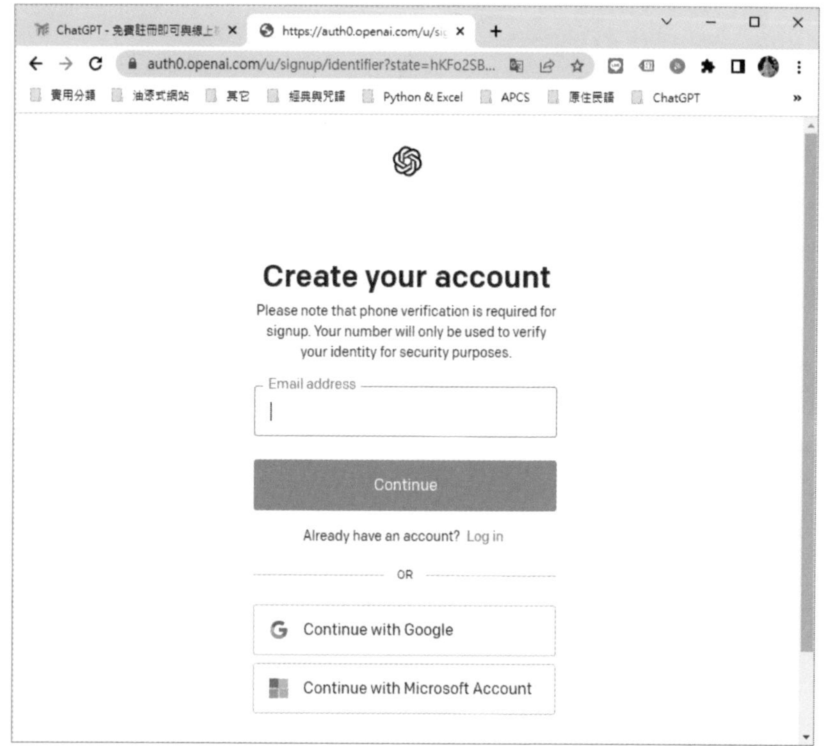

接著如果你是透過 Email 進行註冊，系統會要求輸入一組至少 8 個字元的密碼作為這個帳號的註冊密碼。

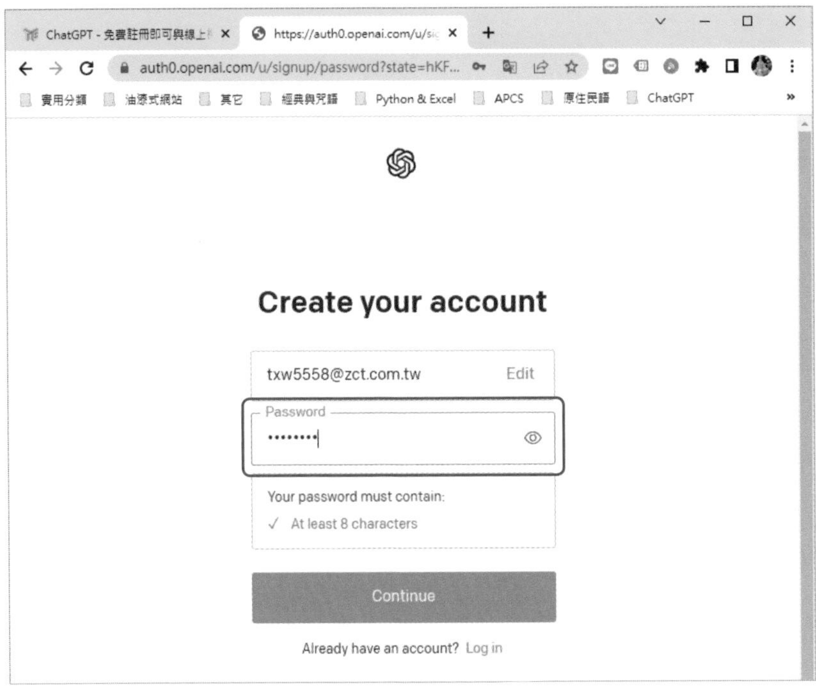

上圖輸入完畢後，接著再按下「Continue」鈕，會出現類似下圖的「Verify your email」的視窗。

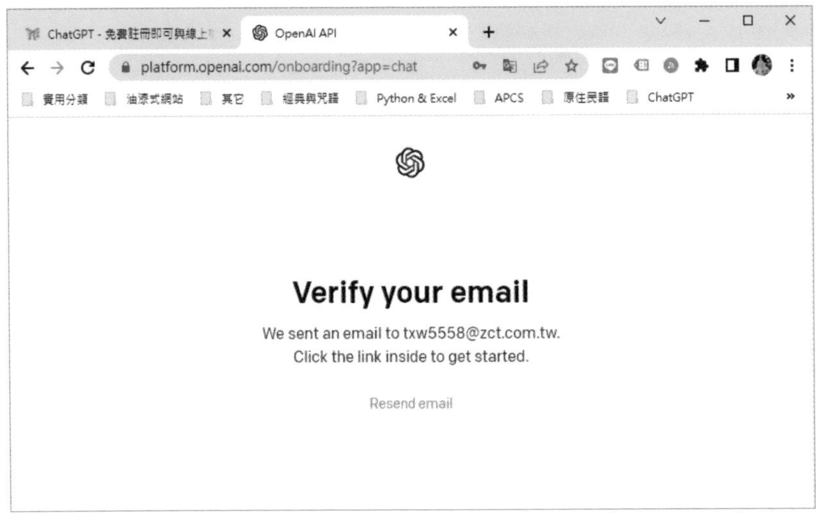

接著各位請打開自己收發郵件的程式，可以收到如下圖的「Verify your email address」的電子郵件。請各位直接按下「Verify email address」鈕：

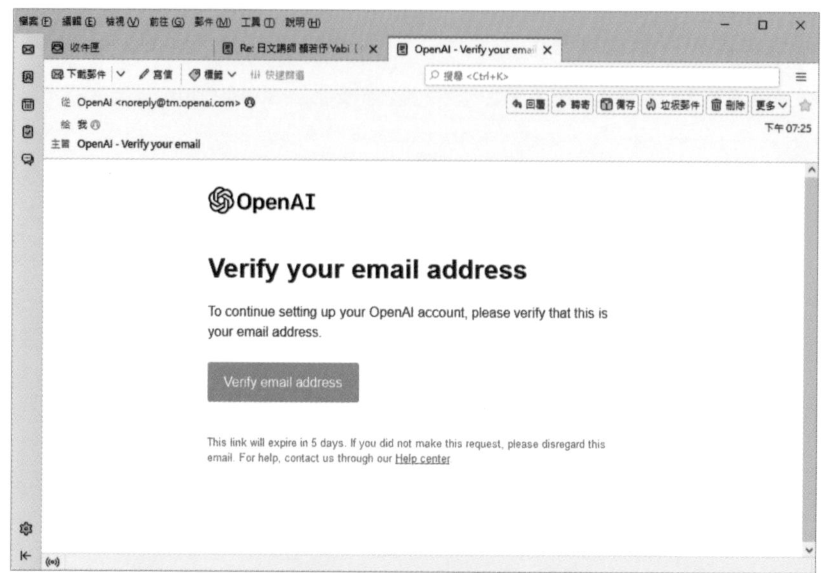

接著會直接進入到下一步輸入姓名的畫面，請注意，這裡要特別補充說明的是，如果你是透過 Google 帳號或 Microsoft 帳號快速註冊登入，那麼就會直接進入到下一步輸入姓名的畫面：

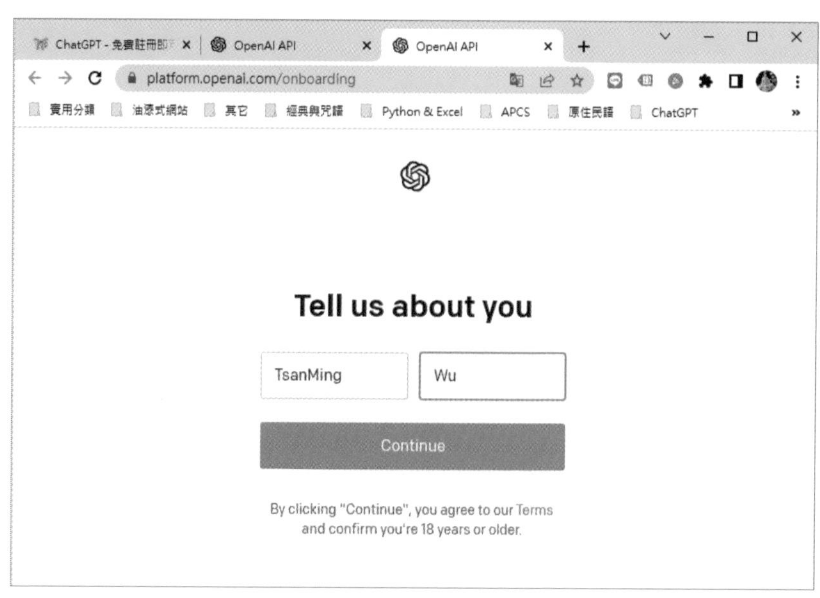

輸入完姓名後，接著按下「Continue」鈕。這邊會要求各位輸入你個人的電話號碼進行身分驗證，這是一個非常重要的步驟，如果沒有透過電話號碼來透過身分驗證，就沒有辦法使用 ChatGPT。另外，要注意的是輸入行動電話時，請直接輸入行動電話後面的數字：例如你的電話是「0931222888」，只要直接輸入「931222888」，輸入完畢後，記得按下「Send Code」鈕。

大概過幾秒後，各位就可以收到官方系統發送到指定號碼的簡訊，該簡訊會顯示 6 碼的數字。

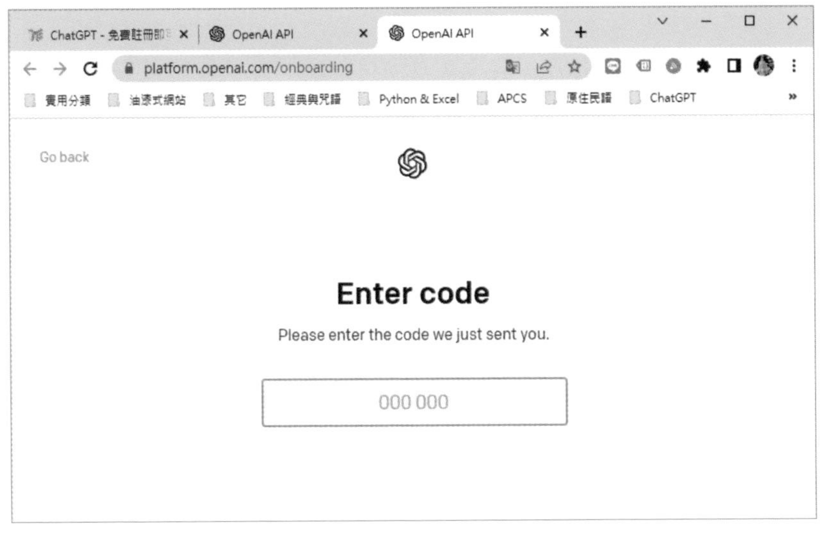

各位只要於上圖中輸入手機所收到的 6 碼驗證碼後，就可以正式啟用 ChatGPT。登入 ChatGPT 之後，會看到下圖畫面，在畫面中可以找到許多和 ChatGPT 進行對話的真實例子，也可以了解使用 ChatGPT 時會有哪些限制。

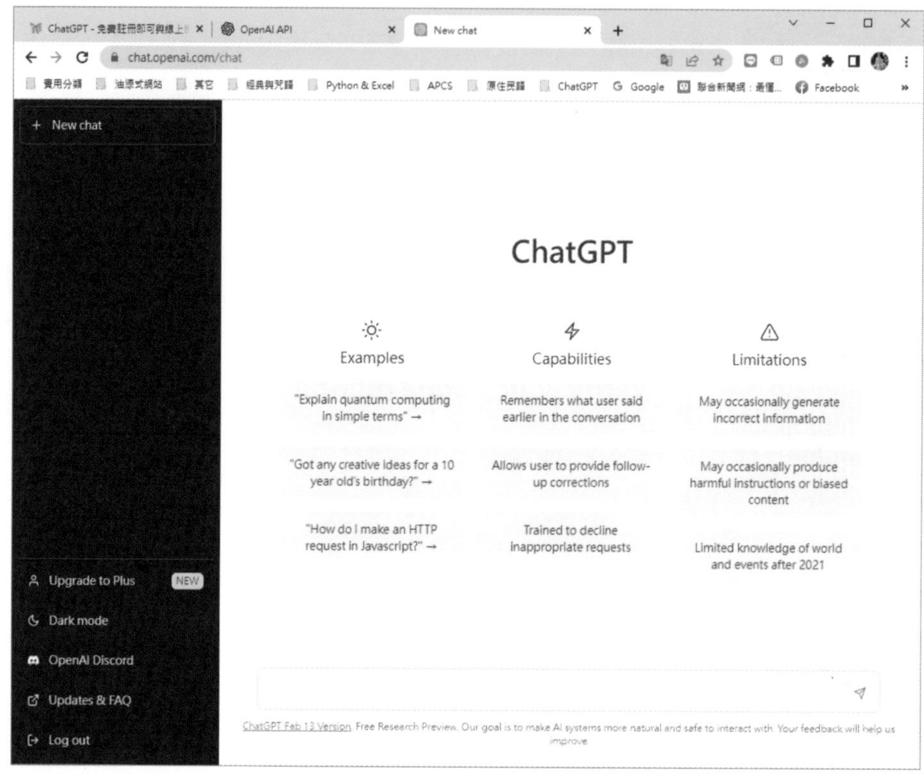

16-2-2 更換新的機器人

你可以藉由這種問答的方式，持續地去和 ChatGPT 對話。如果你想要結束這個機器人，可以點選左側的「New Chat」，他就會重新回到起始畫面，並新開一個新的訓練模型，這個時候輸入同一個題目，可能得到的結果會不一樣。

16-3 利用 ChatGPT 認識繪圖知識

在這個數位時代，繪圖已經成為許多人創作、設計和表達自我的重要方式之一。無論是專業的平面設計師、攝影師，還是對美感有追求的業餘愛好者，掌握繪圖知識是必不可少的。本小節將引導你透過與 ChatGPT 的互動，深入了解繪圖的基礎概念，從色相的入門認識到色彩模式和影像色彩類型的理解。

16-3-1 利用 ChatGPT 了解什麼是色相

色相是指色彩的基本屬性之一，它影響著我們對圖像的感知和情感反應。了解色相的基本概念是開展繪圖學習的重要第一步。在本小節中，我們將以 ChatGPT 提問色相的定義以及不同色相之間的關係。透過 ChatGPT 的解說和實例，你將能夠更好地理解和運用色相於你的繪圖創作中。

 Prompt 指令

請簡述在影像繪圖領域色相的定義以及不同色相之間的關係。

 ChatGPT 回答畫面

請簡述在影像繪圖領域色相的定義以及不同色相之間的關係

在影像繪圖領域，色相是指顏色的基本特徵之一，用於描述色彩在色譜中的位置。它是指色彩的純度，不受亮度（明度）和飽和度的影響。色相可以通過顏色在色譜上所處的位置來定義，常見的色譜包括色相環或彩虹光譜。

色相環是一種環形的色譜圖，將顏色按照色相的連續變化排列。在色相環中，紅色位於圓形頂部，接著是黃色、綠色、青色、藍色，最後是洋紅色，形成一個連續的循環。這意味著色相具有循環性，相鄰的色相之間具有相似的特徵。

不同色相之間的關係可以分為以下兩個方面：

1. 相似色相關係：相鄰的色相在色相環上靠近，它們之間具有相似的基本色調。這些相鄰的色相在視覺上相對較接近，並具有一定的色彩衍生關係。例如，紅色和橙色是相鄰的色相，它們之間具有溫暖的色調。
2. 互補色相關係：互補色相是指在色相環上相隔180度的色相。互補色相之間的關係是相互補充的，它們在視覺上產生強烈對比，常用於色彩平衡和創造動態效果。例如，紅色和綠色是互補色相，它們在一起形成強烈的對比效果。

理解色相的定義和不同色相之間的關係可以幫助我們更好地選擇和應用顏色，創造出令人驚艷的視覺效果。無論是平面設計、攝影還是數位繪圖，色相是一個重要的概念，值得我們深入研究和掌握。

16-3-2 利用 ChatGPT 了解色彩三要素

色彩是由三個主要要素組成的：色相、飽和度和明度。這三個要素相互作用，共同決定了我們所看到的色彩效果。本小節將深入探討色相、飽和度和明度這三個要素的意義和作用。透過 ChatGPT 的指引，你將學會如何運用這些要素來創造出令人驚艷的色彩效果。

Prompt 指令

請簡述在影像繪圖領域色相、飽和度和明度這三個要素的意義和作用。

ChatGPT 回答畫面

> 請簡述在影像繪圖領域色相、飽和度和明度這三個要素的意義和作用。
>
> 在影像繪圖領域，色相、飽和度和明度是三個重要的色彩要素，它們共同影響著圖像的色彩效果和視覺感受。
>
> 1. 色相（Hue）：色相是指顏色的基本特徵，用於描述色彩的純度和基本色調。不同的色相呈現出不同的顏色，例如紅色、綠色、藍色等。色相可以創造出不同的情感和氛圍，它在繪圖中用於選擇和配置顏色，營造特定的視覺效果。
> 2. 飽和度（Saturation）：飽和度指的是顏色的純度和鮮豔程度，也可以理解為顏色的鮮艷度。飽和度高的顏色顯得鮮明豔麗，而飽和度低的顏色則較灰暗或淡化。通過調整飽和度，我們可以改變圖像中的色彩強度和對比度，使其更加鑌富表現力和生動。
> 3. 明度（Brightness）：明度指的是顏色的明暗程度，也可以理解為亮度。明度高的顏色看起來較亮和明亮，而明度低的顏色則較暗和陰影。通過調整明度，我們可以改變圖像的光線和陰影效果，營造出不同的光影效果和氛圍。
>
> 這三個要素在影像繪圖中相互交互作用，共同決定了圖像的色彩表現和視覺感受。透過調整色相、飽和度和明度，我們可以創造出多樣化的色彩效果，表達出不同的情感、氛圍和主題。它們在平面設計、攝影、數位繪畫等領域都扮演著關鍵的角色，幫助我們傳達訊息、引起注意、創造美感和產生視覺效果。

16-3-3 利用 ChatGPT 了解色彩模式

在數位繪圖中，色彩模式是影響圖像顯示和處理的重要因素。不同的色彩模式可以帶來不同的色彩表現和文件大小。在本小節中，我們將介紹一些常見的色彩模式，例如 RGB、CMYK 和灰階模式，並深入了解它們的特點和適用場景。ChatGPT 將與你分享實用的技巧和建議，幫助你選擇合適的色彩模式，以達到你所需的繪圖效果。

Prompt 指令

請簡述在影像繪圖領域 RGB 色彩模式的特點和適用場景。

ChatGPT 回答畫面

請簡述在影像繪圖領域RGB色彩模式的特點和適用場景。

在影像繪圖領域，RGB 色彩模式是一種使用紅色（Red）、綠色（Green）和藍色（Blue）三原色來表示顏色的模式。它具有以下特點和適用場景：

特點：

1. 廣色域：RGB 色彩模式可以呈現極廣的色彩範圍，能夠表達出生動、飽滿的顏色效果。
2. 加法混色：通過不同強度的紅、綠、藍三原色的組合，產生各種顏色。三原色的混合可以創造出數量龐大的顏色變化。
3. 光源依賴：RGB 是建立在光線的加法混色原理上，對光源的顏色和亮度非常敏感。

適用場景：

1. 數位顯示：由於大多數數位設備（如電腦螢幕、數位攝影機、顯示器）使用紅、綠、藍燈光來顯示影像，因此 RGB 色彩模式是最常用的模式之一。它能夠準確地呈現影像在數位設備上的色彩效果。
2. 平面設計：RGB 色彩模式常用於平面設計，如網頁設計、圖標、海報等。它可以呈現鮮豔、飽滿的顏色效果，並在數位媒體上得到準確顯示。
3. 數位攝影：數位相機捕捉的影像通常以 RGB 色彩模式保存。RGB 能夠準確再現攝影中的色彩細節，並提供後期編輯和校色的彈性。
4. 視訊編輯：視訊編輯中常使用 RGB 色彩模式來處理和調整影像。RGB 可以確保視訊影像在不同顯示設備上的一致性和精確性。

總結來說，RGB 色彩模式在影像繪圖領域具有廣泛應用。它的廣色域、加法混色特性以及適應數位顯示設備的能力使其成為呈現真實顏色和創造多彩影像的理想選擇。

Prompt 指令

請簡述在影像繪圖領域 CMYK 色彩模式的特點和適用場景。

ChatGPT 回答畫面

請簡述在影像繪圖領域CMYK色彩模式的特點和適用場景。

CMYK色彩模式在影像繪圖領域中具有以下特點和適用場景：

特點：

1. 顏色減法：CMYK色彩模式使用青色（Cyan）、洋紅色（Magenta）、黃色（Yellow）和黑色（Key）的組合來表示顏色。這是一種顏色減法模式，通過減少顏色的混合來產生其他顏色。
2. 有限色域：相較於RGB色彩模式，CMYK色彩模式的色域較窄，無法呈現一些極飽和和亮度較高的顏色。
3. 印刷專用：CMYK色彩模式主要用於印刷行業，它能夠準確再現印刷品的顏色效果，因為印刷過程使用的是青、洋紅、黃和黑色墨水。

適用場景：

1. 印刷設計：CMYK色彩模式是印刷設計中最常用的模式。它能夠準確呈現印刷品的顏色，提供可靠的顏色預覽和色彩管理，確保印刷品與設計意圖一致。
2. 印刷預備：在進行印刷前的預備工作中，將圖像轉換為CMYK色彩模式可以確保顏色的一致性和印刷品的準確呈現，以達到印刷需求。
3. 印刷品後期處理：在印刷品的後期處理中，CMYK色彩模式可用於調整顏色平衡、校色和印刷色彩校準，以獲得更準確的印刷效果。
4. 印刷流程控制：CMYK色彩模式有助於控制印刷流程中的色彩管理，確保印刷品與預期的顏色一致，並優化印刷成本和效率。

總結來說，CMYK色彩模式在影像繪圖領域中適用於印刷設計、印刷預備和印刷品後期處理等相關領域，以確保印刷品的色彩準確性和一致性。

Prompt 指令

請簡述在影像繪圖領域灰階色彩模式的特點和適用場景。

ChatGPT 回答畫面

請簡述在影像繪圖領域灰階色彩模式的特點和適用場景。

灰階色彩模式是一種只使用黑色和白色來表示顏色的模式。它的特點和適用場景如下：

特點：

- 灰階色彩模式中只有黑、白和灰色的變化，沒有彩色。
- 它是一種單色模式，適用於僅需要明暗變化而不需要彩色的情況。

適用場景：

- 藝術繪畫：灰階色彩模式可以用於藝術繪畫中，以表達明暗和陰影效果，創造出具有藝術風格的作品。
- 攝影處理：在攝影後期處理中，灰階模式可以用於調整照片的明暗對比度和陰影效果，提升影像的質感。
- 特定效果表達：有時候，為了表達特定的情感或效果，可以將圖像轉換為灰階模式，以營造出獨特的視覺效果。

總結來說，灰階色彩模式在影像繪圖領域中適用於藝術繪畫、攝影後期處理和特定效果的表達。它強調明暗和陰影，並提供一種純粹的、簡約的視覺風格。

16-3-4 利用 ChatGPT 了解影像色彩類型

影像色彩類型是指不同類型的圖像所使用的色彩模式和色彩表現方式。了解不同的影像色彩類型可以幫助我們選擇合適的圖像格式和色彩配置，以滿足特定的需求和使用場景。透過與 ChatGPT 的對話，你將能夠更深入地理解各種影像色彩類型的差異和選擇原則。

Prompt 指令

請簡述在影像繪圖領域各種影像色彩類型的差異和選擇原則。

ChatGPT 回答畫面

TX 請簡述在影像繪圖領域各種影像色彩類型的差異和選擇原則。

在影像繪圖領域中，常見的影像色彩類型包括真彩色、索引色和灰階。它們之間的差異和選擇原則如下：

1. 真彩色（RGB色彩模式）：
   - 差異：真彩色使用紅、綠、藍三個通道混合顯示顏色，能夠呈現豐富的色彩和細節。
   - 選擇原則：適用於需要準確再現真實世界顏色的場景，如攝影、插圖和視覺效果設計。
2. 索引色（Indexed Color）：
   - 差異：索引色使用一個色彩表（調色板）存儲有限的顏色，並將像素映射到這些顏色上。
   - 選擇原則：適用於需要小文件大小和顏色限制的場景，如網頁設計、圖標和壓縮圖像。
3. 灰階：
   - 差異：灰階僅使用黑白兩種色調來表示圖像，沒有彩色信息。
   - 選擇原則：適用於僅需表達明暗和陰影效果的場景，如藝術繪畫、攝影後期處理和特定效果的表達。

選擇色彩類型的原則：

- 真彩色是最常用的色彩模式，它提供了最廣泛的色彩範圍和細節，適合大多數影像繪圖需求。
- 索引色適用於需要限制色彩數量和文件大小的場景，但較不適合呈現真實世界的細節。
- 灰階適用於僅需表達明暗效果的情景，可以營造出獨特的視覺風格。

總結來說，選擇影像色彩類型時，根據需要的色彩範圍、文件大小和細節等因素來選擇適合的色彩模式，以確保圖像的表達符合預期。

16-3-5 利用 ChatGPT 了解點陣圖與向量圖

請簡述在影像繪圖領域點陣圖與向量圖的差別。

ChatGPT 回答畫面

請簡述在影像繪圖領域點陣圖與向量圖的差別。

點陣圖和向量圖是影像繪圖領域中兩種不同的圖像格式，它們有以下差異：

點陣圖（Raster Image）：

- 點陣圖是由像素（Pixel）或圖像元素（Image Element）組成的。
- 每個像素都具有特定的位置、顏色和亮度值。
- 圖像的放大或縮小可能會導致像素的顯示效果變差，因為像素被拉伸或壓縮。
- 點陣圖常見的檔案格式包括JPEG、PNG、GIF等。
- 適用於包含複雜的顏色和細節的圖像，如照片、影像和真實場景。

向量圖（Vector Image）：

- 向量圖是由幾何形狀和數學描述組成的。
- 形狀由線條、曲線、多邊形和曲面等基本元素構成。
- 向量圖可以無損地放大或縮小，因為它們基於數學描述而不是像素。
- 向量圖可以編輯和修改其形狀、顏色和屬性，而不會失去圖像的質量。
- 向量圖常見的檔案格式包括AI、EPS、SVG等。
- 適用於需要保持清晰度和可伸縮性的圖像，如商標、圖示、矢量藝術和平面設計。

總結來說，點陣圖以像素為基礎，適用於真實場景和複雜的圖像，而向量圖以幾何形狀為基礎，適用於需要保持清晰度和可縮放性的圖像。根據你的需求和使用場景，你可以選擇適合的圖像格式。

16-3-6 利用 ChatGPT 了解影像尺寸與解析度

Prompt 指令

請簡述在影像繪圖領域影像尺寸與解析度兩者之間的關係。

ChatGPT 回答畫面

請簡述在影像繪圖領域影像尺寸與解析度兩者之間的關係。

在影像繪圖領域中，影像尺寸和解析度是兩個相關但不同的概念。

影像尺寸指的是圖像在實際空間中的尺寸大小，通常用像素（Pixel）表示。例如，一張影像的尺寸可以是寬度為1000像素、高度為800像素。

解析度則是指每英寸（或每公分）包含的像素數量，通常以「每英寸像素數」（Pixels Per Inch，PPI）或「每公分像素數」（Dots Per Centimeter，DPI）來衡量。解析度決定了影像的細節程度和清晰度。

影像尺寸和解析度之間存在關係，即影像尺寸乘以解析度等於圖像的總像素數量。例如，一張影像的尺寸為1000x800像素，解析度為300PPI，那麼總像素數為300,000像素（1000 x 800 = 300,000），這意味著在每英寸的空間中，有300個像素。

適當的解析度取決於影像的使用場景。對於網頁或電子屏幕上的影像，一般使用較低的解析度（例如72PPI），因為螢幕上的像素密度相對較低。而對於印刷品或高質量的圖像，則需要較高的解析度（例如300PPI或更高），以確保圖像細節的清晰度。

總結來說，影像尺寸是描述圖像的寬度和高度，解析度則是描述每英寸（或每公分）中的像素數量。這兩個因素共同影響影像的清晰度和細節。選擇適當的影像尺寸和解析度取決於圖像用途和輸出媒介。

在接下來的小節中，我們將透過 ChatGPT 的引導和解答，深入探討繪圖知識的更多方面，以擴展你的技能和創意。讓我們一起開始這段令人興奮的繪圖之旅吧！

16-4 利用 ChatGPT 在 Illustrator 繪製圖形

本節將利用 ChatGPT 示範如何在 Illustrator 中繪製圖形。我們將介紹幾個實用的例子，示範如何使用這兩個軟體來創建令人驚嘆的圖形效果。從基本的形狀和線條到更複雜的圖形，你將學會使用這些工具和技巧，提升你的繪圖能力。

16-4-1 在 Illustrator 繪製簡單向量圖形

我們將展示如何使用 Illustrator 的形狀工具創建簡單的向量圖形，如圓形、多邊形和星形。

Prompt 指令

請問如何使用 Illustrator 繪製簡單向量圖形。

ChatGPT 回答畫面

TX 請問如何使用Illustrator繪製簡單向量圖形。

使用Illustrator繪製簡單向量圖形的方法如下：

1. 開啟Illustrator軟體並建立一個新的文件。
2. 在工具列中選擇適當的繪圖工具。例如，你可以使用「矩形工具」繪製矩形、使用「橢圓工具」繪製橢圓，或使用「筆工具」自由繪製形狀。
3. 選擇一個工具後，在文件中按住滑鼠並拖曳來繪製你的圖形。如果你想要保持形狀的比例，可以按住Shift鍵；如果你想要從中心點開始繪製，可以按住Alt鍵。
4. 若要進一步調整圖形的大小、形狀或其他屬性，可以使用選擇工具選擇圖形，然後在上方的選項列中進行調整。你可以更改填充顏色、輪廓顏色、線條粗細等。
5. 如果你需要創建更複雜的圖形，例如曲線形狀或不規則形狀，你可以使用「筆工具」。點擊筆工具並在文件中點擊以創建連續的錨點，然後調整曲線形狀。你可以添加、刪除和調整錨點，以創建所需的形狀。
6. 若要更進一步編輯和調整圖形的細節，可以使用「直接選擇工具」。這個工具允許你選擇和調整圖形的個別錨點或線段。

這些是使用Illustrator繪製簡單向量圖形的基本步驟。Illustrator是一個功能強大的矢量繪圖工具，你可以根據需要繪製各種形狀和圖形。請隨意嘗試不同的繪圖工具和技巧，並探索Illustrator的各種功能，以創造出獨特和精確的向量圖形。

16-4-2 在 Illustrator 繪製插圖

我們將介紹如何使用 Illustrator 的繪圖工具和筆工具來創建複雜的插圖。甚至進一步你將學會繪製曲線、修改控制點、應用輪廓效果等技巧，以創造出獨特而生動的插圖作品。

Prompt 指令

請問如何使用 Illustrator 繪製插圖。

ChatGPT 回答畫面

請問如何使用Illustrator繪製插圖。

使用Illustrator繪製插圖的方法如下：

1. 開啟Illustrator軟體並建立一個新的文件。
2. 確定你想要繪製的插圖的主題和風格。這將幫助你在繪製過程中有一個明確的方向。
3. 使用適當的繪圖工具開始繪製插圖的基本形狀。例如，你可以使用「筆工具」來繪製曲線和自由形狀，使用「形狀工具」來繪製基本的幾何形狀。
4. 進行插圖的細節繪製。這包括添加更多的線條、錨點和形狀，以創建插圖的特定特徵和元素。
5. 在繪製過程中使用不同的繪圖工具和選項來創造不同的效果。例如，你可以使用「鉛筆工具」創建手繪的效果，或使用「羽化工具」添加柔和的陰影效果。
6. 使用顏色工具和調色板來為插圖添加顏色。你可以選擇單一的填充顏色或使用漸變工具創建漸變效果。
7. 確保對齊和排列插圖中的元素，以確保整體的均衡和視覺吸引力。
8. 保存你的插圖並導出為所需的格式，如AI、EPS或SVG，以供後續使用。

這些是使用Illustrator繪製插圖的基本步驟。插圖可以是各種風格和主題，你可以根據自己的創意和需求來繪製獨特的插圖作品。請不斷實踐和嘗試不同的繪圖工具和技巧，並發揮你的創造力，以創建出引人入勝的插圖作品。

16-4-3 在 Illustrator 使用文字工具

我們將探索 Illustrator 的文字工具，學習如何創建和編輯文字。你將學會調整字體、對齊文字、應用文字效果等。

Prompt 指令

請問如何使用 Illustrator 使用文字工具。

ChatGPT 回答畫面

請問如何使用Illustrator使用文字工具。

使用Illustrator的文字工具來添加和編輯文字的方法如下：

1. 開啟Illustrator軟體並建立一個新的文件。
2. 在工具列中找到並選擇「文字工具」，它通常位於工具列上方的工具組中，圖示是一個「T」。
3. 在你希望添加文字的位置點擊滑鼠，然後開始輸入你的文字。你可以在上方的選項列中調整文字的字體、大小、對齊方式和顏色。
4. 若要編輯已存在的文字，使用選擇工具選擇文字，然後進行相應的編輯。你可以在上方的選項列中更改文字的任何屬性。
5. 若要創建特殊的文字效果，例如文字曲線或環繞圖形的文字，可以使用「文本路徑工具」或「文字樣式工具」。這些工具位於文字工具旁邊的選單中。
6. 若要將文字轉換為形狀，可以選擇文字，然後從「物件」選單中選擇「創建輪廓」，這將將文字轉換為可編輯的矢量形狀。
7. 若要將文字放入形狀或圖形中，你可以使用「複製和粘貼」或「將文字拖入」的方法。首先選擇你要放置文字的形狀或圖形，然後將文字從文本框中複製並粘貼到所選形狀或圖形中。
8. 調整文字的排列和對齊，以確保整體的平衡和外觀。
9. 保存你的Illustrator文件並導出為所需的格式，如AI、EPS或PDF，以供後續使用。

這些是使用Illustrator的文字工具來添加和編輯文字的基本步驟。Illustrator提供了豐富的文字編輯和排版功能，你可以根據需要創造各種文字效果和樣式。請根據你的創意和需求來使用這些工具，並不斷實踐和嘗試不同的文字設計。

16-5 ChatGPT 在 Illustrator 向量圖形設計範例集

在本小節中，我們將探索 ChatGPT 在 Illustrator 向量圖形設計方面的應用範例。ChatGPT 作為一個強大的語言模型，具備廣泛的知識和技能，可以為我們提供指導和建議，協助我們在 Illustrator 中進行向量圖形的設計和創作。我們將與 ChatGPT 合作，深入瞭解如何運用其能力來實現各種向量圖形設計的目標。

16-5-1　詢問使用 Illustrator 進行文字樣式

文字樣式在設計中起著重要的作用，可以為文字添加獨特的風格和效果。在這一節中，我們將與 ChatGPT 互動，學習如何使用 Illustrator 進行文字樣式的設定，從而創造出具有個性和視覺吸引力的文字效果。

Prompt 指令

請問如何使用 Illustrator 進行文字樣式的設定。

ChatGPT 回答畫面

TX　請問如何使用Illustrator進行文字樣式的設定。

在Illustrator中，你可以使用文字樣式（Text Styles）來快速設定和應用一致的文字外觀。以下是使用Illustrator進行文字樣式設定的基本步驟：

1. 打開Illustrator並創建一個新的文檔。
2. 在工具欄中選擇「文字工具」（Type Tool）。
3. 在文檔中創建一個文字框，並在其中輸入你的文字。
4. 在文字框中選擇你要設定樣式的文字。
5. 打開「文字樣式」面板（Window -> Type -> Character Styles）。
6. 在文字樣式面板中，點擊右上角的「新建文字樣式」圖標。
7. 在彈出的對話框中，為你的文字樣式命名，然後點擊「OK」。
8. 在文字樣式面板中，你可以選擇和調整各種文字屬性，如字體、字體大小、字間距、行間距、顏色等。進行相應的修改後，這些設定將應用於選中的文字。
9. 如果你需要應用該文字樣式到其他文本，只需選中其他文本框，然後在文字樣式面板中點擊你創建的文字樣式。
10. 如有需要，你還可以進一步編輯和更新文字樣式。只需在文字樣式面板中選中該樣式，進行相應的修改和調整即可。

通過使用文字樣式，你可以輕鬆地保持一致的文字外觀，並且在需要時可以快速應用到不同的文本。請注意，在進行任何編輯之前，建議先備份原始文檔，以便在需要時返回到原始狀態。

16-5-2　如何將 Illustrator 的 ai 檔案格式轉成 PDF

PDF 是一種廣泛使用的檔案格式，具有良好的可攜性和可共享性。在這一節中，我們將與 ChatGPT 合作，探討如何使用 Illustrator 將 .ai 檔案格式轉換為 PDF，以方便文件的保存、共享和印刷。

 Prompt 指令

請問如何使用 Illustrator 將 Illustrator 的 ai 檔案格式轉成 PDF。

 ChatGPT 回答畫面

請問如何使用Illustrator將Illustrator的ai檔案格式轉成PDF。

在Illustrator中，你可以輕鬆地將Illustrator的.ai檔案格式轉換為PDF。以下是使用Illustrator進行轉換的基本步驟：

1. 打開你想要轉換的Illustrator .ai檔案。
2. 在菜單欄中選擇「文件」（File）->「另存為」（Save As）。
3. 在彈出的對話框中，選擇所需的保存位置和檔案名稱。
4. 在「格式」（Format）下拉菜單中，選擇「Adobe PDF」。
5. 點擊「保存」（Save）。
6. 在彈出的「Adobe PDF 選項」（Adobe PDF Options）對話框中，你可以進一步設定PDF的選項，如壓縮、文檔結構、頁面尺寸等。根據需要進行相應的調整。
7. 確認設定後，點擊「保存」（Save）。
8. 接下來，你可以在指定的保存位置找到轉換為PDF的檔案。

請注意，將Illustrator檔案轉換為PDF格式可以方便地共享和打印，同時保留矢量圖形的品質和可編輯性。如果你需要保留多頁的Illustrator文檔，可以在保存時選擇「Adobe PDF（多頁）」，並將所有頁面保存為一個PDF文檔。

16-5-3 如何在 Illustrator 建立 3D 物件

3D 物件可以為設計作品增添立體感和視覺效果。在本節中，我們將利用 ChatGPT 的指導，學習如何使用 Illustrator 建立 3D 物件，包括物體的造型、光影效果和材質設定，進而創造出令人驚豔的立體圖形。

Prompt 指令

請問如何使用 Illustrator 建立 3D 物件。

ChatGPT 回答畫面

請問如何使用Illustrator建立3D物件。

在Illustrator中，你可以使用一些工具和效果來建立和渲染3D物件。以下是使用Illustrator建立3D物件的基本步驟：

1. 打開Illustrator並創建一個新的文檔。
2. 使用「形狀工具」（Shape Tool）在畫布上創建你想要使用的基本形狀，如矩形、圓形等。這將作為你的3D物件的基礎。
3. 選擇你創建的形狀，然後在菜單欄中選擇「效果」（Effect）->「3D」，這裡你可以選擇不同的3D效果選項，如「旋轉」（Rotate）、「挤压」（Extrude）等。
4. 在彈出的「3D效果選項」對話框中，你可以進一步設定3D物件的參數，如旋轉角度、深度、光照等。根據需要進行相應的調整。
5. 預覽和調整3D效果後，點擊「OK」。
6. Illustrator將根據你的設定應用3D效果到選中的形狀，並將其轉換為3D物件。
7. 如果需要進一步編輯3D物件，你可以使用「3D旋轉工具」（3D Rotation Tool）和「3D挤压工具」（3D Extrude Tool）等工具進行調整和變形。
8. 可以使用「色彩工具欄」（Color Panel）或「外觀面板」（Appearance Panel）來添加顏色和材質到3D物件上，以使其更具視覺效果。

請注意，Illustrator的3D功能相對較簡單，並不能完全替代專業的3D建模軟體。然而，它提供了一些基本的3D效果和調整選項，可以用來創建簡單的3D物件和效果。

16-5-4 如何在 Illustrator 建立圖表

圖表在數據可視化和資訊呈現方面起著重要的作用。在這一節中，我們將與 ChatGPT 合作，了解如何使用 Illustrator 建立各種類型的圖表，包括柱狀圖、折線圖、餅圖等，以清晰、有吸引力的方式展示數據和統計資訊。

Prompt 指令

請問如何使用 Illustrator 建立圖表。

ChatGPT 回答畫面

請問如何使用Illustrator建立圖表。

使用Illustrator建立圖表可以幫助我們以清晰、有吸引力的方式呈現數據和統計資訊。以下是在Illustrator中建立圖表的一般步驟：

1. 打開Illustrator並創建一個新的文檔。
2. 選擇"窗口"菜單中的"圖表"選項，以打開圖表工具欄。
3. 在圖表工具欄中，選擇你想要的圖表類型，例如柱狀圖、折線圖、餅圖等。
4. 在畫布上使用拖拽工具繪製出圖表的基本形狀，指定圖表的大小和位置。
5. 點擊圖表工具欄中的"圖表數據"按鈕，以輸入或導入你的數據。
6. 在圖表數據編輯器中，輸入或粘貼你的數據，並進行必要的編輯和調整。
7. 根據需要，自定義圖表的樣式、顏色、字體等屬性，以使其與你的設計風格相符。
8. 預覽和調整圖表，確保數據的準確性和視覺效果的滿意度。
9. 完成後，保存你的Illustrator文檔，以便以後進行修改或導出為其他格式（如JPEG、PNG、PDF等）使用。

這些步驟提供了一個基本的指導，但具體的操作可能會根據你的圖表類型和數據要求有所不同。Illustrator提供了強大的圖表工具和自定義選項，你可以根據需要進一步探索和發揮創意。

16-5-5 在 Illustrator 如何使用創意符號

創意符號可以為設計作品添加獨特的視覺元素和風格。在這一節中，我們將與 ChatGPT 互動，探討如何在 Illustrator 中使用創意符號，以實現設計的創新和差異化。

Prompt 指令

請問在 Illustrator 如何使用創意符號。

ChatGPT 回答畫面

請問在Illustrator如何使用創意符號。

在Illustrator中，創意符號（Creative Symbols）是一種方便的功能，可以幫助你在設計中重複使用元素並保持一致性。以下是使用創意符號的基本步驟：

1. 打開Illustrator並創建一個新的文檔。
2. 設計或匯入你想要作為符號的圖形或元素。
3. 選擇你的圖形或元素，然後在菜單欄中選擇「窗口」（Window）->「符號」（Symbols）以打開「符號」面板。
4. 在「符號」面板中，點擊右上角的「新符號」（New Symbol）圖示。
5. 在彈出的對話框中，可以設定符號的名稱和其他選項。確定設定後，點擊「OK」。
6. 創建的圖形或元素現在已經被定義為一個符號，並在「符號」面板中顯示。
7. 若要使用符號，只需選擇「符號」面板中的符號，然後在畫布上按一下即可放置一個符號實例。你可以複製、縮放、旋轉和變形符號實例，並且所有實例都會同步更新。
8. 若要進一步編輯符號，可以選擇「符號」面板中的符號，進行變形、顏色調整或其他操作。所有相關的符號實例都會同步更新。
9. 如果你需要修改符號的原始圖形或元素，只需編輯原始圖形或元素，所有相關的符號實例也將自動更新。

創意符號使得在Illustrator中重複使用元素變得更加靈活和高效。它可以應用於設計中的各種情境，例如創建重複的圖標、圖案或裝飾元素等。透過符號，你可以輕鬆地保持設計的一致性，並節省時間和工作量。

MEMO

酷炫的生成式 AI 繪圖平台與工具

17-1　認識生成式 AI 繪圖

17-2　DALL · E 2（文字轉圖片）

17-3　使用 Midjourney 輕鬆繪圖

17-4　功能強大的 Playground AI 繪圖網站

17-5　Bing 的生圖工具：Bing Image Creator

Illustrator

在這個數位時代，人工智慧（AI）正以驚人的速度發展和應用於各個領域。其中，生成式 AI 繪圖成為了一個引人注目的研究領域，它結合了機器學習、圖像處理和創意藝術，透過演算法生成以人類藝術家為靈感的圖像和繪畫。這種技術不僅在藝術創作領域中具有強大的潛力，還廣泛應用於遊戲開發、設計和影視製作等領域。然而，隨著生成式 AI 繪圖技術的快速發展，也引發了一系列道德和法律問題，需要我們進一步探討和思考。

17-1 認識生成式 AI 繪圖

本節將首先介紹生成式 AI 繪圖的基本概念和原理。生成式 AI 繪圖是指利用深度學習和生成對抗網路（Generative Adversarial Networks，簡稱 GAN）等技術，使機器能夠生成逼真、創造性的圖像和繪畫。

深度學習算是 AI 的一個分支，也可以看成是具有更多層次的機器學習演算法，深度學習蓬勃發展的原因之一，無疑就是持續累積的大數據。

生成對抗網路是一種深度學習模型，用來生成逼真的假資料。GAN 由兩個主要組件組成：產生器（Generator）和判別器（Discriminator）。

產生器是一個神經網路模型，它接收一組隨機噪音作為輸入，並試圖生成與訓練資料相似的新資料。換句話説，產生器的目標是生成具有類似統計特徵的資料，例如圖片、音訊、文字等。產生器的輸出會被傳遞給判別器進行評估。

判別器也是一個神經網路模型，它的目標是區分產生器生成的資料和真實訓練資料。判別器接收由產生器生成的資料和真實資料的樣本，並試圖預測輸入資料是來自產生器還是真實資料。判別器的輸出是一個概率值，表示輸入資料是真實資料的概率。

GAN 的核心概念是產生器和判別器之間的對抗訓練過程。產生器試圖欺騙判別器，生成逼真的資料以獲得高分，而判別器試圖區分產生器生成的資料和真實資料，並給出正確的標籤。這種競爭關係迫使產生器不斷改進生成的資料，使其越來越接近真實資料的分佈，同時判別器也隨之提高其能力以更好地辨別真實和生成的資料。

透過反覆迭代訓練產生器和判別器，GAN 可以生成具有高度逼真性的資料。這使得 GAN 在許多領域中都有廣泛的應用，包括圖片生成、影片合成、音訊生成、文字生成等。

生成式 AI 繪圖是指利用生成式人工智慧（AI）技術來自動生成或輔助生成圖像或繪畫作品。生成式 AI 繪圖可以應用於多個領域，例如：

- 圖像生成：生成式 AI 繪圖可用於生成逼真的圖像，如人像、風景、動物等。這在遊戲開發、電影特效和虛擬實境等領域廣泛應用。
- 補全和修復：生成式 AI 繪圖可用於圖像補全和修復，填補圖像中的缺失部分或修復損壞的圖像。這在數位修復、舊照片修復和文化遺產保護等方面具有實際應用價值。
- 藝術創作：生成式 AI 繪圖可作為藝術家的輔助工具，提供創作靈感或生成藝術作品的基礎。藝術家可以利用這種技術生成圖像草圖、著色建議或創造獨特的視覺效果。
- 概念設計：生成式 AI 繪圖可用於產品設計、建築設計等領域，幫助設計師快速生成並視覺化各種設計概念和想法。

總而言之，生成式 AI 繪圖透過深度學習模型和生成對抗網路等技術，能夠自動生成逼真的圖像，在許多領域中展現出極大的應用潛力。

17-1-1 有哪些 AI 繪圖生圖神器

在本節中，我們將介紹一些著名的 AI 繪圖生成工具和平台，這些工具和平台將生成式 AI 繪圖技術應用於實際的軟體和工具中，讓普通用戶也能輕鬆地創作出美麗的圖像和繪畫作品。這些 AI 繪圖生成工具和平台的多樣性使用戶可以根據個人喜好和需求選擇最適合的工具。一些工具可能提供照片轉換成藝術風格的功能，讓用戶能夠將普通照片轉化為令人驚艷的藝術作品。其他工具則可能專注於提供多種繪畫風格和效果，讓用戶能夠以全新的方式表達自己的創意。以下是一些知名的 AI 繪圖生成工具和平台的例子：

- Midjourney：Midjourney 是一個 AI 繪圖平台，它讓使用者無須具備高超的繪畫技巧或電腦技術，僅輸入幾個關鍵字，便能快速生成精緻的圖像。這款繪圖程式不僅高效，而且能夠提供出色的畫面效果。

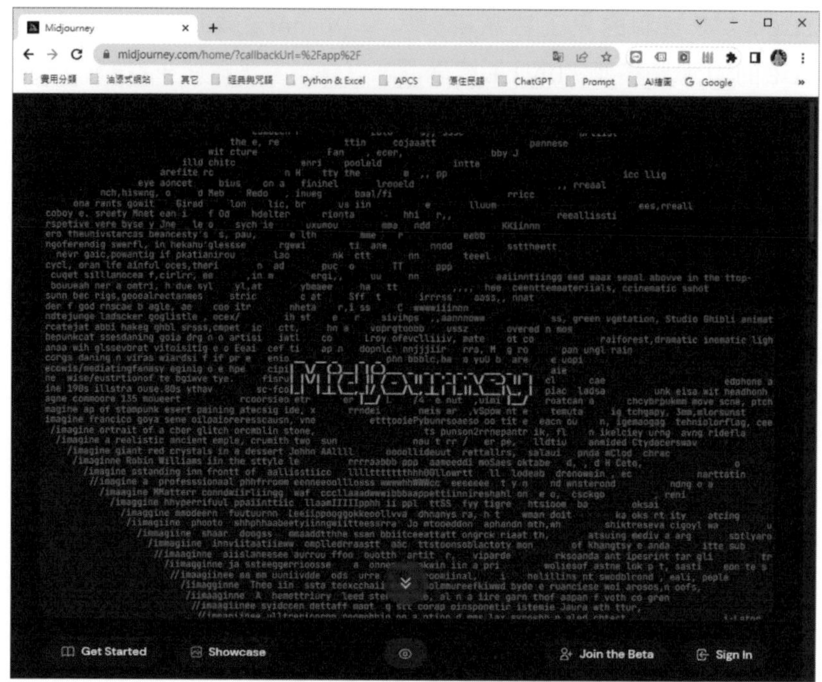

https://www.midjourney.com

- Stable Diffusion：Stable Diffusion 是一個於 2022 年推出的深度學習模型，專門用於從文字描述生成詳細圖像。除了這個主要應用，它還可應用於其他任務，例如內插繪圖、外插繪圖，以及以提示詞為指導生成圖像翻譯。

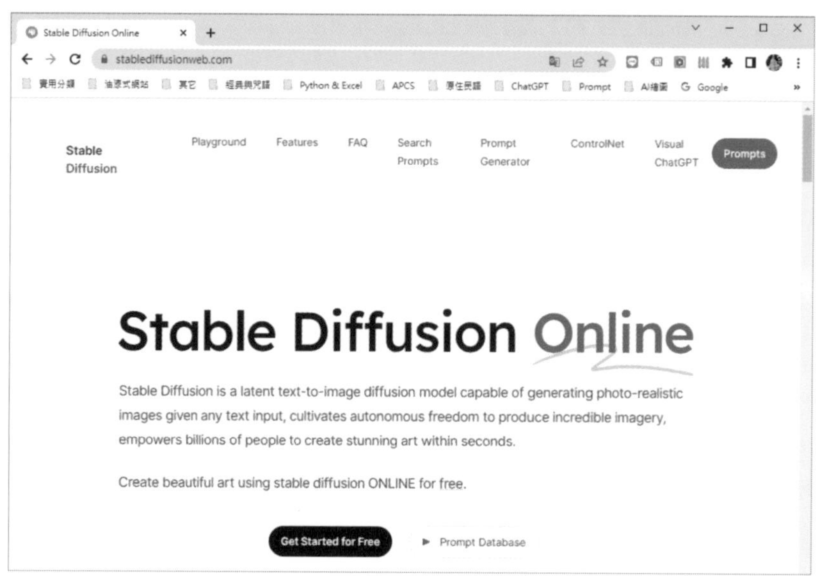

https://stablediffusionweb.com/

- DALL-E 2：非營利的人工智慧研究組織 OpenAI 在 2021 年初推出了名為 DALL-E 的 AI 製圖模型。DALL-E 這個名字是藝術家薩爾瓦多·達利（Salvador Dali）和機器人瓦力（WALL-E）的合成詞。使用者只需在 DALL-E 這個 AI 製圖模型中輸入文字描述，就能生成對應的圖片。而 OpenAI 後來也推出了升級版的 DALL-E 2，這個新版本生成的圖像不僅更加逼真，還具有圖片編輯的功能。

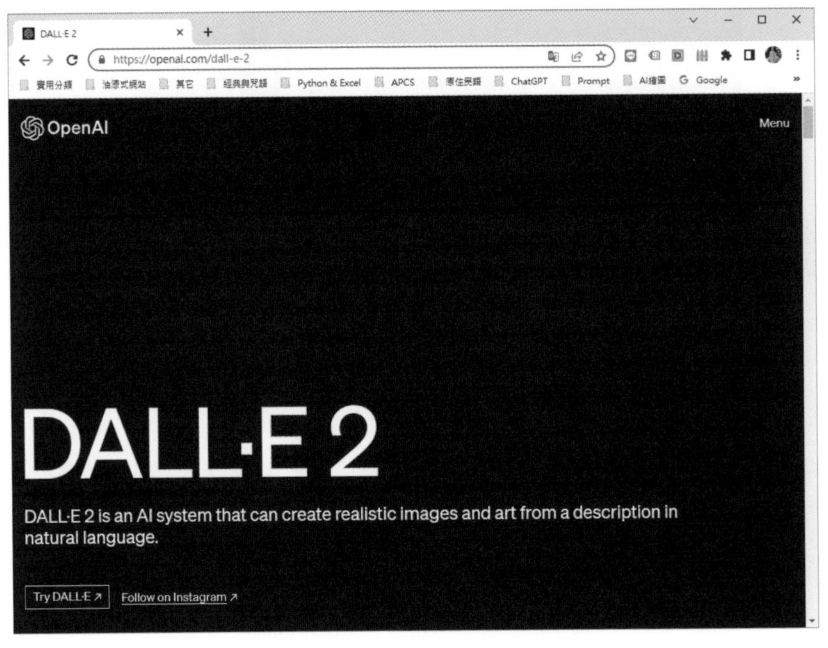

https://openai.com/dall-e-2

- Bing Image Creator：微軟 Bing 針對台灣用戶推出了一款免費的 AI 繪圖工具，名為「Bing Image Creator（影像建立者）」。這個工具是基於 OpenAI 的 DALL-E 圖片生成技術開發而成。使用者只需使用他們的微軟帳號登入該網頁，即可免費使用，並且對於一般用戶來說非常容易上手。使用這個工具非常簡單，圖片生成的速度也相當迅速（大約幾十秒內完成）。只需要在提示語欄位輸入圖片描述，即可自動生成相應的圖片內容。不過需要注意的是，一旦圖片生成成功，每張圖片的左下方會帶有微軟 Bing 的小標誌，使用者可以自由下載這些圖片。

https://www.bing.com/create

- Playground AI：Playground AI 是一個簡易且免費使用的 AI 繪圖工具。使用者不需要下載或安裝任何軟體，只需使用 Google 帳號登入即可。每天提供 1000 張免費圖片的使用額度，讓你有足夠的測試空間。使用上也相對簡單，提示詞接近自然語言，不需調整複雜參數。首頁提供多個範例供參考，當各位點擊「Remix」可以複製設定重新繪製一張圖片。請注意使用量達到 80% 時會通知，避免超過 1000 張限制，否則隔天將限制使用間隔時間。

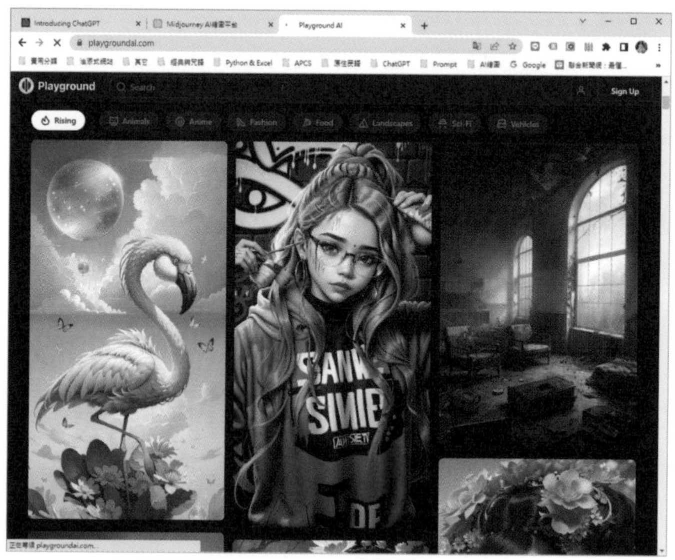

https://playgroundai.com/

這些知名的 AI 繪圖生成工具和平台提供了多樣化的功能和特色，讓用戶能夠嘗試各種有趣和創意的 AI 繪圖生成。然而，需要注意的是，有些工具可能需要付費或提供高級功能時需付費。在使用這些工具時，請務必遵守相關的使用條款和版權規定，尊重原創作品和智慧財產權。

在使用這些工具時，除了遵守使用條款和版權規定外，也要注意隱私和數據安全。確保你的圖像和個人資訊在使用過程中得到妥善保護。此外，了解這些工具的使用限制和可能存在的浮水印或其他限制，以便做出最佳選擇。

借助這些 AI 繪圖生成工具和平台，你可以在短時間內創作出令人驚艷的圖像和繪畫作品，即使你不具備專業的藝術技能。請享受這些工具帶來的創作樂趣，並將它們作為展示你創意的一種方式。

17-1-2 生成式 AI 繪圖道德與法律問題

生成式 AI 繪圖技術的迅速發展也帶來了一系列道德和法律上的問題。在這一節中，我們將討論這些問題的本質和影響。例如，生成的圖像是否侵犯了版權和智慧財產權？我們應該如何處理生成式 AI 繪圖中的欺詐和偽造問題？同時，我們也會探討隱私和數據安全等議題。

生成的圖像是否侵犯了版權和智慧財產權？

生成的圖像是否侵犯了版權和智慧財產權是生成式 AI 繪圖中一個重要的道德和法律問題。這個問題的答案並不簡單，因為涉及到不同國家的法律和法規，以及具體情境的考量。

首先，生成式 AI 繪圖是透過學習和分析大量的圖像數據來生成新的圖像。這意味著生成的圖像可能包含了原始數據集中的元素和特徵，甚至可能與現有的作品相似。如果這些生成的圖像與已存在的版權作品相似度非常高，可能會引發版權侵犯的問題。

然而，要確定是否存在侵權，需要考慮一些因素，如創意的獨創性和原創性。如果生成的圖像是透過模型根據大量的數據自主生成的，並且具有獨特的特點和創造性，可能被視為一種新的創作，並不侵犯他人的版權。

此外，法律對於版權和智慧財產權的保護也是因地區而異的。不同國家和地區有不同的版權法律和法規，其對於原創性、著作權期限以及著作權歸屬等方面的規定也不盡相同。因此，在判斷生成的圖像是否侵犯版權時，需要考慮當地的法律條款和案例判例。

總之，生成式 AI 繪圖引發的版權和智慧財產權問題是一個複雜的議題。確定是否侵犯版權需要綜合考慮生成的圖像的原創性、獨創性以及當地法律的規定。對於任何涉及版權的問題，建議諮詢專業法律意見以確保遵守當地法律和法規。

處理生成式 AI 繪圖中的欺詐和偽造問題

生成式 AI 繪圖的欺詐和偽造問題需要綜合的解決方法。以下是幾個關鍵的措施：

首先，技術改進是處理這個問題的重點。研究人員和技術專家應該致力於改進生成式模型，以增強模型的辨識能力。這可以透過更強大的對抗樣本訓練、更好的數據正規化和更深入的模型理解等方式實現。這樣的技術改進可以幫助識別生成的圖像，並區分真實和偽造的內容。

其次，數據驗證和來源追蹤是關鍵的措施之一。建立有效的數據驗證機制可以確保生成式 AI 繪圖的數據來源的真實性和可信度。這可以包括對數據進行標記、驗證和驗證來源的技術措施，以確保生成的圖像是基於可靠的數據。

第三，倫理和法律框架在生成式 AI 繪圖中也扮演重要作用。建立明確的倫理準則和法律框架可以規範使用生成式 AI 繪圖的行為，限制不當使用。這可能涉及監管機構的參與、行業標準的制定和相應的法律法規的制定。這樣的框架可以確保生成式 AI 繪圖的合理和負責任的應用。

第四，公民教育和警覺也是重要的面向。對於一般用戶和大眾來說，理解生成式 AI 繪圖的能力和限制是關鍵的。公民教育的活動和資源可以提高大眾對這些問題的認識，並提供指南和建議，以幫助他們更好地應對。這可以包括向用戶提供識別偽造圖像的工具和資源，以及教育用戶如何使用生成式 AI 繪圖技術的適當方式。

此外，合作和多方參與也是解決這個問題的關鍵。政府、學術界、技術公司和社會組織之間的合作是處理生成式 AI 繪圖中的欺詐和偽造問題的關鍵。這些利害相關者可以共同努力，透過知識共享、經驗交流和協作合作來制定最佳實踐和標準。

另外，技術公司和平台提供商可以加強內部審查機制，確保生成式 AI 繪圖技術的合規和遵守相關政策。他們可以設計機制，對使用者提交的內容進行監測和審查，以減少欺詐和偽造的發生。同時，也應該鼓勵用戶提供反饋和建議，以改進生成式 AI 繪圖系統的安全性和可靠性。

還有政府和監管機構在處理生成式 AI 繪圖的欺詐和偽造問題方面發揮著關鍵作用。他們可以制定相應的法律法規，明確生成式 AI 繪圖的使用限制和義務，確保技術的負責任和合規性。

處理生成式 AI 繪圖中的欺詐和偽造問題需要多方面的努力和合作。透過技術改進、數據驗證、倫理法律框架、公眾教育和社區監管等綜合措施，我們可以更好地應對這一挑戰，確保生成式 AI 繪圖技術的合理和負責任使用，保護用戶和社會的利益。

生成式 AI 繪圖隱私和數據安全

生成式 AI 繪圖引發了一系列與隱私和數據安全相關的議題。以下是對這些議題的簡要介紹：

1. 數據隱私：生成式 AI 繪圖需要大量的數據作為訓練資料，這可能涉及用戶個人或敏感訊息的收集和處理。因此，保護數據隱私成為一個重要的問題。確保數據的合法收集和處理，以及適當的數據保護和隱私保護措施，如數據加密、安全儲存和傳輸等，都是必要的。
2. 模型偏見和數據歧視：生成式 AI 繪圖模型可能存在偏見和歧視問題，這意味著它們可能會在生成圖像時重現社會偏見或輸出具有歧視性的內容。這種偏見可能源於訓練數據的偏斜性，或是模型學習到的社會偏見。解決這個問題需要進一步的研究和改進，以減少模型的偏見並提高生成的圖像的公正性和多樣性。

3. 數據洩露和滲透：生成式 AI 繪圖系統涉及大量的資料處理和儲存，因此存在資料數據洩露和滲透的風險。這可能導致個人敏感訊息的外洩或用於惡意用途。為了確保數據的安全，技術公司和平台提供商需要實施強大的安全措施，如加密通信、儲存和存取控制等，並定期進行安全審查和測試。

4. 欺詐和偽造：生成式 AI 繪圖的技術可能被濫用用於欺詐和偽造目的。這可能包括使用生成的圖像進行虛假廣告、虛構證據或偽造身分等。這需要建立相應的法律框架和監管機制，對濫用生成式 AI 繪圖技術進行規範和制裁。

5. 社交工程和欺詐攻擊：生成式 AI 繪圖技術的濫用可能導致社交工程和欺詐攻擊的增加。這可能包括使用生成的圖像進行偽裝、身分詐騙或虛假訊息的傳播。防止這些攻擊需要加強用戶教育、增強識別偽造圖像的能力，並建立有效的監測和反制機制。

透過加強數據隱私保護、監測和防範潛在的濫用行為，我們可以確保生成式 AI 繪圖的合理和負責任使用，並保護用戶和社會的利益。

17-2 DALL·E 2（文字轉圖片）

DALL·E 2 利用深度學習和生成對抗網路（GAN）技術來生成圖像，並且可以從自然語言描述中理解和生成相應的圖像。例如，當給定一個描述「請畫出有很多氣球的生日禮物」時，DALL·E 2 可以生成對應的圖像。

DALL·E 2 模型的重要特點是它具有更高的圖像生成品質和更大的圖像生成能力，這使得它可以創造出更複雜、更具細節和更逼真的圖像。DALL·E 2 模型的應用非常廣、而且商機無窮，可以應用於視覺創意、商業設計、教育和娛樂等各個領域。

17-2-1 利用 DALL-E 2 以文字生成高品質圖像

要體會這項文字轉圖片的 AI 利器，可以連上 https://openai.com/dall-e-2/ 網站，接著請按下圖中的「Try DALL-E」鈕：

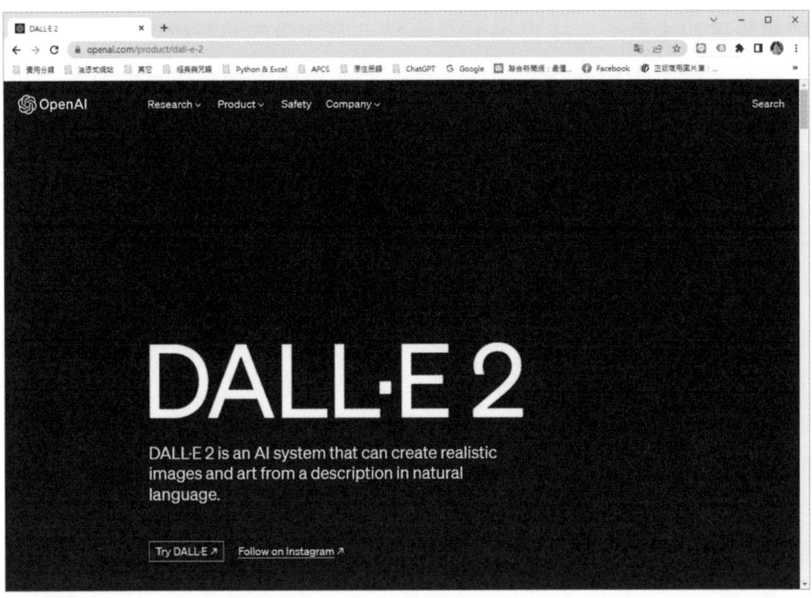

再按下「Continue」鈕表示同意相關條款：

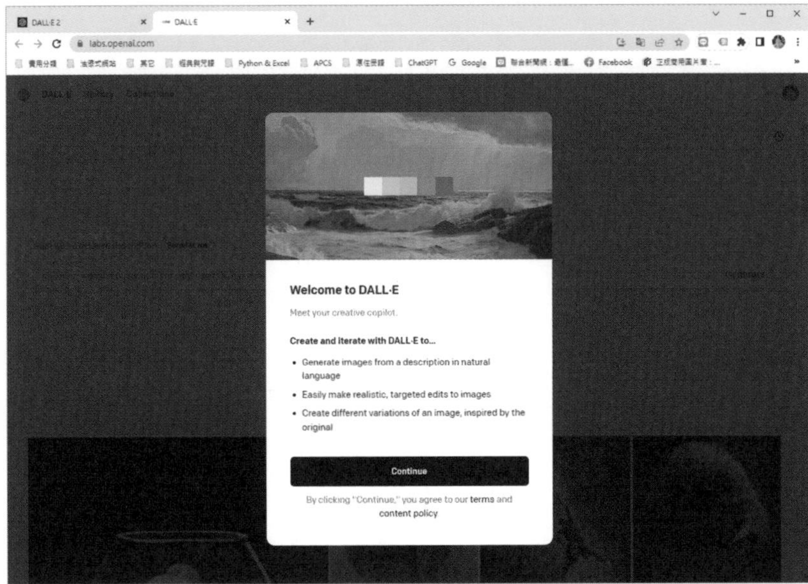

如果想要馬上試試，就可以按下圖的「Start creating with DALL-E」鈕：

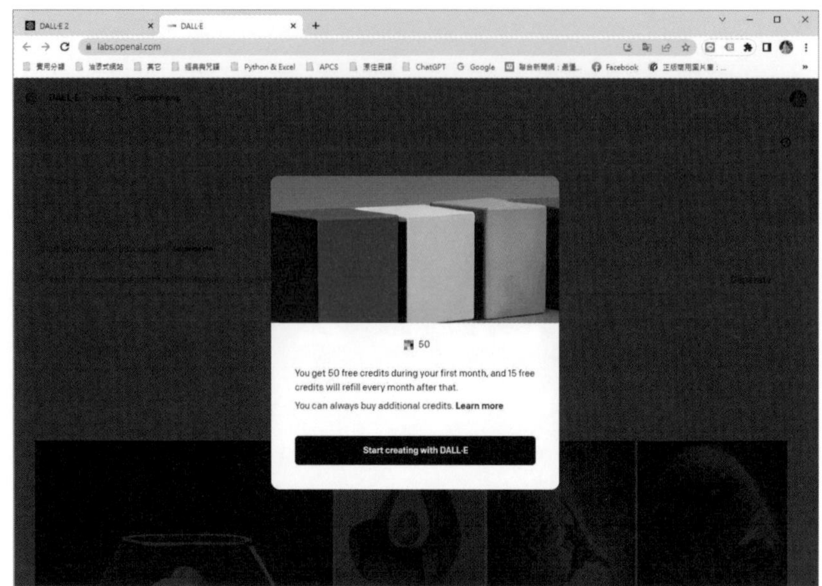

接著請輸入關於要產生的圖像的詳細的描述，例如下圖輸入「請畫出有很多氣球的生日禮物」，再按下「Generate」鈕：

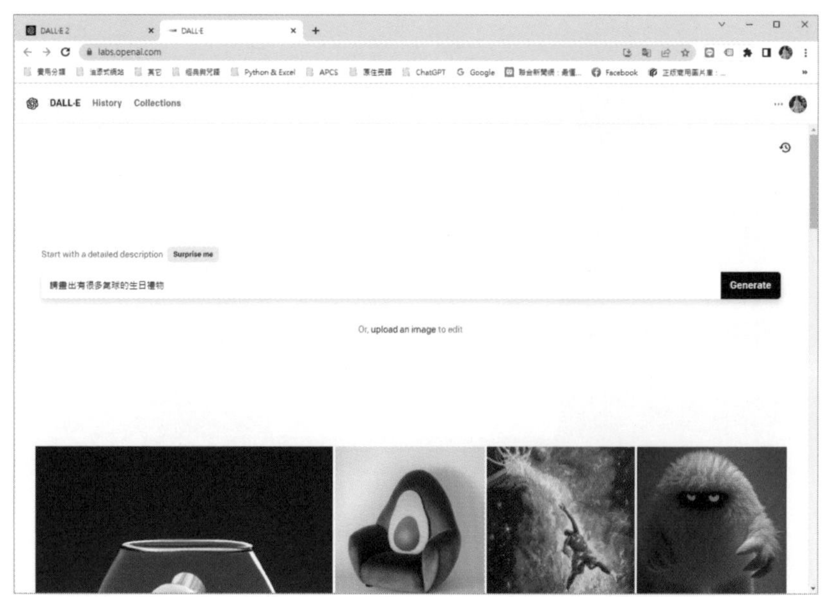

之後就可以快速生成具有一定水準的圖像。如下圖所示：

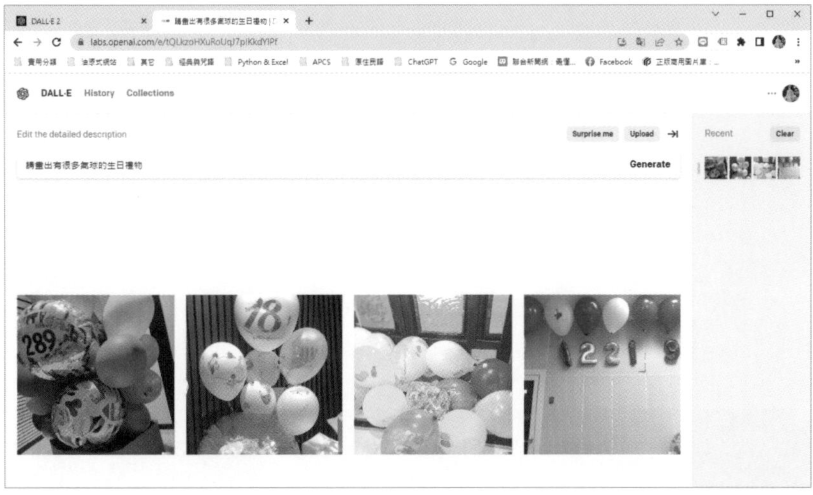

17-3 使用 Midjourney 輕鬆繪圖

Midjourney 是一款輸入簡單的描述文字，就能讓 AI 自動幫你創建出獨特而新奇的圖片程式，只要 60 秒的時間，就能快速生成四幅作品。

由 Midjourney 產生的長髮女孩

想要利用 Midjourney 來嘗試作圖，你可以先免費試用，不管事插畫、寫實、3D 立體、動漫、卡通、標誌、或是特殊的藝術格，它都可以輕鬆幫你設計出來。不過免費版是有限制生成的張數，之後就必須訂閱付費才能夠使用，而付費所產生的圖片可做為商業用途。

17-3-1　申辦 Discord 的帳號

要使用 Midjourney 之前必須先申辦一個 Discord 的帳號，才能在 Discord 社群上下達指令。各位可以先前往 Midjourney AI 繪圖網站，網址為：https://www.midjourney.com/home/ 。

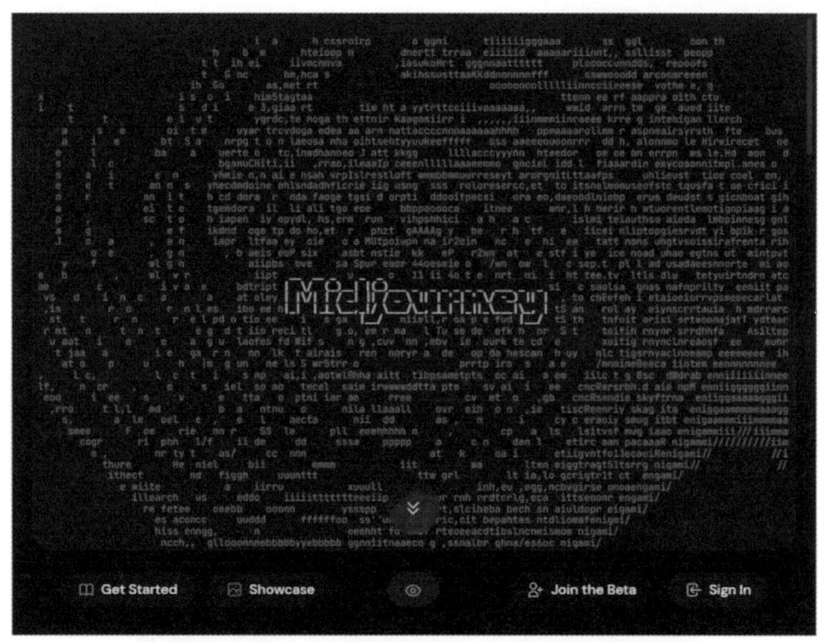

請先按下底端的「Join the Beta」鈕，它會自動轉到 Discord 的連結，請自行申請一個新的帳號，過程中需要輸入個人生日、密碼、電子郵件等相關資訊。由於目前，需要幾天的等待時間才能被邀請加入 Midjourney。

不過 Midjourney 原本開放給所有人免費使用，但申於申請的人數眾多，官方已宣布不再提供免費服務，費用為每月 10 美金才能繼續使用。

17-3-2　登入 Midjourney 聊天室頻道

Discord 帳號申請成功後，每次電腦開機時就會自動啟動 Discord。當你受邀加入 Midjourney 後，你會在 Discord 左側看到 mid004 鈕，按下該鈕就會切換到 Midjourney。

3. 由右側欄位可欣賞其他新成員的作品與下達的關鍵文字

1. 按此鈕切換到 Midjourney

2. 點選「newcomer rooms」中的任一頻道

對於新成員，Midjourney 提供了「newcomer rooms」，點選其中任一個含有「newbies-#」的頻道，就可以讓新進成員進入新人室中瀏覽其他成員的作品，也可以觀摩他人如何下達指令。

下達的關鍵文字

產生的 4 組圖片

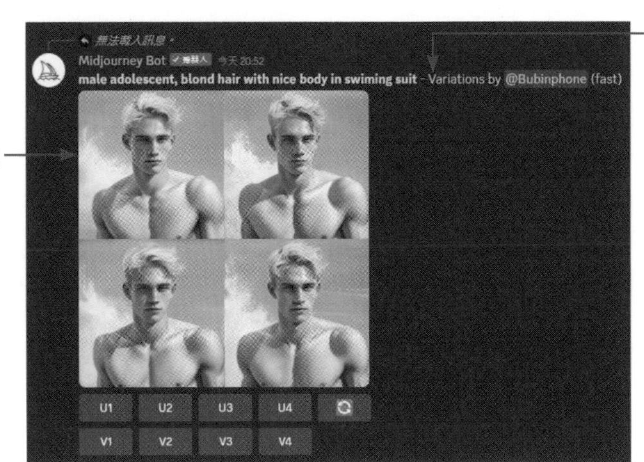

Illustrator X ChatGPT 向量圖形設計

17-3-3 下達指令詞彙來作畫

當各位看到各式各樣精采絕倫的畫作，是不是也想實際嘗試看看！下達指令的方式很簡單，只要在底端含有「+」的欄位中輸入「/imagine」，然後輸入英文的詞彙即可。你也可以透過以下方式來下達指令：

1. 先進入新人室的頻道

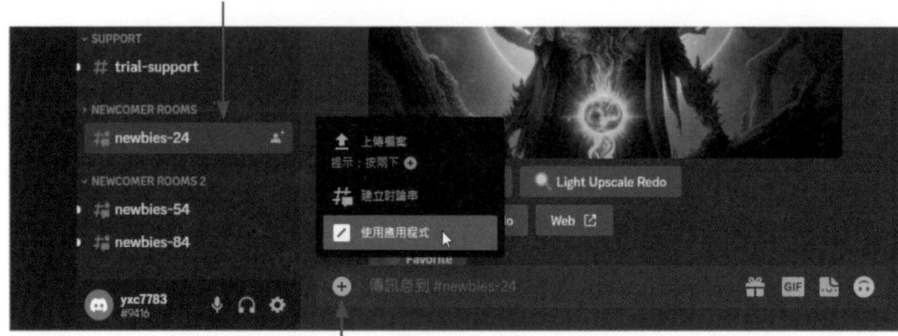

2. 按此鈕，並下拉選擇「使用應用程式」

3. 再點選此項

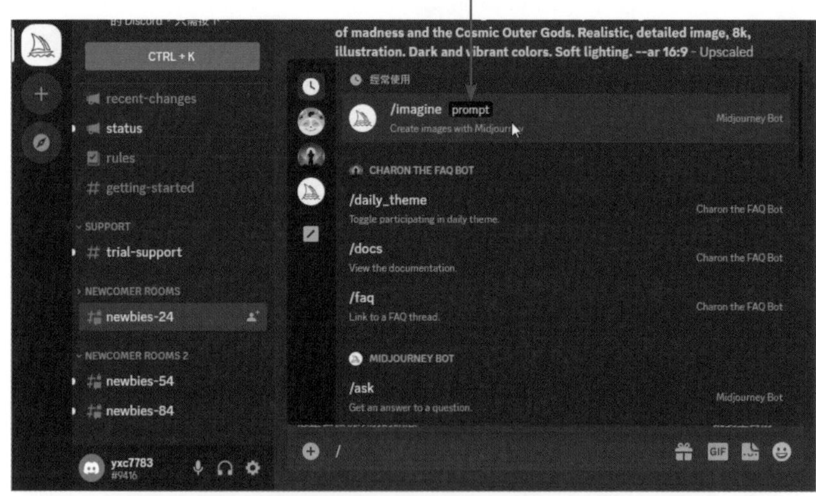

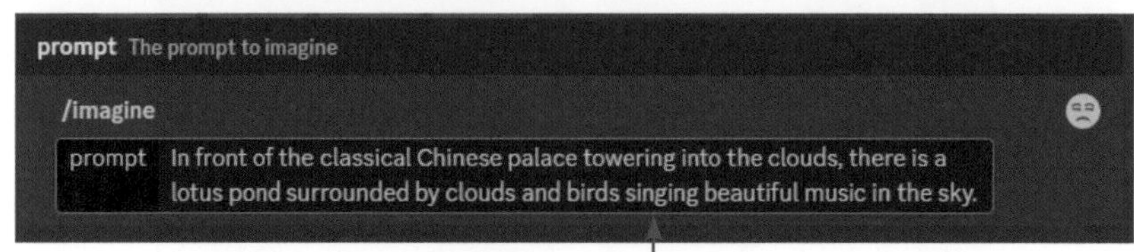

4. 在 Prompt 後方輸入你想要表達的英文字句，按下「Enter」鍵

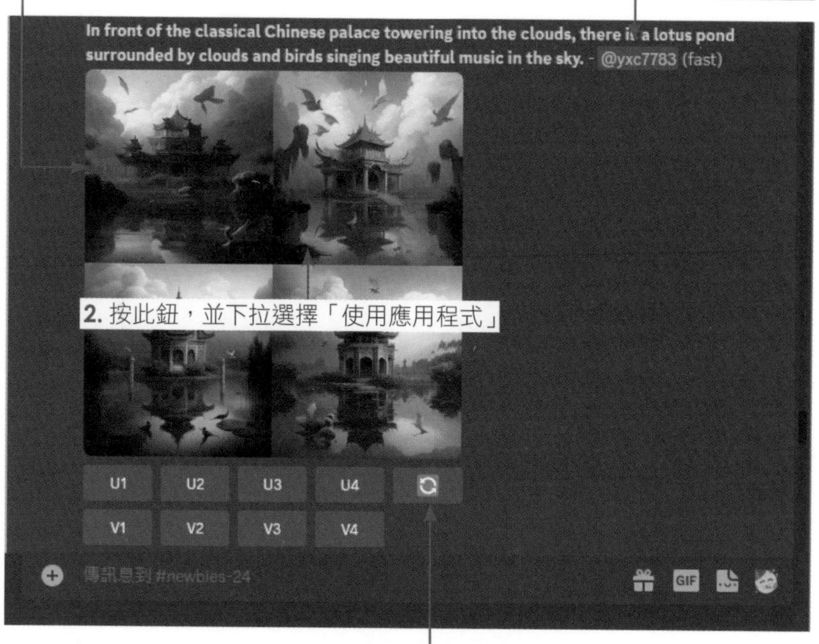

17-3-4 英文指令找翻譯軟體幫忙

對於如何在 Midjourney 下達指令詞彙有所了解後，再來說說它的使用技巧吧！首先是輸入的 prompt，輸入的指令詞彙可以是長文的描述，也可以透過逗點來連接詞彙。

在觀看他人的作品時，對於喜歡的畫風，你可以參閱他的描述文字，然後應用到你的指令詞彙之中。如果你覺得自己英文不好也沒有關係，可以透過 Google 翻譯或 DeepL 翻譯器之類的翻譯軟體，把你要描述的中文詞句翻譯成英文，再貼入 Midjourney 的指令區即可。同樣地，看不懂他人下達的指令詞彙，也可以將其複製後，貼到翻譯軟體翻譯成中文。

特別注意的是，由於目前試玩 Midjourney 的成員眾多，洗版的速度非常快，若沒有看到自己的畫作，前後找找就可以看到。

17-3-5　重新刷新畫作

下達指令詞彙後，萬一呈現出來的四個畫作與你期望的落差很大，一種方式是修改你所下達的英文詞彙，另外也可以在畫作下方按下 🔄 重新刷新鈕，Midjourney 就會重新產生新的 4 個畫作出來。

如果你想以某一張畫作來進行延伸的變化，可以點選 V1 到 V4 的按鈕，其中 V1 代表左上、V2 是右上、V3 左下、V4 右下。

17-3-6 取得高畫質影像

當產生的畫作有符合你的需求，你可以可慮將它保留下來。在畫作的下方可以看到 U1 到 U4 等 4 個按鈕。其中的數字是對應四張畫作，分別是 U1 左上、U2 右上、U3 左下、U4 右下。如果你喜歡右上方的圖，可按下 U2 鈕，它就會產生較高畫質的圖給你，如下圖所示。按右鍵於畫作上，執行「開啟連結」指令，會在瀏覽器上顯示大圖，再按右鍵執行「另存圖片」指令，就能將圖片儲存到你指定的位置。

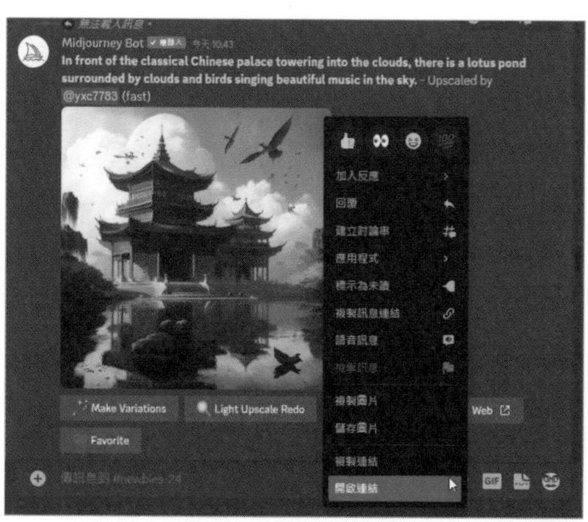

17-3-7 新增 Midjourney 至個人伺服器

由於目前使用 Midjourney 來建構畫作的人很多，所以當各位下達指令時，常常因為他人的洗版，讓你要找尋自己的畫作也要找半天。如果你有相同的困擾，可以考慮將 Midjourney 新增到個人伺服器中，如此一來就能建立一個你與 Midjourney 專屬的頻道。

新增個人伺服器

首先你要擁有自己的伺服器。請在 Discord 左側按下「+」鈕來新增個人的伺服器，接著你會看到「建立伺服器」的畫面，按下「建立自己的」的選項，再輸入個人伺服器的名稱，如此一來個人專屬的伺服器就可建立完成。

將 Midjourney 加入個人伺服器

有了自己專屬的伺服器後，接下來準備將 Midjourney 加入到個人伺服器之中。

1. 切換到個人伺服器

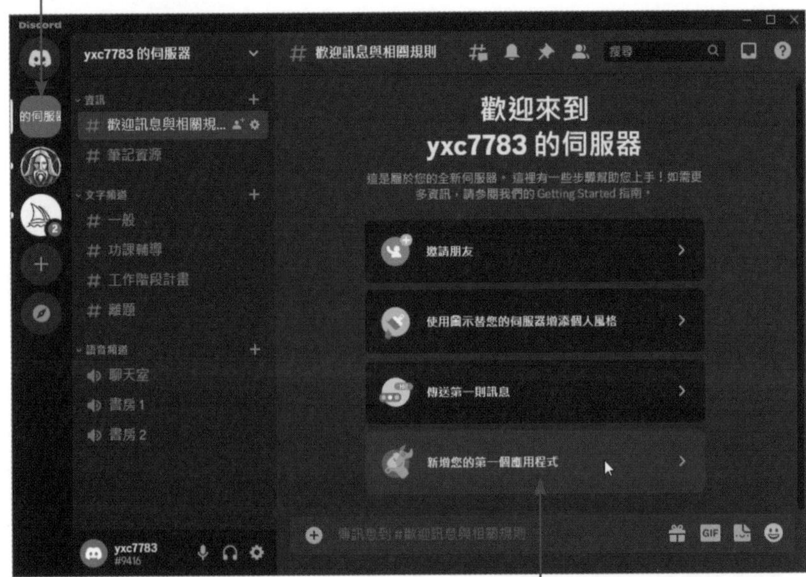

2. 按此新增你的第一個應用程式

3. 輸入 Midjourney，按下「Enter」鍵進行搜尋

4. 找到並點選 Midjourney Bot，接著選擇「新增至伺服器」鈕

接下來還會看到如下兩個畫面，告知你 Midjourney 將存取你得 Discord 帳號，按下「繼續」鈕，保留所有選項預設值後再按下「授權」鈕，就可以看到「已授權」的綠勾勾，順利將 Midjourney 加入到你的伺服器當中。

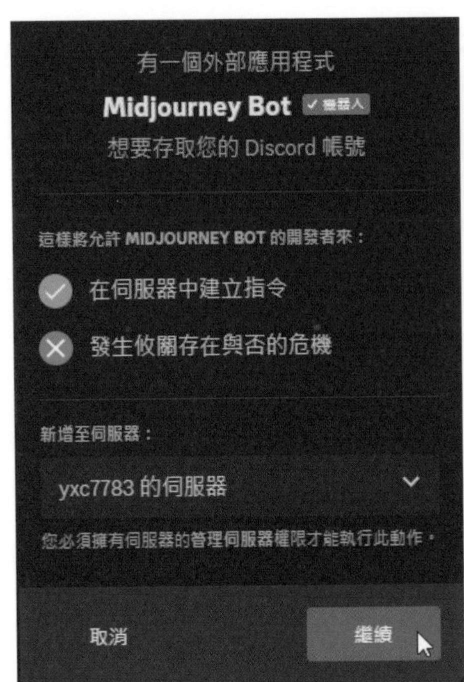

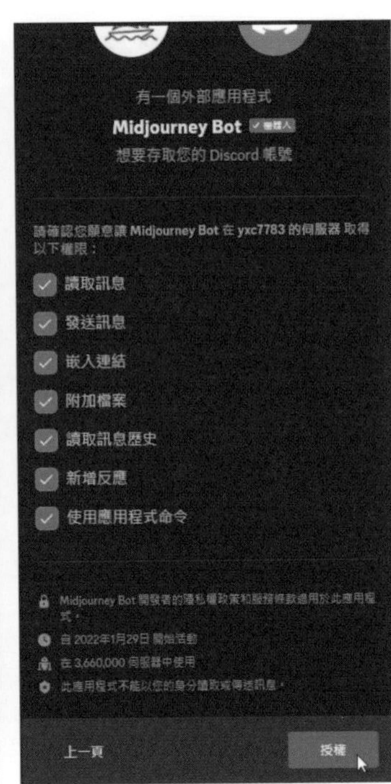

完成如上的設定後，依照前面介紹的方式使用 Midjourney，就不用再怕被洗版了！

17-4 功能強大的 Playground AI 繪圖網站

在本單元中，我們將介紹一個便捷且強大的 AI 繪圖網站，它就是 Playground AI。這個網站免費且不需要進行任何安裝程式，並且經常更新，以確保提供最新的功能和效果。Playground AI 目前提供無限制的免費使用，讓使用者能夠完全自由地客製化生成圖像，同時還能夠以圖片作為輸入生成其他圖像。使用者只需先選擇所偏好的圖像風格，然後輸入英文提示文字，最後點擊「Generate」按鈕即可立即生成圖片。網站的網址為 https://playgroundai.com/。這個平台提供了簡單易用的工具，讓你探索和創作獨特的 AI 生成圖像體驗。

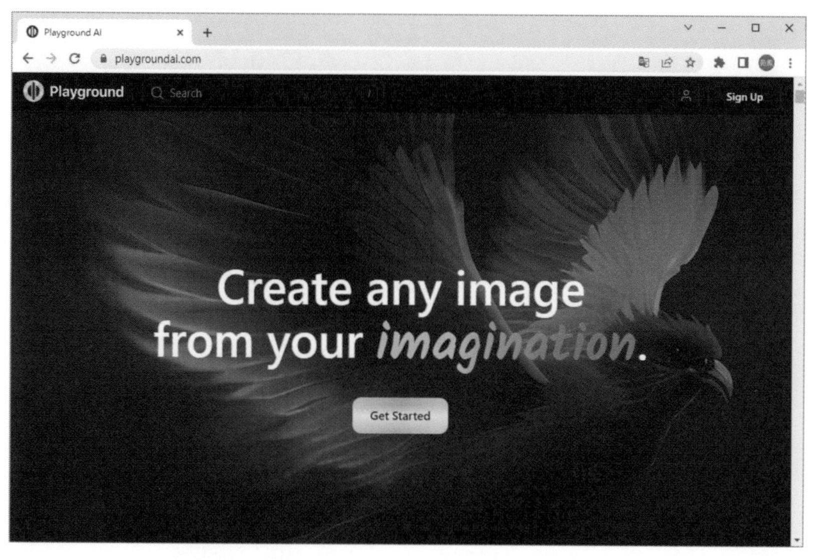

17-4-1 學習圖片原創者的提示詞

首先，讓我們來探索其他人的技巧和創作。當你在 Playground AI 的首頁向下滑動時，你會看到許多其他使用者生成的圖片，每一張圖片都展現了獨特且多樣化的風格。你可以自由地瀏覽這些圖片，並找到你喜歡的風格。只需用滑鼠點擊任意一張圖片，你就能看到該圖片的原創者、使用的提示詞，以及任何可能影響畫面出現的其他提示詞等相關資訊。

這樣的資訊對於學習和獲得靈感非常有幫助。你可以了解到其他人是如何使用提示詞和圖像風格來生成他們的作品。這不僅讓你更好地了解 AI 繪圖的應用方式，也可以啟發你在創作過程中的想法和技巧。無論是學習他們的方法，還是從他們的作品中獲得靈感，都可以讓你的創作更加豐富和多元化。

Playground AI 為你提供了一個豐富的創作社群，讓你可以與其他使用者互相交流、分享和學習。這種互動和共享的環境可以激發你的創造力，並促使你不斷進步和成長。所以，不要猶豫，立即探索這些圖片，看看你可以從中獲得的靈感和創作技巧吧！

1. 以滑鼠點選此圖片，使進入下圖畫面

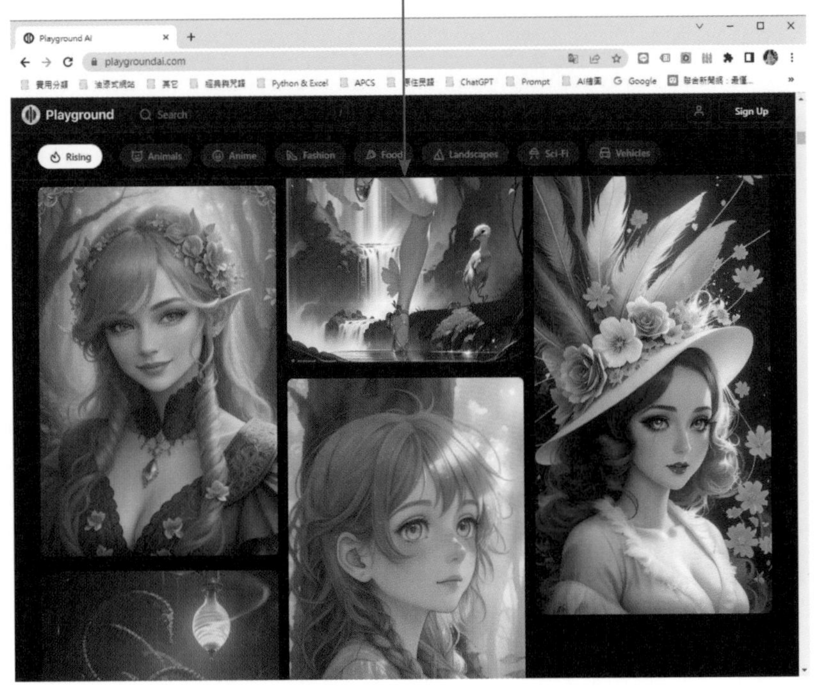

即使你的英文程度有限，無法理解內容也不要緊，你可以將文字複製到「Google 翻譯」或者使用 ChatGPT 來協助你進行翻譯，以便得到中文的解釋。此外，你還可以點擊「Copy prompt」按鈕來複製提示詞，或者點擊「Remix」按鈕以混合提示詞來生成圖片。這些功能都可以幫助你更好地使用這個平台，獲得你所需的圖像創作體驗。

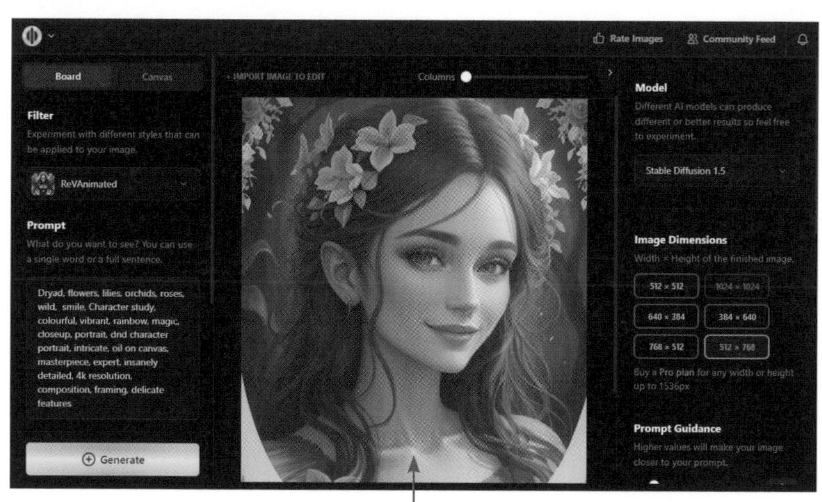

按下「Remix」鈕會進入 Playground 來生成混合的圖片

除了參考他人的提示詞來生成相似的圖像外，你還可以善用 ChatGPT 根據你自己的需求生成提示詞喔！利用 ChatGPT，你可以提供相關的說明或指示，讓 AI 繪圖模型根據你的要求創作出符合你想法的圖像。這樣你就能夠更加個性化地使用這個工具，獲得符合自己想像的獨特圖片。不要害怕嘗試不同的提示詞，挑戰自己的創意，讓 ChatGPT 幫助你實現獨一無二的圖像創作！

17-4-2 初探 Playground 操作環境

在瀏覽各種生成的圖片後，我相信你已經迫不及待地想要自己嘗試了。只需在首頁的右上角點擊「Sign Up」按鈕，然後使用你的 Google 帳號登入即可開始。這樣你就可以完全享受到 Playground AI 提供的所有功能和特色。

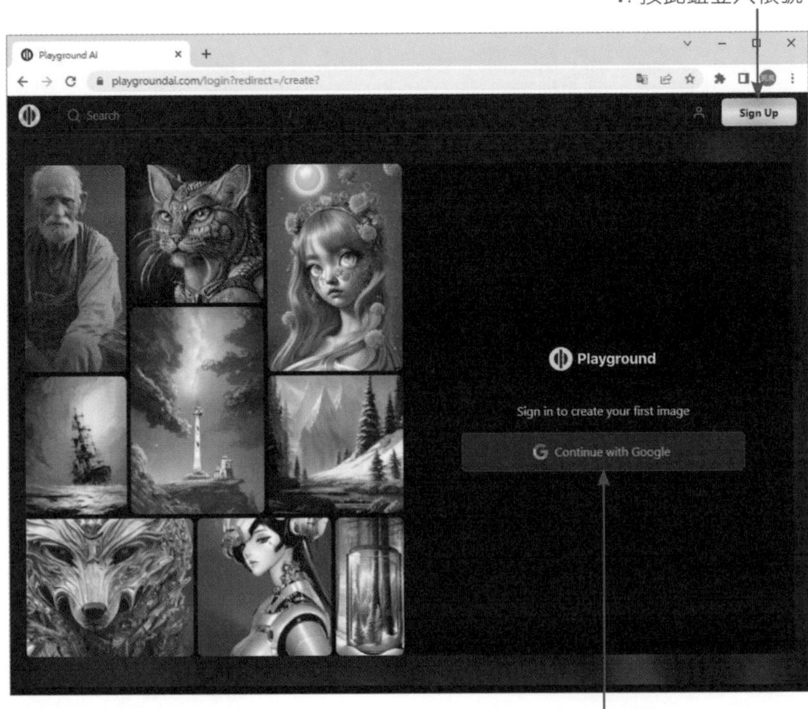

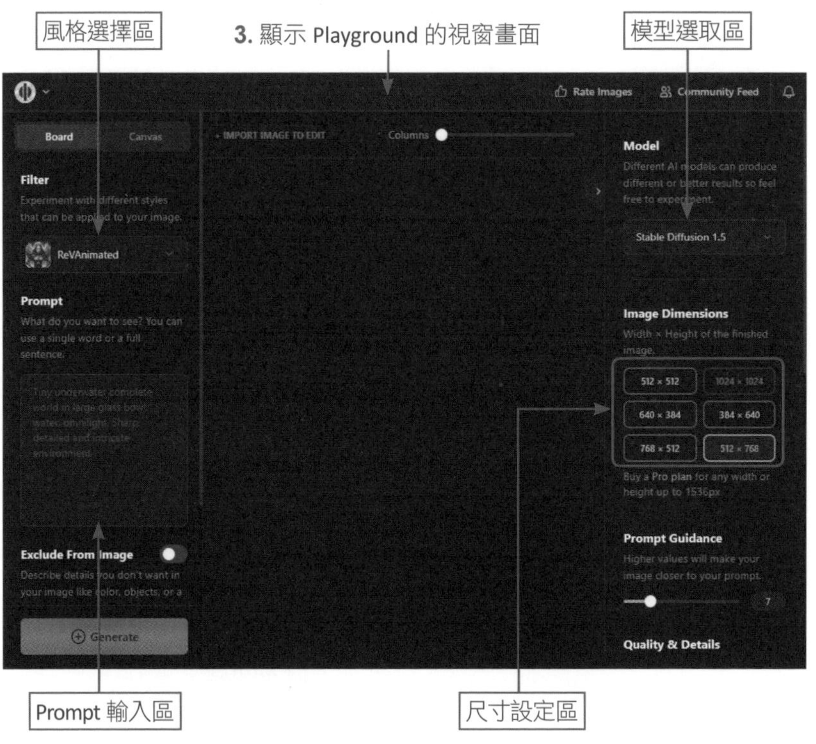

17-4-3 利用 ChatGPT 取得最佳的提示詞

在這裡，我們將利用 ChatGPT 提出問題來獲得最佳的提示詞，然後將這些提示詞複製到 Playground AI 中生成圖片。這樣做可以確保 Playground AI 生成的圖片更符合我們的期望。我們可以讓 ChatGPT 扮演 Playground AI 的提示詞生成器，以獲得更具創意和個性化的繪圖提示。這種結合 ChatGPT 和 Playground AI 的方式將為我們帶來更加豐富和獨特的圖像創作體驗。現在就讓我們開始利用 ChatGPT 來生成最佳的繪圖提示，並在 Playground AI 中展開創作吧！

prompt 提示

接下來請你扮演 Playground AI 繪圖提示生成器

> TX 接下來請你扮演Playground AI繪圖提示生成器
>
> 當然，我很樂意扮演Playground AI繪圖提示生成器的角色。請告訴我您希望生成的圖片內容或提供一些關鍵字，我將努力為您生成一個適合的繪圖提示。請描述您期望的畫面風格、主題或任何您想在圖片中看到的元素。我將嘗試生成一個繪圖提示，讓您可以在Playground AI中繼續創作。請提供您的需求，我將盡力幫助您。

當我們告訴 ChatGPT 我們想要的畫面效果時，接下來就輸入要提示的文字內容。

prompt 提示

我想要一個歡樂的籃球總冠軍賽奪冠的慶祝畫面。

> TX 我想要一個歡樂的籃球總冠軍賽奪冠的慶祝畫面。
>
> 給您的繪圖提示是：「一個歡樂的籃球總冠軍賽奪冠的慶祝畫面」。您可以將這個提示複製並貼到Playground AI的Prompt區塊中，然後按下「Generate」來生成相應的圖片。希望這個繪圖提示能幫助您創作出一個令人歡欣鼓舞的畫面！

如果 ChatGPT 給出的內容符合你的要求，你可以請它將其翻譯成英文。這樣，你就能獲得更優秀的提示詞，並將該段英文文字複製並貼到 Playground AI 中。這將有助於你在 Playground AI 中獲得更理想的生成圖像。

prompt 提示

請將上面的繪圖提示翻譯成英文。

TX 請將上面的繪圖提示翻譯成英文

The translation of the drawing prompt is: "A joyful celebration scene of winning the basketball championship." You can copy and paste this prompt into the Prompt section of Playground AI, and then click on "Generate" to create the corresponding image. I hope this drawing prompt helps you create an inspiring and joyful artwork!

17-4-4 實戰 Playground AI 生成圖片

一旦你登入 Playground 帳號，你可以使用左側的篩選器來選擇你喜歡的圖片濾鏡。按下圖示下拉式按鈕後，你將看到各種縮圖，這些縮圖可以大致展示出圖片呈現的風格。在這裡，你可以嘗試更多不同的選項，並發現許多令人驚豔的畫面。不斷探索和試驗，你將發現各種迷人的風格和效果等待著你。

現在，將 ChatGPT 生成的文字內容「複製」並「貼到」左側的提示詞（Prompt）區塊中。右側的「Model」提供四種模型選擇，預設值是「Stable Diffusion 1.5」，這是一個穩定的模型。DALL-E 2 模型需要付費才能使用，因此建議你繼續使用預設值。至於尺寸，免費用戶有五個選擇，其中 1024 x 1024 的尺寸需要付費才能使用。你可以選擇想要生成的畫面尺寸。

1. 將 ChatGPT 得到的文字內容貼入

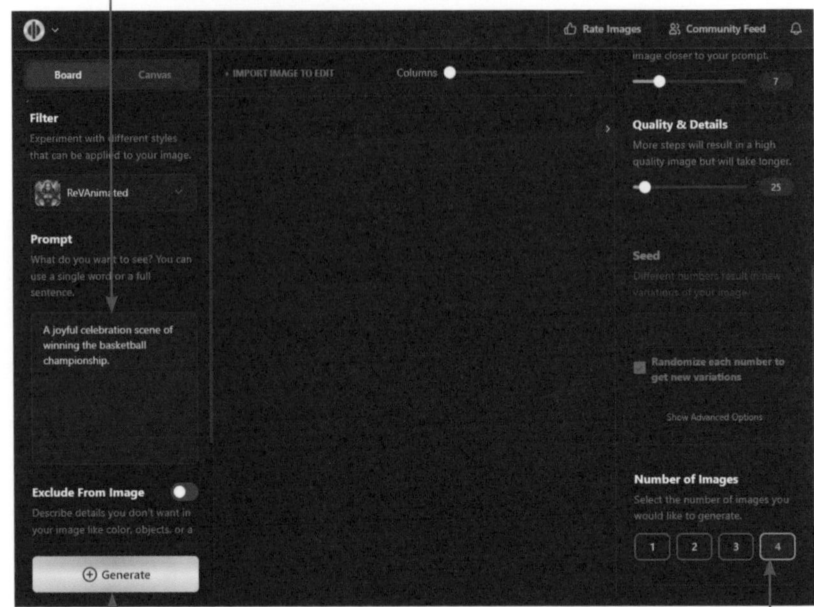

3. 按此鈕生成圖片

2. 這裡設定一次可生成 4 張圖片

完成基本設定後，最後只需按下畫面左下角的「Generate」按鈕，即可開始生成圖片。

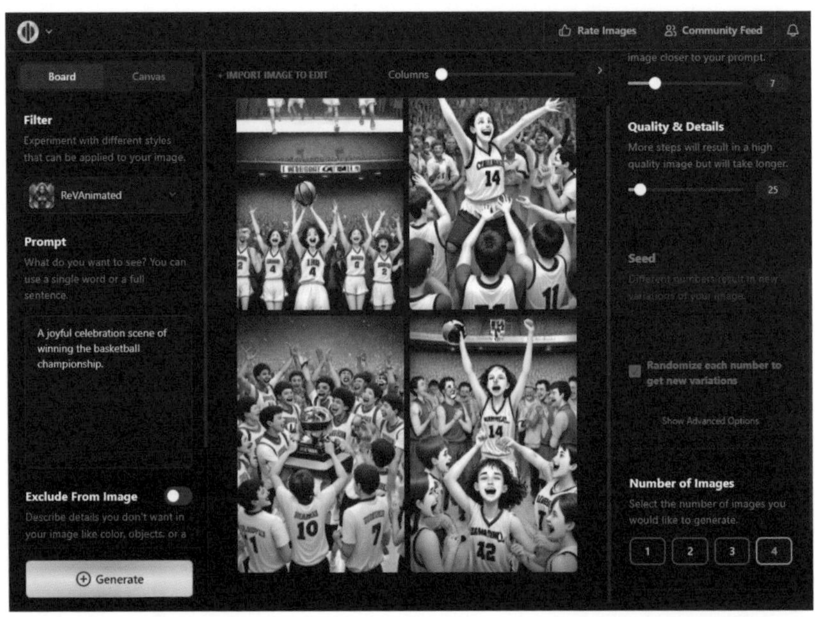

17-4-5　放大檢視生成的圖片

生成的四張圖片太小看不清楚嗎？沒關係，可以在功能表中選擇全螢幕來觀看。

1. 按下「Action」鈕，在下拉功能表單中選擇「View Full screen」指令

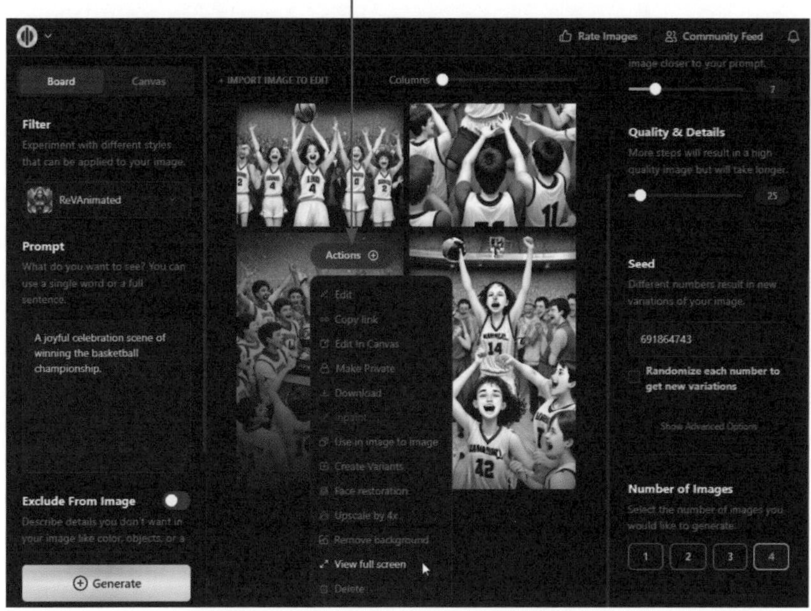

2. 以最大的顯示比例顯示畫面，再按一下滑鼠就可離開

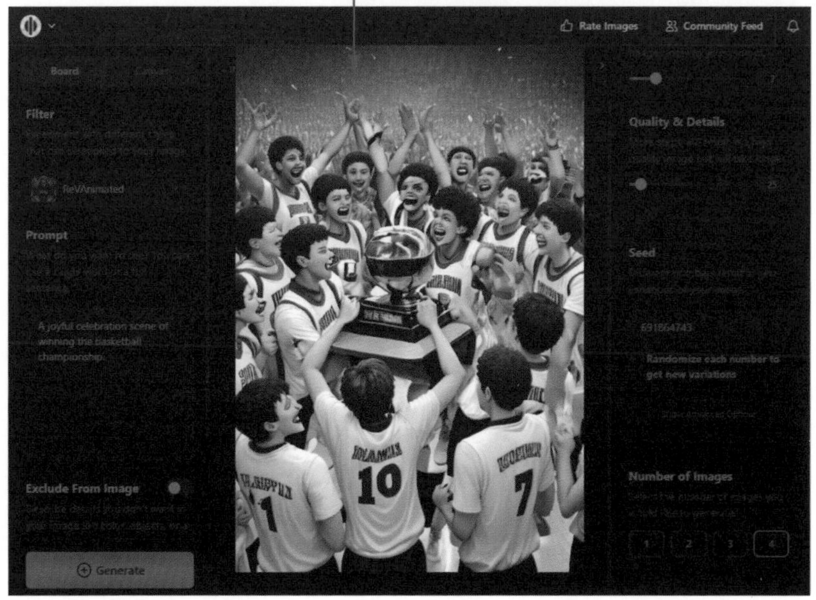

17-4-6　利用 Create variations 指令生成變化圖

當 Playground 生成四張圖片後，如果有找到滿意的畫面，就可以在下拉功能表單中選擇「Create variations」指令，讓它以此為範本再生成其他圖片。

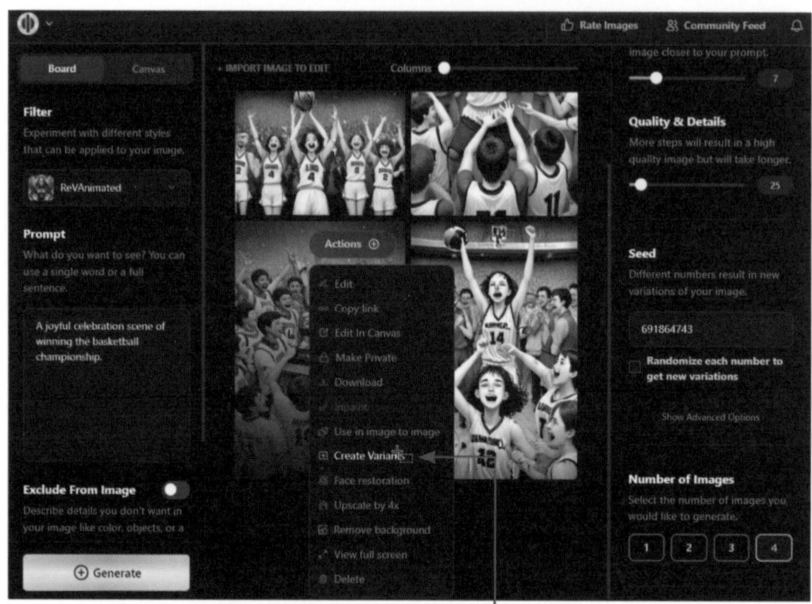

1. 選擇「Create variations」指令生成變化圖

2. 生成四張類似的變化圖

17-4-7 生成圖片的下載

當你對 Playground 生成的圖片滿意時，可以將畫面下載到你的電腦上，它會自動儲存在你的「下載」資料夾中。

17-4-8 登出 Playground AI 繪圖網站

當不再使用時，如果想要登出 Playground，請由左上角按下 鈕，再執行「Log Out」指令即可。

1. 按此鈕

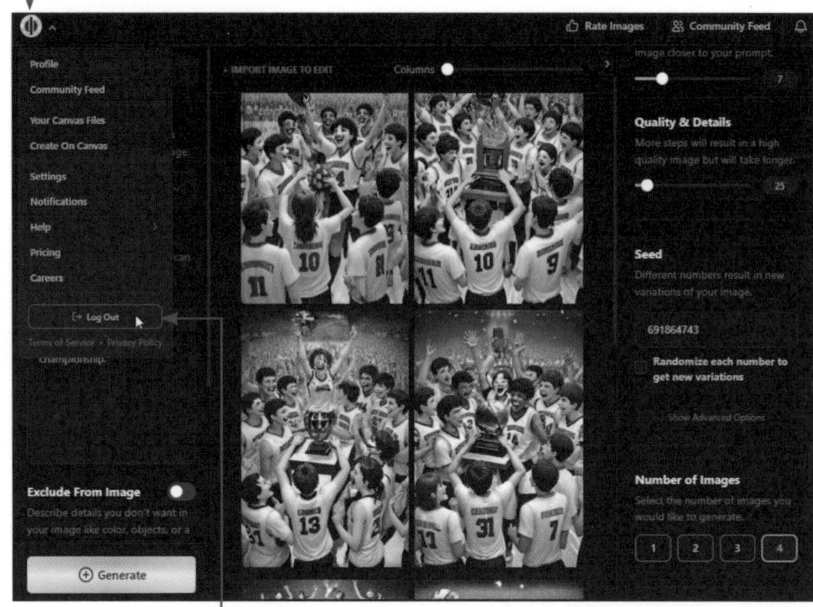

2. 選此指令登出 Playground

17-5 Bing 的生圖工具：Bing Image Creator

微軟的 Bing AI 繪圖工具 Image Creator 是一個方便的工具，它能夠幫助使用者輕鬆地將文字轉換成圖片。在今年 2 月份，Bing 搜尋引擎和 Microsoft Edge 瀏覽器推出了整合了 ChatGPT 功能的最新版本。而在 3 月份，微軟正式推出了全新的「Bing Image Creator（影像建立者）」AI 影像生成工具，並且這個工具是免費提供給所有使用者的。Bing Image Creator 可以讓使用者輸入中文和英文的提示詞，並將其快速轉換為圖片。

17-5-1 從文字快速生成圖片

現在，讓我們來示範如何使用 Bing Image Creator 快速生成圖片。首先請各位先連上以下的網址，請各位參考以下的操作步驟：

https://www.bing.com/create

1. 點選「加入並創作」鈕

bing.com/create
Microsoft Bing
影像建立工具
由以下提供 DALL-E
PREVIEW
建立 影像 從
具有 AI 的文字
描述您要創作的內容
加入並創作
影像建立工具會根據您的文字產生 AI 影像。 深入了解...
隱私權和 Cookie
內容原則
使用規定
意見反應

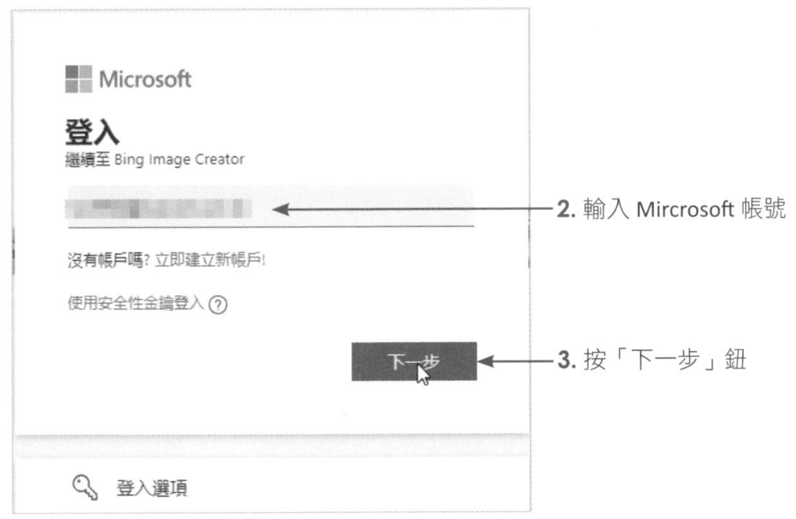
Microsoft
登入
繼續至 Bing Image Creator
沒有帳戶嗎? 立即建立新帳戶!
使用安全性金鑰登入
下一步
登入選項
2. 輸入 Mircrosoft 帳號
3. 按「下一步」鈕

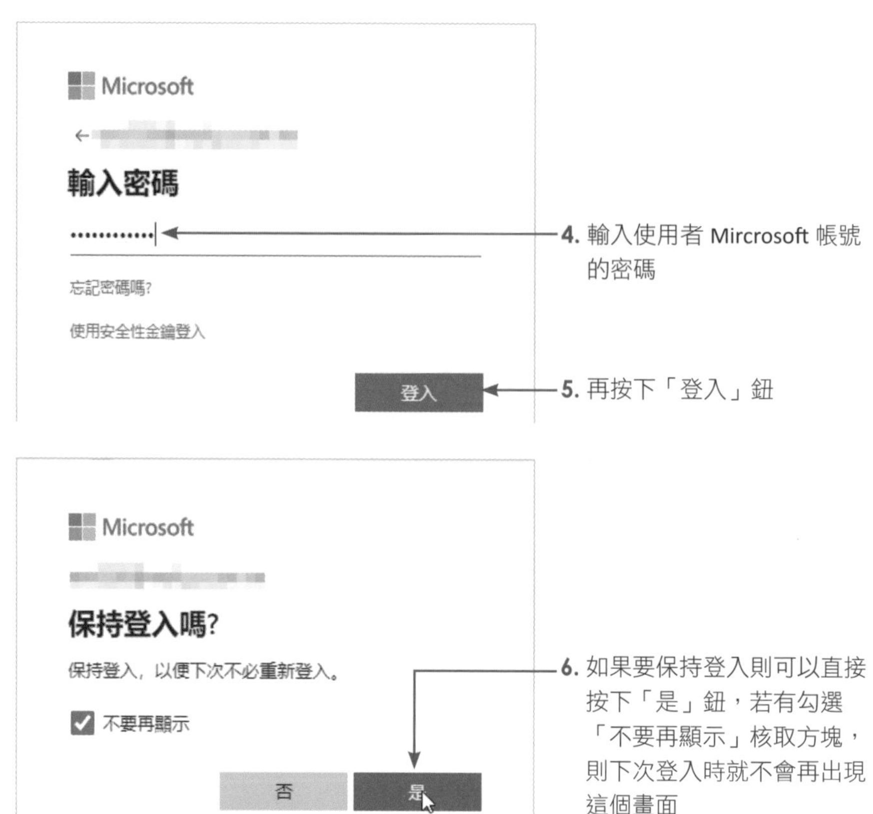

登入後就可以開始使用 Bing Image Creator，下圖為介面的簡易功能說明：

這裡會有 Credits 的數字，雖然它是免費，但每次生成一張圖片則會使用掉一點

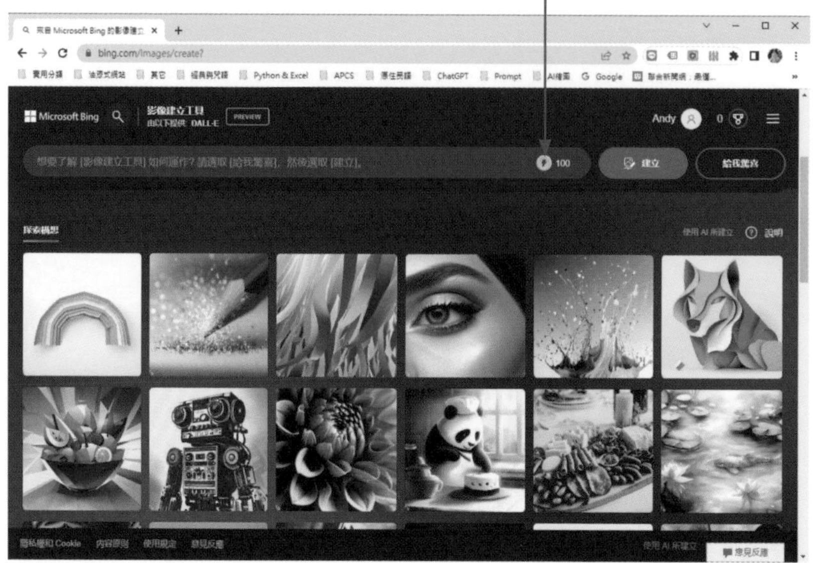

接著我們就來示範如何從輸入提示文字，到如何產生圖片的實作過程：

1. 輸入提示文字「The beautiful hostess is dancing with the male host on the dance floor.」(也可以輸入中文提示詞)

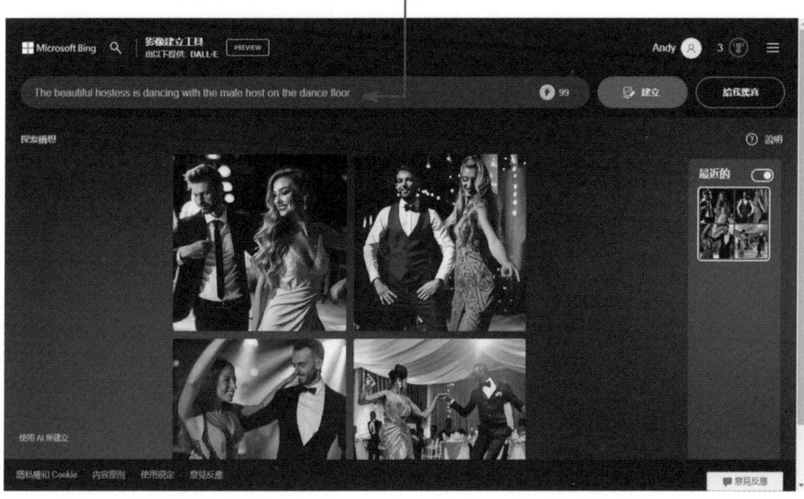

2. 按「建立」鈕可以開始產生圖

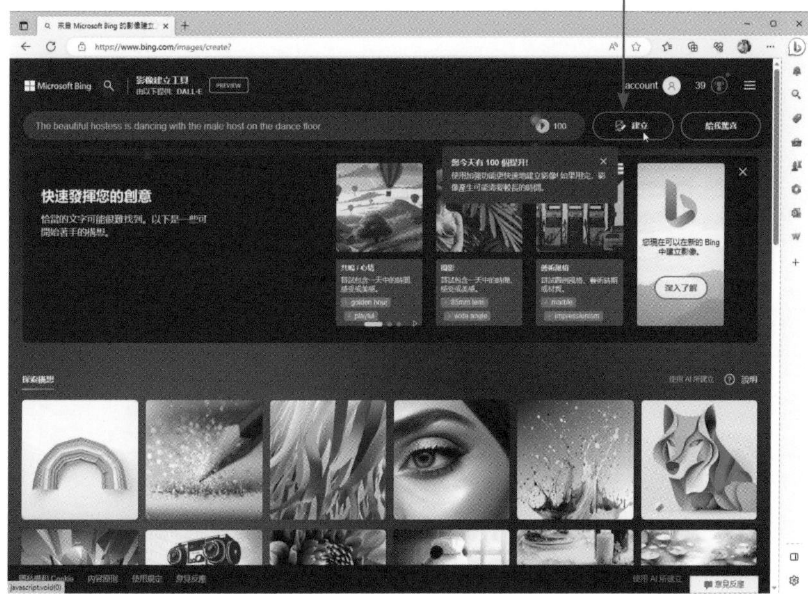

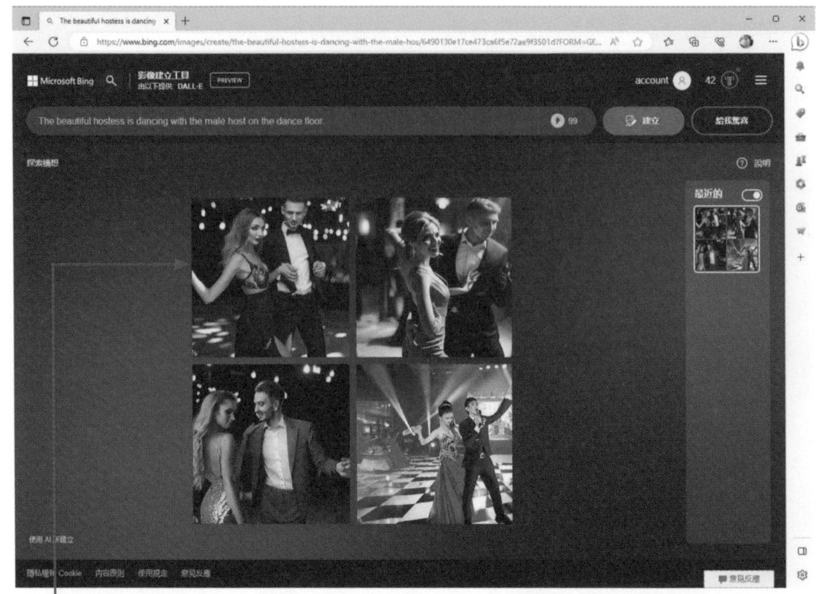

3. 一些秒數之後就可以根據提示詞一次生成 4 張圖片，請點按其中一張圖片

4. 接著就可以針對該圖片進行分享連結、儲存到網路剪貼簿功能的「集錦」中或下載圖檔等操作。Microsoft Edge 瀏覽器「集錦」功能可收集整理網頁、影像或文字

5. 當各位按 Edge 瀏覽器上的集合鈕，就可以查看目前儲存在「集錦」內的圖片

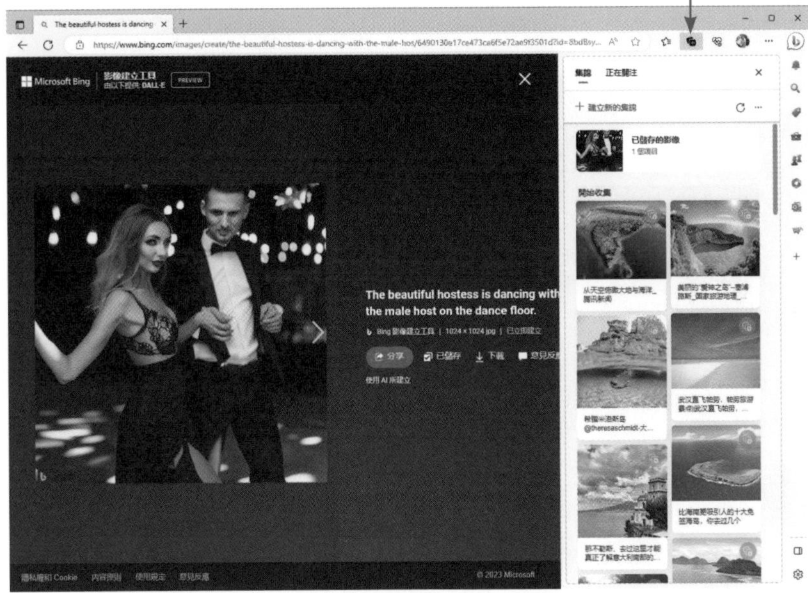

17-5-2 「給我驚喜」可自動產生提示詞

如果需要，你可以再次輸入不同的提示詞，以生成更多圖片。這樣，你就可以使用 Bing Image Creator 輕鬆將文字轉換成圖片了。或是按下圖的「給我驚喜」可以讓系統自動產生提示文字。

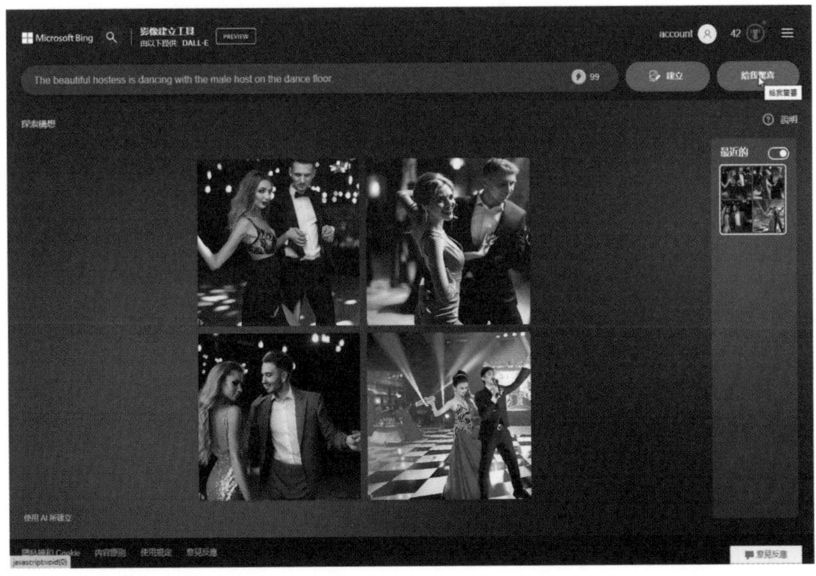

有了提示文字後，只要再按下「建立」鈕就可以根據這個提示文字生成新的四張圖片，如下圖所示：

繪圖物件的去背處理

A-1　點陣圖模式的圖片處理

A-2　以路徑工具為圖形去除背景

A-3　置入 PSD 透明圖層

Illustrator

想將圖形檔置入至 Illustrator 文件，這是設計編排中經常用的功能技巧，但是點陣圖如何製作才能運用到 Illustrator 文件中？或是去背景的圖案如何處理，才能順利置入到 Illustrator 裡？在此將作簡要的說明，讓各位能夠輕鬆在 Illustrator 裡整合圖片或圖案。

A-1 點陣圖模式的圖片處理

「點陣圖」模式是插圖中只有黑與白的顏色。當圖片儲存為「點陣圖」模式後，可以在 Illustrator 中直接更換顏色，透過堆疊的方式來產生特別的效果。

如右圖所示，各位可以在 Photoshop 中繪製如圖的黑白圖案，繪製完成後執行「影像 / 模式 / 灰階」指令，選擇「放棄」鈕放棄色彩資訊，接著執行「影像 / 模式 / 點陣圖」指令進入如下視窗，設定輸出的解析度以及使用「50% 臨界值」的方式。

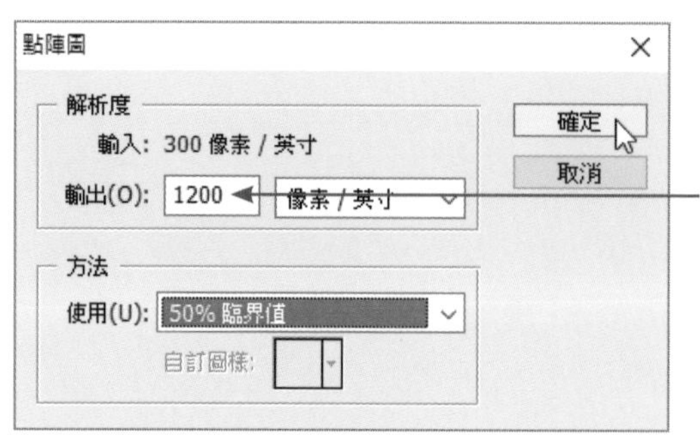

輸出的數值設得越高，線條越平順

設定之後執行「檔案 / 另存新檔」指令，將檔案格式設為「TIFF」，輸入檔名存檔後，再將影像的壓縮方式設為「無」，這樣就完成點陣圖的儲存。當你完成點陣圖形儲存後，現在可以準備在 Illustrator 中置入圖形。

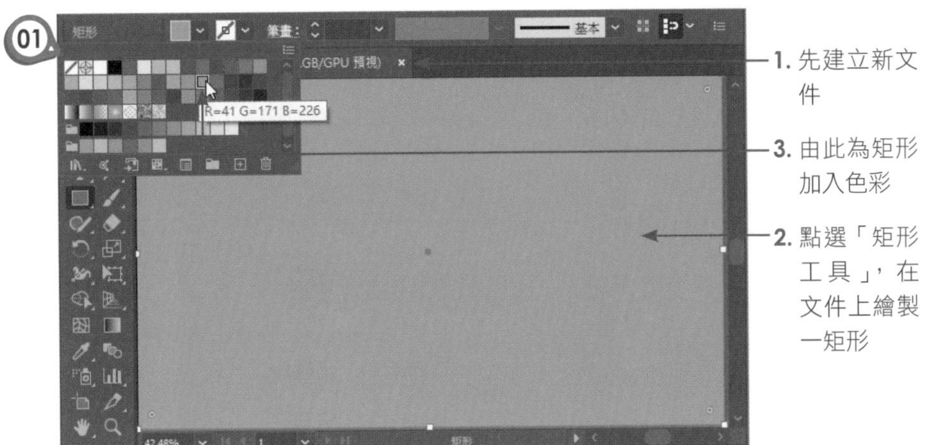
01
1. 先建立新文件
3. 由此為矩形加入色彩
2. 點選「矩形工具」，在文件上繪製一矩形
R=41 G=171 B=226

02
置入
範例檔 › 附錄
搜尋 附錄
組合管理
新增資料夾
附錄圖
Creative Cloud Fi
OneDrive
本機
3D 物件
置入點陣圖.ai
點陣圖.psd
點陣圖ok.tif
連結(L)
範本(E)
取代(C)
顯示讀入選項(I)
檔案名稱(N): 點陣圖ok.tif
置入
取消
1. 執行「檔案/置入」指令進入此視窗
2. 點選點陣圖的圖案
3. 按此鈕置入圖形

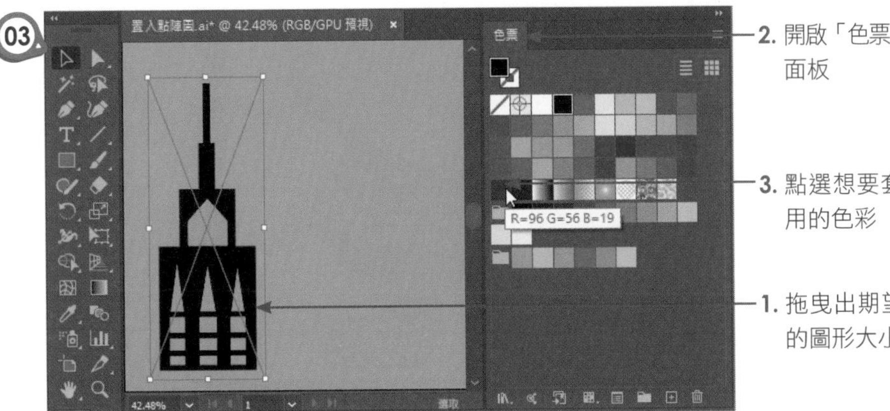
03
置入點陣圖.ai* @ 42.48% (RGB/GPU 預視)
色票
R=96 G=56 B=19
2. 開啟「色票」面板
3. 點選想要套用的色彩
1. 拖曳出期望的圖形大小

A-2 以路徑工具為圖形去除背景

在印刷排版上，美編人員經常會利用 Photoshop 的「路徑」面板來將圖片做去背處理，然後置入到編輯的文件中做圖文編排。由於應用在印刷排版上，通常也會順便做 CMYK 模式的轉換。這裡以「猴子 .jpg」圖檔為例，簡要以 Photoshop 的步驟做說明，讓各位了解如何透過 Photoshop 的「路徑」來做剪裁。

在 Photoshop 開啟「猴子 .jpg」圖檔後，選用「魔術棒」工具，由「控制」面板設定為「增加至選取範圍」，然後依序將白色背景圈選起來。為了避免圖形在深色的背景色上會顯現出白色的殘留物，可先執行「選取 / 修改 / 擴張」指令來擴張白色的背景區域，各位可以依照畫面的大小選擇適合的擴張值，如下圖所示：

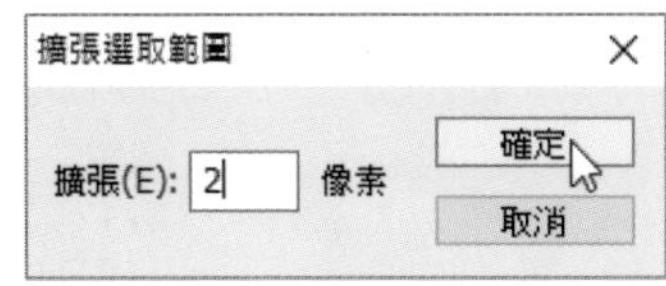

擴張白色背景的區域範圍後，各位會發現選取區內縮到黑線以內，接著執行「選取 / 反轉」指令使改選圖形部分。

開啟「路徑」面板後，按下「從選取範圍建立工作路徑」鈕將選取範圍建立成工作路徑，再由「路徑」面板執行「儲存路徑」指令，並輸入路徑名稱。接著選擇「剪裁路徑」指令，由如下視窗中輸入平面化的數值「0.2」。

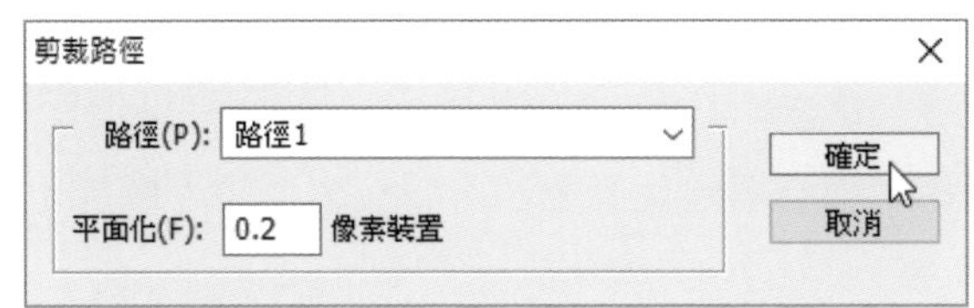

完成剪裁路徑的動作後，執行「影像 / 模式 /CMYK 色彩」指令將圖案轉為 CMYK 色彩，最後執行「檔案 / 另存新檔」指令，將檔案儲存為「TIFF」格式即可。

完成之後，接著進入 Illustrator 軟體執行「檔案 / 置入」指令，就可以完美的與背景結合在一起了。

A-3 置入 PSD 透明圖層

Illustrator 也可以將 PSD 格式的透明圖層直接置入，而且要編輯 PSD 原稿也相當地便利。這裡仍以「猴子 .jpg」圖檔來做說明，當各位將猴子的圖形選取後，執行「圖層 / 新增 / 拷貝的圖層」指令就可以使選取區複製成獨立的圖層，此時由「圖層」面板關閉背景圖層，就只會顯現「圖層 1」的圖案，如下圖所示：

最後執行「檔案 / 另存新檔」指令，點選 PSD 格式進行儲存後，接著進入 Illustrator 軟體執行「檔案 / 置入」指令將 psd 格式的檔案置入，就可以完美的與背景結合在一起了。

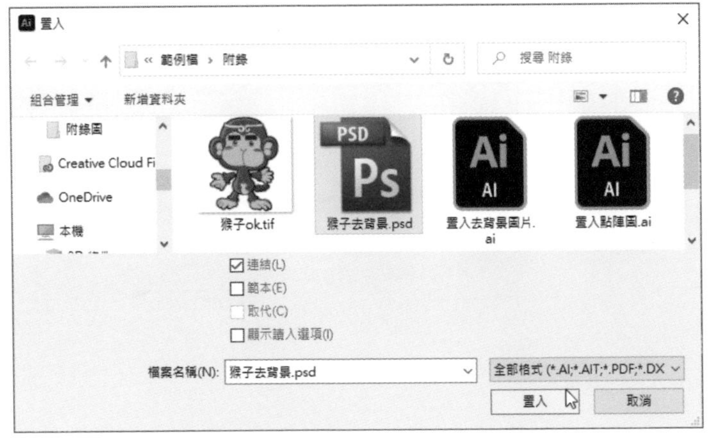

圖檔置入後會在「連結」面板上顯示出來，因此點選該檔案後，按下「編輯原稿」鈕，它就會立即將 PSD 檔開啟於 Photoshop 程式中。

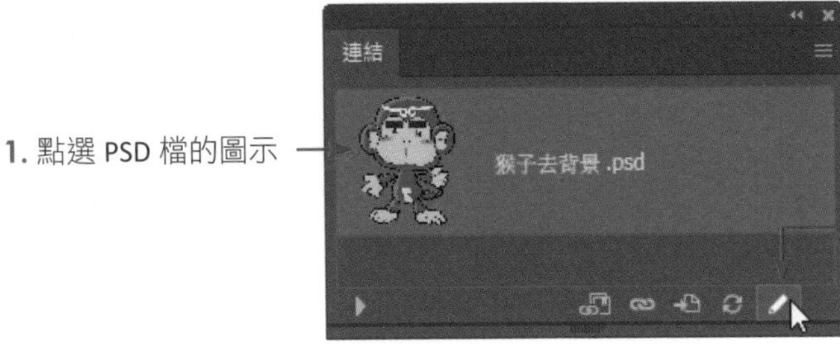

2. 按下「編輯原稿」鈕，會自動啟動 Photoshop 程式

MEMO